（3次元CADデータ）

# 3DAモデルの使い方とDTPDへの展開

24の3DAおよびDTPDの
設計開発プロセス（ユースケース）を体系化

一般社団法人電子情報技術産業協会
三次元CAD情報標準化専門委員会 著

日刊工業新聞社

# はじめに

本書は、3次元CADの操作方法の解説書ではない。電機精密製品産業界の3次元設計実践事例を収集し、3D設計情報のモデリングとものづくり工程での活用方法をまとめた実践書である。

電機精密製品は、白物家電、ヘルスケア、AV、OA、半導体、工場FA、インフラ、交通機器、精密機器、産業機器と多岐に渡る。製品開発スタイル、製品のライフサイクル、開発期間、製品規模、開発規模も多種におよぶ。製品開発は、機能の開発と設計を行い、部品調達をして、自社工場で組み立て、製品を販売する自社完結の形態がほとんどであった。3次元設計手順こそが、電機精密製品製造業各社のノウハウであった。近年では、生産製造委託など、社外サプライヤーへ設計成果物（図面と3Dデータ）を送って作業を代行してもらう場合が増えてきた。更に、他産業界への機能ユニットの供給や共同開発などで、より高度な技術情報を共有する必要が増えてきた。この際に、設計成果物を相手企業の方式に合わせるのは、大きな手間と間違いを発生する。設計成果物はグローバルな規模で標準データでなければ流通せず、設計成果物の構成内容と活用方法は広く共有してこそ、普及する。

一方、電機精密製品産業界で3次元CADを導入した目的は、設計情報を完全にデジタルデータで表現した3Dモデルを、調達・生産・製造・電気設計・CAEなどの工程で活用して、製品の開発期間短縮や品質向上に繋げることである。3Dモデルの活用方法も、電機精密製品製造業各社のノウハウであった。製造プラットフォーム、工場FAに関わるデジタルツイン、コトビジネス（製造業サービス化）などの新しいものづくりでは、3Dモデルでの商取引が主体となり、設計情報を直接使われることが多くなる。正しく設計情報を作り込まないと、誤った部品の納入や品質問題が発生する。3次元設計を正しく理解し実践するための仕組み（学習や教育）が必要になる。

そこで、一般社団法人電子情報技術産業協会（JEITA）三次元CAD情報標準化専門委員会では、電機精密製品設計の事例を、機械設計者・技術管理者の立場で、調査・分析して、設計情報のデジタルデータ化の方法をまとめて3DA モデル（3DAnnotated Models：3D 製品情報付加モデル）として定義した。電機精密製品開発の事例を、各工程の専門家の立場で、調査・分析をして、3DA モデルの活用方法と各工程で使われるDTPD（Digital Technical Product Documentation：デジタル製品技術文書情報）の作成と活用方法をまとめている。

設計情報を3D モデルとして完全にデジタルデータで表現して、ものづくりの工程で活用する取り組みが推進されているのは日本だけではない。ヨーロッパ、アメリカ、アジアなど世界各地で進められている。従来から図面（2D 図面）、3次元表示、3次元フォーマットの国際標準が制定されてきた。最近ではそれらの標準を整理し、より実務に定着させるため、アメリカでMBD（Model Based Definition）とMBE（Model Based Enterprise）の活動が進められていた。MBDは全ての設計情報を完全にデジタルデータとして定義することである。MBE はMBD を全ての企業およびサプライヤーを含めた活動（生産・製造・計測・物流・販売・保守サービス・顧客評価のフィードバッグ）で活用し、そのメリットを最大限に生かすことである。ものづくりだけでなく、我々の日常生活と社会生活も、ICT 技術とデジタルデータにより、大きく変革している。IoT（Internet of Things）とCPS（Cyber-Physical System）に代表される「もののインターネット」による高度な情報利用、Industry 4.0 とSmart Manufacturing に代表される高度な製造システムの実現、デジタライゼーションとデジタルトランスフォーメーションに代表される企業活動情報のデジタル化による企業活動改革が起きている。MBD とMBE も、この動きに密接に連携している。

このような動きの中で、本書は、3D 設計情報のモデリング（3DA モデル）とものづくり工程での活用方法（DTPD）をまとめた実践書である。

第1章では、電機精密製品産業界の特徴と課題を説明し、電機精密製品の3次元設計の中で考えられてきた3DA モデルとDTPD と3D 正運用を紹介する。

第2章では、3DA モデルとDTPD が電機精密製品産業界だけでなく他の産業界、日本だけでなく世界に広く通用するために、3次元設計の国際標準化動向と海外製造業での3次元設計への取り組みを説明する。

第3章では、3次元設計における完全にデジタル化した設計情報データ群の3DA モデルがどのようなものか、板金部品、組立品、樹脂成形部品の3次元設計手順を通して説明する。

第4章では、3DAモデルを利用して作成したものづくり工程情報群のDTPDがどのようなものか、板金加工、製品組立、金型加工・樹脂成形のDTPDの作成と活用を通して説明する。

第5章では、3Dモデルだけでなく様々なものづくりドキュメントを含めて、3DAモデルとDTPDの3D正運用がどのようなものか、電機精密製品の標準な製品開発における21プロセスを通して説明する。

最後に、第6章で、新しいものづくりで、3DAモデルとDTPDがどのように適用できるか、電機精密製品産業界で起きている製造プラットフォーム、デジタルツイン、コトビジネスでの検討を通して、今後の展望を説明する。

また、JEITA 3次元CAD情報標準化専門委員会の会合での話題から、いくつかコラムとして紹介する。

# 目　次

# 第 1 章　3 次元設計における基本的な考え方

## 1.1　電機精密製品産業界の課題と 3 次元 CAD 導入経緯

電機精密製品産業界では、1990 年代から 3 次元 CAD が導入されてから、今日では、機械設計業務における三次元設計が定着し、3D モデルを活用した CAD・CAM・CAE・CAT を中心とした開発革新が広く行われるようになってきた。3 次元 CAD では、コンピュータ上で、製品形状が明確な数学表現でモデル化されるため、重量や慣性モーメントなどの質量特性の計算やより複雑な解析など、様々な技術的評価が可能となる。また、その外形は 3 次元的に自由に回転、拡大、縮小しながら表示できるので、設計イメージは直感的かつ正確に確認、共有される。そこで、製品設計と金型設計の同時並行によるリードタイム短縮や、製品設計と解析の同時並行による設計品質向上などが実現され、**図 1.1** に示すような製品開

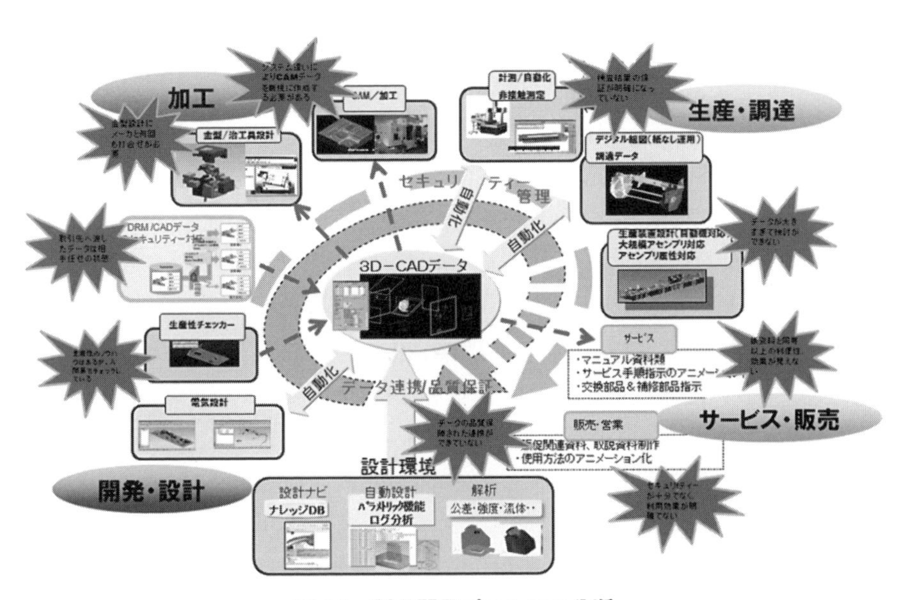


図 1.1　製品開発プロセスの分断

発プロセスの分断が解決されることが期待された。

製品開発とは、製造や市場投入までに必要な情報を製品仕様に連続的に付加する作業である。製品設計者は、設計情報の作成・伝達・確認・対応に大きな負担を抱えている。特に、製品開発プロセスの分断で設計情報が下流に伝わらない場合は、設計者にも下流工程の技術者にも、本来不要な情報の再入力や確認作業など大きな負荷が強いられる。

これは、従来の3次元CAD機能がまだ十分でなかったこともあり、設計情報全てが3次元CADで定義できなかったためにほかならない。3次元CAD機能を補完する手段として、簡易2D図面と3Dモデルの併用運用が主に実施されるようになってきたが、まだ3Dモデルを有効に活用しているとは言いがたい。

## 1.2 3DAモデルとDTPD

JEITA三次元CAD情報標準化専門委員会では、JEITA規格ET-5102「3DAモデル規格―データム系、JEITA普通幾何公差、簡略形状の表示方法について―」の中で3DAモデル（3D Annotated Models：3D製品情報付加モデル）とDTPD（Digital Technical Product Documentation：デジタル製品技術文書情報）を定義している。

3DAモデルは、**図1.2**に示すように、製品の三次元形状に関する設計モデルを中核として、寸法公差、幾何公差、表面性状、各種処理、材質などの製品特性と、部品名称、部品番号、使用個数、箇条書き注記などモデル管理情報とが加わった製品情報のデータセットである。パート（単部品）または組立品（複数部品より構成される組立品）でもある。3DAモデルは、製品設計部門が責任をもって作成するものであり、製品特性において寸法公差中心から幾何公差中心への切り換えにより、設計意図を一義的に定義して品質向上を図ることができるという特徴を持っている。3DAモデルには2つの要件が求められる。

**① 3DAモデルで設計情報を完全に表現できる**

設計者は仕様書と、専門知識・過去経験などを照らし合わせて思考検討をし、設計情報を作成する。

**② 3DAモデルで設計業務ができる（3DAモデルが設計プロセスで共有できる）**

設計業務は、一人の設計者だけで作業が完結するものではなく、複数の設計者

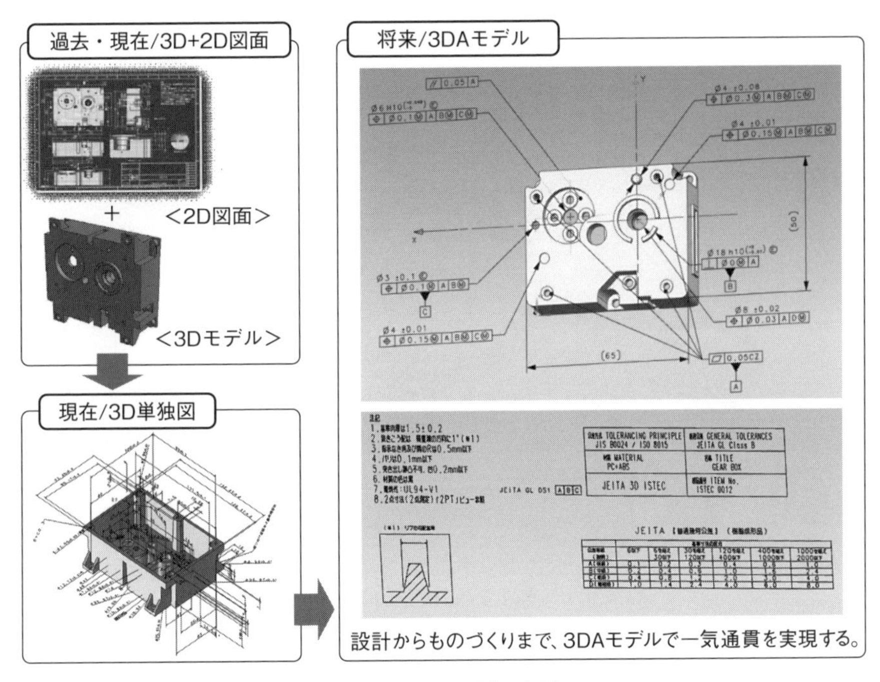


図1.2　3DAモデルとは

が仕掛りの設計情報を共有して検討を繰り返し最終的な設計情報に仕上げなければならない。3DAモデルは3次元CADによって作成された可視化情報であり、複数の設計者が共有しながら設計業務を遂行できるものである。

DTPDは、**図1.3**に示すように、3DAモデルを中核として、製品製造に関連する各工程、例えば、解析、試験、製造、品質、サービス、保守等に関する情報が連携した製品製造のためのデジタル形式の文書情報である。DTPDは3DAモデルと連携して各工程で使用する情報として、各工程で作成責任をもって作成され、全体が関連を持った状態で管理されている。3DAモデルは原則的にDTPDに含まれる。また、DTPDは最終成果物ではなく、プロセスに応じて作成されていくデータであり、段階的な管理も認めている。DTPDには2つの要件が求められる。

① **3DAモデルからDTPDが生成できる**

生産工程・製造工程・計測工程の専門家が3DAモデルを利用して工程特有の属性を付加して専門知識・過去経験・思考検討からDTPDを作成する。工程の専

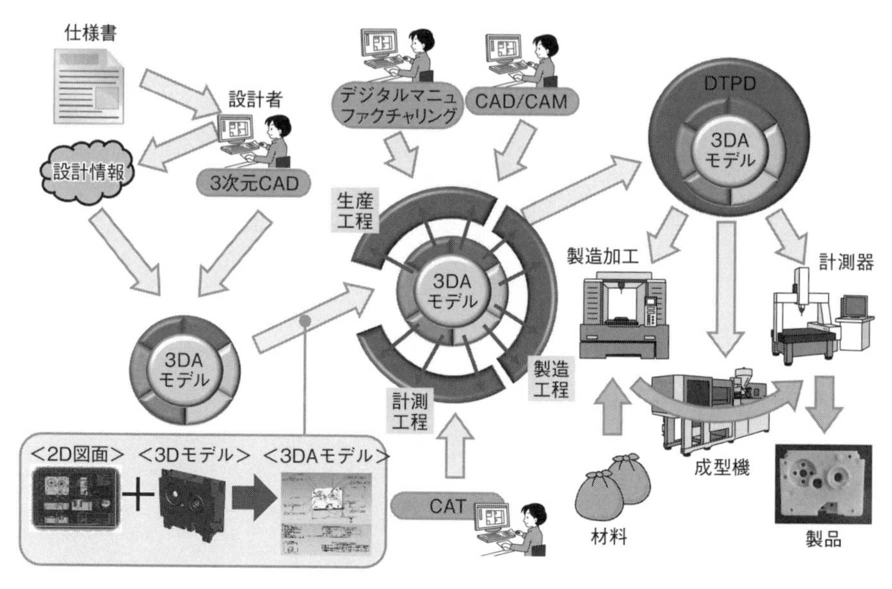


図 1.3　DTPD とは

門家は工程特有のデジタルエンジニアリングツール（デジタルマニュファクチャリングツール・CAD/CAM・CAT）を利用する。

② DTPD で工程の作業が行える

3DA モデルを含んだ DTPD は対象の生産工程・製造工程・計測工程で使用され、最終成果物を作成するものである。

## 1.3　日本と欧米の機械設計の違い、図面レスと製図レス

日本における製品開発では、3DA モデルから DTPD を作る。3 次元 CAD 導入時には、2D 図面から 3DA モデルへの置き換えを考えたが、2D 図面と 3D モデルを併用する移行期間が必要と考えた。2D 図面と 3D モデルの 2 種類の設計情報がある場合、紙に印刷した 2D 図面と 3D データに食い違う部分があるときは 3D データが正しい。これを 3D 正と定義している。

日本では、3D 正の定義に基づき設計情報は 3D データだけの図面レスを考えた。図面並みに 3D データを仕上げる施策（3D 単独図）に対して、3 次元 CAD に図面並みの情報を作成する機能はなく、JIS/ISO/産業界の規格通りに書けなかった。

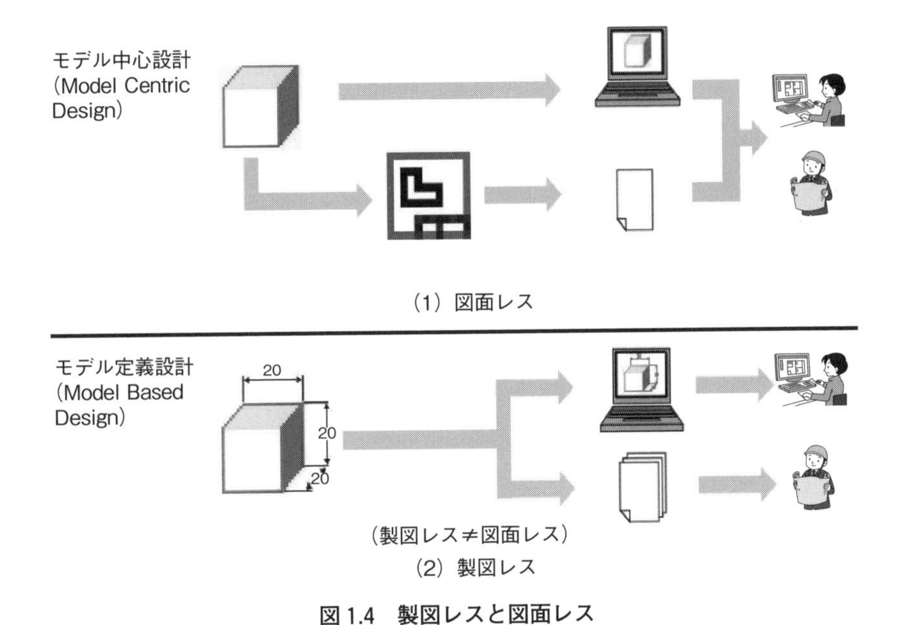


**図 1.4　製図レスと図面レス**

3D データを直接使うために正しい形状が表現されている施策に対して、形状省略なしでは膨大なデータ量と手間が発生し実用的な運用ができない。公差考慮の3D データの定義は不可である。従って、図面は必要との結論に至り、「3D モデル＋2D 簡略図」の運用が長く続いた。2D 簡略図は、形状は 3D データからの投影形状だが、寸法線・注記・公差・詳細断面図は 2D 簡略図作成工程で付加されるものであり、厳密な意味で 3D データとは異なり、3D 正には至らなかった。

一方で、欧米では MBD（設計情報の完全 3D デジタル定義：Model Based Definition）コンセプトにより、設計情報を全て 3D データに包含して、3D → 2D 変換により製図レスで、3D 正を強力推進している。**図 1.4** に製図レスと図面レスの違いを示す。従来は 3D モデル定義後に製図工程で寸法線・注記・公差・詳細断面図を追加しており、3D モデルと 2D 図面の設計情報は異なっており設計情報が二重に管理されている。そのために図面レスは難しく非常に効率が悪い。MBD では、3D モデルに全ての設計情報が入っており、ビューワには 3D モデルのまま、3D モデルをビュー平面に投影し図面枠を被せることで紙媒体の 2D 情報も作成することができる。設計情報を多重に管理する必要がなく、製図工程を削減できる。

## 1.4 設計情報伝達から考えた3D正運用の定義

1.3節では、3D正の定義について、2D図面と3Dモデルの2種類の設計情報がある場合、紙に印刷した2D図面と3Dデータに食い違う部分があるときは3Dデータが正しいとした。全ての設計情報が3Dにデジタル定義されれば、2D図面も3Dモデルから作成されるので、3D正が守られる。3Dモデルだけで、生産・製造・検査ができるだろうか。

**図1.5**に、従来の「3Dデータと2D図面」により生産・製造・検査へ設計情報伝達をする作業を示す。3Dデータとは、3D形状、注記、属性など3次元CADの成果物である。現在の「3Dデータと2D図面」による設計情報伝達では、3Dモデルと2D図面を出図して、次工程作業が開始されることを期待したいが、これだけでは設計情報として不足していた。補足のドキュメントや情報の提供、補足の打合せも必要になっていた。次工程作業からのリクエストにより追加情報と、設計変更も同様に加わった。最終的には、設計情報は「3Dデータと2D図面」だけではカバーできなかった。

3DAモデルでは、補足のドキュメントと情報、補足イベント、生産・製造・検査からのリクエストと設計変更も設計情報に含めて考える必要がある。図1.5に

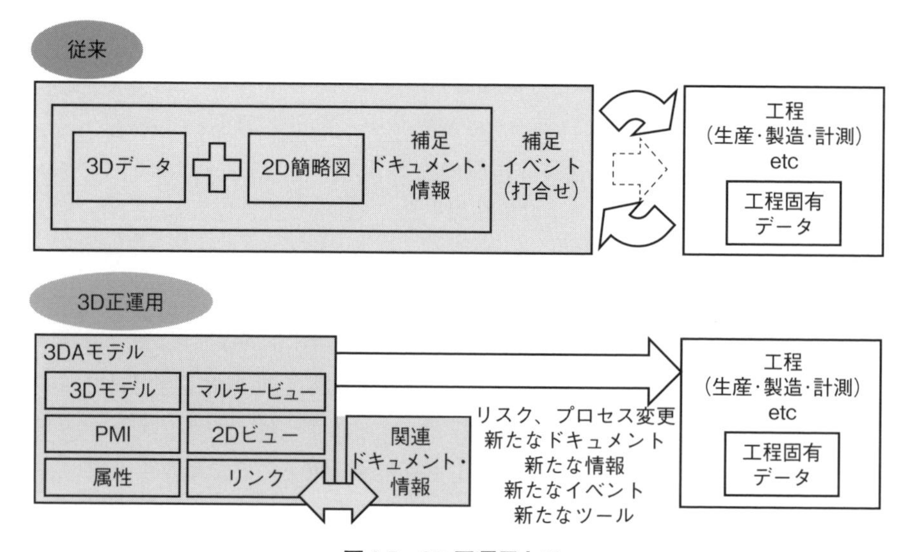


**図1.5 3D正運用とは**

示すように、3D モデル（3D 形状のみ）・PMI・属性・マルチビュー・2D ビュー・関連ドキュメントや情報とのリンクのスキーマで、3D モデル、2D 図面（3D モデルから作成）、補足のドキュメントと情報、補足イベント、生産・製造・検査からのリクエストと設計変更の設計情報を表現している。3DA モデルから DTPD を作成し、DTPD に工程特有の情報を追加して次工程作業をする。これを 3D 正と区別して 3D 正運用と定義する。

## 1.5　電機精密製品産業界の標準的な製品開発プロセス

電機精密製品産業界の製品システムは、多種多様である。

- 家電（白物・ヘルスケア）：冷蔵庫・洗濯機・掃除機・ヘルスケア機器・家庭用空調機器など。
- AV（Audio Visual）：オーディオ・ビデオ・DVD・音響機器・電子楽器など。
- 小型の情報機器：携帯電話・パソコン・デジタルカメラ・スマートフォンなど。
- OA（Office Automation）機器：プリンター・コピー・MFP（複合機：Multi Function Product）・FAX・サーバーなど。
- 電子電気部品
- 機械部品
- FA（Factory Automation）：工作機械：FA システム・工作機械・ロボットなど。
- インフラ：発電・変電・送電設備・エネルギー機器など。
- 交通機器：鉄道・車両・昇降機などのシステムなど。
- 精密機器：半導体製造装置・実験装置・分析装置・計測機器・医療機器など。
- 産業機器：自動販売機・金融機器・省力化機器・包装機・産業用空調機器など。

家電（白物・ヘルスケア）、家電（AV）、小型の情報機器、OA 機器に相当する

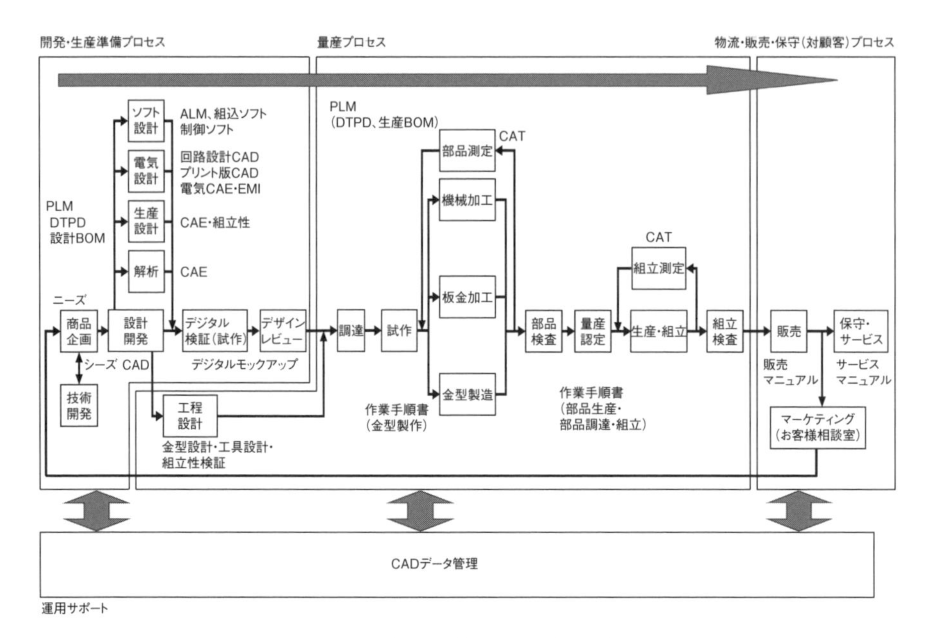


**図 1.6　標準な製品開発プロセス**

量産製品の標準的な製品開発プロセスを、**図 1.6** に示す。製品開発プロセスは、企業が市場調査を実施して顧客が望む商品を企画してから、顧客がその商品を使って、日常生活や社会生活で便利な経験をするまでの、ものづくりの工程を表したものである。工程の組み合わせ方、工程を実施する順番、同時並行で実施する工程の選別、工程間のチェックポイントの設置などで、製品開発期間や製品品質に大きな影響が出てくる。製品開発プロセスは、企業のものづくり知識の結集であり、企業ごとに製品開発プロセスは異なる。個別に、3DA モデルと DTPD の関係を含む 3D 正運用を議論することはできないので、標準的な製品開発プロセスを定義した。

工程は、モノ・ヒト・金・情報などの流れがどのように関わっていくのかを表現する。そのため工程の定義には、工程の開始条件、工程の終了条件、入力と出力が必要である。**表 1.1** で、図 1.6 で示した工程を説明する。

表 1.1　標準的な製品開発プロセスでの工程の定義

| 工程名 | 内容 |
|---|---|
| 商品企画 | 具体的に商品を企画し、それに基づいて設計し、試作し、製造と生産にもっていくまでに仕様を検討する。商品企画（あくまでも顧客の立場に立って市場調査に基づき商品を考える）と技術企画（要素技術を活用し、より有効な機能と性能向上を考える）を結集して、企画書をアウトプットする。 |
| 技術開発 | 市場動向と技術動向に応じて、製品を構成する要素技術、製品の開発に必要な基本技術を開発する。要素技術の仕様をアウトプットする。 |
| 設計開発 | 期待する製品の性能を発揮させるために、製品を構成する部品の仕様と形状とそれらの関連を決める。製品の設計情報（製品規格、部品規格、構成部品リスト、部品図、組立図）がアウトプットである。 |
| 解析 | 試作前に、製品の機能と性能が製品仕様を満足しているかどうかをシミュレーションによって検証する。設計開発の設計情報をインプットとして、解析モデルを作成し、シミュレーション結果をアウトプットする。 |
| 生産設計 | 設計開発で製品の設計情報が検討されている。これと同時並行で、製品の設計情報に対して、製造性（製造のしやすさ）、組立容易性（製品を組み立てる際の作業のしやすさ）、分解容易性（製品の廃棄又は再利用のために製品を分解する際の作業のしやすさ）、経済性を向上するために特化した設計。これらを考慮した設計情報をアウトプットする。 |
| 電気設計 | 製品の電気的な内容物である、センサやアクチュエータを電子回路、マイクロプロセッサなどと組み合わせることにより、製品の機能と性能を決定する。具体的には、各電子部品の選定、回路設計、プリント基板設計、ハーネス設計、各種評価（回路動作、耐ノイズなど）などを決定する。電気部品に関する設計情報がアウトプットである。 |
| ソフト設計 | 機構部の動作をソフトウェアで制御するための制御系システムの構成や特性、製品の機能を操作するための組込みシステムのソフトウェアを、設計開発と調整して、製品の機能と性能を決定する。制御系システムや組込みシステムの設計情報がアウトプットである。 |
| デジタル検証（試作） | 設計段階において、加工物（試作品・実機）を使用しないで、設計開発で作成された 3D モデルを仮想的に組み立て設計評価する。設計評価には、製品性（例えば、性能、機構、強度、信頼性、コスト）、生産性（例えば、加工、組立、検査）、製品の使用上の維持管理の容易性（例えば、整備、部品交換、部品供給）などがある。これらの設計評価結果がアウトプットになる。設計評価結果（課題）に関しては、設計開発に戻り、設計情報の改善が行われる。 |
| デザインレビュー | 製品開発プロセスに関わる全ての部門を招集し、3D モデルを用いて製品に対する商品性（例えば、性能、機構、強度、信頼性、コスト）、生産性（例えば、加工、組立、検査）、製品の使用上の維持管理の容易性（例えば、整備、部品交換、部品供給）などを評価する。デザインレビューに合格して、設計認定がされなければ、量産プロセス（調達・製造・生産）に進めない。 |
| 工程設計 | 設計情報を具現化することで、素材から製品へ変換する全体的な生産工程、つまり、モノの作り方を設計する作業。設計情報は、デザインレビューに合格して設計認定を受けなければ合格にならない。製品開発期間の短縮を目的として、コンカレントエンジニアリングを行っている。コンカレントエンジニアリングとは、設計開発と工程設計の取り決めにより、段階的に決まった設計情報を使って、工程設計を同時並行で開始することである。 |

| | |
|---|---|
| 調達 | 設計開発からの設計情報と部品所要量計算に基づき、その生産指示・購入注文などの手配を行う。購入注文では、ものづくりに必要な原材料、その他の消費財、生産機材などを購入する。内製部品の場合、設計情報から検査仕様書を作成する。外注部品の場合、購入仕様書と検査成績書を作成する。 |
| 試作 | 量産前に、製品の機能や性能を確認するために、少数を生産・製造すること。評価結果（課題）に関しては、設計開発に戻り、設計情報の改善が行われる。 |
| 機械加工 | 切削加工、研削加工、研磨、鍛造加工などの機械加工により部品を製造する。自社内での部品の機械加工をする内製方式と、自社（発注者側）の指定する設計・仕様・納期によって外部企業に、部品加工を委託する外注方式がある。設計開発の設計情報に、機械加工に必要な情報を加えて機械加工製造情報を作り、機械加工製造情報と素材から部品を作る。部品がアウトプットである。 |
| 板金加工 | 板金加工（金属製の板材を、切断・穴あけ・折り曲げなどにより、目的の製品・部品形状に仕上げていく加工のことで、タレパン、ベンダーなどの工作機を使って加工し金型を使用しない）により部品を製造する。自社内で部品の板金加工をする内製方式と、自社（発注者側）の指定する設計・仕様・納期によって外部企業に、部品加工を委託する外注方式がある。設計開発の設計情報に、板金加工に必要な情報を加えて板金加工製造情報を作り、板金加工製造情報と素材から部品を作る。部品がアウトプットである。 |
| 金型製造 | 電機精密製品産業界では主に樹脂金型製造とプレス金型製造が行われている。樹脂金型製造は、射出成形、圧縮成形、移送成形、吹込成形、真空成形などによってプラスチック材料を加工して部品を製造する。プレス金型製造は抜き型、曲げ型、絞り型、圧縮型などに分類されるプレス化型を利用して、材料である鋼板、非鉄金属などを加工して部品を製造する。自社内で部品の樹脂金型製造とプレス金型製造をする内製方式と、自社（発注者側）の指定する設計・仕様・納期によって外部企業に、部品加工を委託する外注方式がある。設計開発の設計情報に、樹脂金型製造とプレス金型製造に必要な情報を加えて樹脂金型製造情報やプレス金型製造情報を作り、樹脂金型製造情報やプレス金型製造情報と鋼材から金型を作る。金型と素材から部品を作る。部品がアウトプットである。 |
| 部品検査 | 受入検査ともいう。内製部品の場合、検査仕様書に基づいて部品が合格しているかどうかを確認する。外注部品の場合、購入仕様書（機能仕様・品質目標・受入検査の方式・抜き取り方式・検査機器および納入業者が行う検査の仕様、検査項目を記載）と検査成績書に基づいて部品が合格しているかどうかを確認する。部品検査に合格して、部品認定がされなければ、生産・組立に進めない。 |
| 部品測定 | 製造された部品が検査仕様書または購入仕様書に基づき合格しているかどうか、測定器（3 次元測定器・簡易測定器）を用いて測定する。測定結果は、検査仕様書または購入仕様書と比較されて、検査成績表に記入する。 |
| 生産・組立 | 組立員が組立指示書に基づき、必要に応じて治具を使って、部品を順次組み立てて製品を作る。機械加工・板金加工・金型加工によって作られた加工品、調達による購入品、配線や配管など多種多岐に渡る。産業用ロボットも使われている。自社内での部品の組立をする内製方式と、自社（発注者側）の指定する設計・仕様・納期によって外部企業に、部品の組立を委託する外注方式がある。 |
| 製品検査 | 組み立てた機械が検査仕様書（内製組立の場合）または購入仕様書と検査成績書（外注組立部品の場合）に基づき組み立てられているかどうかを確認す |

| | |
|---|---|
| | る。また、組み立てられた製品が検査仕様どおりの性能を発揮し、正しく動作するかどうかを確認する。製品検査に合格して、製品認定がされなければ、販売に進めない。 |
| 製品測定 | 組み立てられた製品が検査仕様書または購入仕様書に基づき合格しているかどうか、測定器（3次元測定器・簡易測定器）を用いて測定する。製品利用環境（試験環境）での利用試験で機能と性能を測定する。測定結果は、検査仕様書または購入仕様書と比較されて、検査成績表に記入する。 |
| 販売 | 製品は出荷してから商品となる。商品を工場から出荷して、物流により営業所・販売店により届けて、商品を販売する。 |
| 保守サービス | 販売した商品の保守および修理を実施して、商品の機能および性能を維持するためのサービス（販売者が購買者に一定期間提供する）。 |
| マーケティング（お客様相談室） | 顧客からの商品に対する質問、商品を利用した際の評価を受けるサービス。顧客からの評価は次期製品開発への貴重な材料になるため、商品企画にフィードバックする。 |
| CAD データ管理 | CAD データ管理は、①設計開発開始時の製品仕様書の共有と保管、②設計開発で設計仕掛り中の保存と排他制御による重複保存防止、③設計開発完了時に3Dモデルと2D図面の媒体で設計情報を下流工程に出図、④出図（設計開発完了）以降の設計情報の成果物管理、⑤長期保存（アーカイブ）、⑥設計情報再利用のリリースや版管理がある。3次元CADと連携するPDM（PLM）などで行う。 |

## 1.6　標準的な製品開発プロセスでの3DAモデルの活用

図1.6の標準的な製品開発プロセスにおいて、3DAモデルはどのように使われているだろうか。3DAモデルに含まれる3Dモデルの活用に注目すると、5種類の使い方に分類できる（**図1.7**を参照）。

● **3D作成**

設計開発部門で3Dモデルを作成する。更に、生産・製造・計測の下流工程に必要な3Dデータ以外の情報（指示事項・下流工程の要件）も付加して3DAモデルに仕上げていく。

● **3D活用**

3DAモデルを直接利用して業務を遂行する。例えば、生産部門では3DAモデルを使って組立指示書を作り組立で利用する。製造部門では3DAモデルを使って加工指示図やNCデータを作り工作機械で部品を製造する。計測部門では3DAモデルから計測票を作り測定機器で計測して、計測結果を計測票に書き込んでいく。設計開発部門からの3DAモデル変更情報は常に必要であり、3D活用部門が、設計開発部門が変更した3DAモデルとDTPDで使用している3DAモデルを交

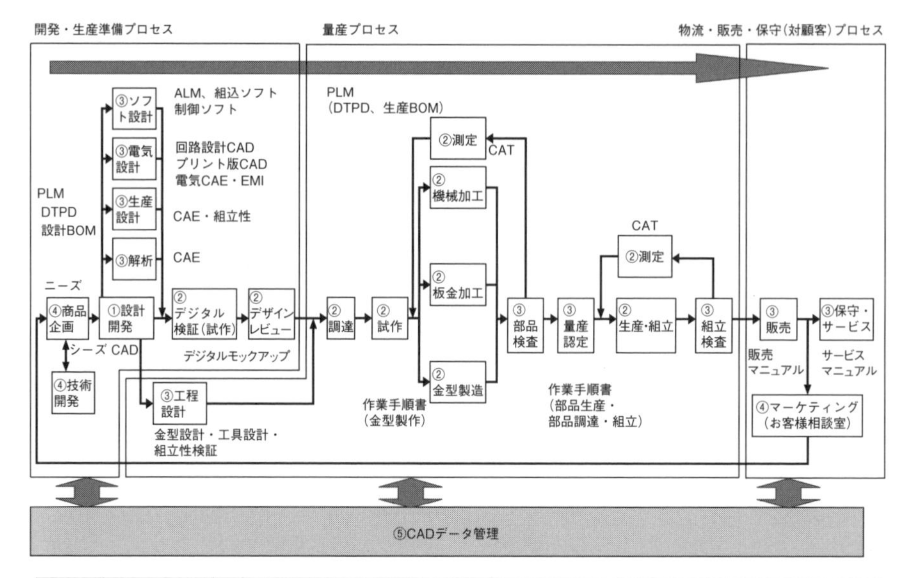


| 凡例 | タイトル | 3D変更の影響 | 定義（内容） |
|---|---|---|---|
| ① | 3D作成 | 3DA | 3次元設計そのもの |
| ② | 3D活用 | 3DA 変更 交換 3DA DTPD | 3D モデルを活用して業務を進行する。 |
| ③ | 3D連携 | ●：3D データ 3DA 3DA 関連 DTPD 変更の修正受入 | 3Dモデルの情報をやり取り、フィードバックをしながら、互いに業務を進行する。 |
| ④ | ものづくり連携 | ●：3D データ 3DA 3DA 関連 DTPD 変更の修正受入 | 3Dモデル以外の情報をやり取り、フィードバックをしながら、互いに業務を進行する。 |
| ⑤ | 支援 | | これらのプロセスを進行するのに必要なサービスを提供する。 |

**図 1.7　標準的な製品開発プロセスでの 3DA モデルの活用**

換して、DTPD を更新する。

### ●　3D 連携

主として 3DA モデルの 3D データを設計開発部門とやり取りし、3D 連携部門では、設計開発部門からの 3DA モデル変更情報を、DTPD で使っている 3DA モデルに反映しながら、互いに業務を進行する。例えば、電気設計とはプリント基板と電気電子部品との配置情報と部品干渉情報を交換して製品実装を検討する。解析部門は設計部門からの3Dデータに対してCAEを用いCAE解析結果を設計部門に渡して設計品質を高める。設計開発部門からの3DAモデルの3Dモデル変更情報は常に必要であり、設計開発部門からの変更情報を直ちにDTPDに使っている3DAモデルに反映させる。

● **ものづくり連携プロセス**

主として3DAモデルの3Dモデル以外の情報を設計開発部門とやり取りし、フィードバックをしながら、互いに業務を進行する。例えば、技術部門で3DAモデルの設計仕様を参照して次期技術開発の目標に利用する。生産管理部門で3DAモデルの構成情報から製造BOMを作り生産計画に利用する。設計開発部門からの3DAモデルの変更情報は必要になり、設計開発部門からの変更情報をDTPDに反映させる。

● **支援プロセス**

製品開発プロセスを進行するために必要なサービスを提供する。3DAモデルおよび3Dモデルの管理・チェックをする。

〈コラム１　３次元 CAD の習得〉

2次元CADは1970年代から日本でも使われ始めた。2次元CADはドラフターが電子化されたもので、製図の方法と図学の知識が必要なことは変わらなかった。そのため、2次元CADの習得は難しいものではなかった。

3次元CADは製図とは根本的に概念が違う。どうやって、3次元CADを習得すればよいか。3次元CADベンダーが開催する3次元CADの教育コースを受講するだけでは、3次元CADを実際の機械設計で使えるほどのスキルを習得はできない。

JEITA三次元CAD情報標準化専門委員会でも、会員会社でどのような教育コースを用意して、機械設計者が3次元CADをどのように習得したのか、話題になる。

「製品の設計手順に合わせて必要な3次元CADの機能と手順を教育する」「加工方法ごとに代表的な部品を選び、その部品を作成するのに必要な3次元CADの機能と手順を教育する」「既存部品を片っ端に3次元化して特訓により3次元CADを習得すると同時に、部品の3Dデータは3次元CAD部品ライブラリで利用する」「3次元CADライセンスを設定して、機械設計者の自己啓発を仰ぐ」と、各社各様であった。その中で製品の3次元CAD設計手順に則した教育テキストの整備が多かった。

現在では、大学・高等専門学校・専門学校・工業高校などで3次元CADの授業が整備されており、入社前から3次元CADの基本的な操作を習得している設計者が増えてきた。また、3Dプリンタによるモデル作りなどを趣味に持つ人も多く、既に3次元CADの様々な操作を習得している設計者も多くなってきた。製品の3次元CAD設計手順に則した教育テキストによる実践的な教育で3次元CADを習得でき、加工知識や幾何公差といったものづくり教育へシフトできるようになってきた。

# 第２章　３次元設計の国際標準化動向

3DA モデルと DTPD は、電機精密製品産業界だけでなく他の産業界、そして日本だけでなく世界に広く通用するために、国際標準に基づいた内容でなければならない。例えば、3DA モデルに織り込まれた設計情報が正しく判断されなければ、設計開発部門は期待通りの部品を手に入れることができない。DTPD が国内工場と海外工場で異なった判断をされたのでは、国内向け DTPD ルールと海外向け（各国向け）の DTPD ルールを整備する必要があり経済的ではない。そのため、国際標準に基づいたルールでなければならない。

3 次元設計に関する国際標準はどのようになっているか。**図 2.1** に 3 次元設計の関わる代表的な国際標準を示す。大きく 3 つの階層となっている。図面（2D 図面)、3 次元表示、3 次元フォーマットである。

図面は、人間が設計情報を正しくかつ一義的に認識できるように、図面上での設計情報の表記方法を決めた国際標準である。代表的な国際標準が、ISO 128（製図)、ISO 1101（幾何公差)、ASME Y14.5（図面および幾何公差）などである。

3 次元表示は、人間が設計情報を正しくかつ一義的に認識できるように、図面上での設計情報の表記方法を決めた国際標準である。上記の図面表記に関する国

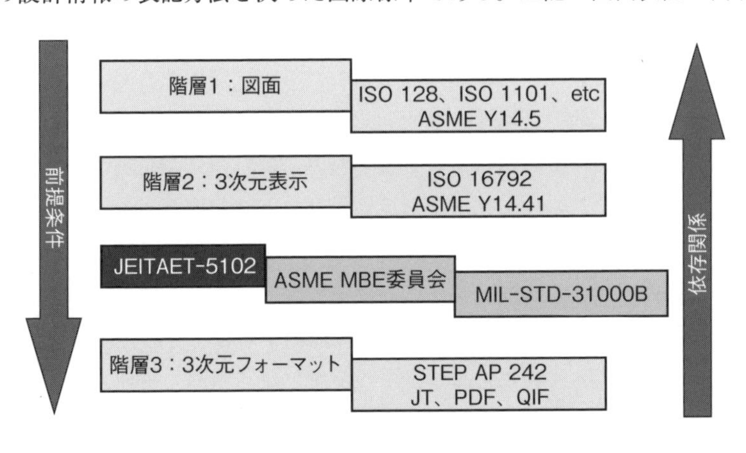


図 2.1　3 次元設計に関わる代表的な国際標準

際標準を基にして、3次元CAD特有の表記方法を決めている。代表的な国際標準が、ISO 16792（3次元製図)、ASME Y14.41（デジタル製品定義）などである。これらの国際標準はあくまでも表記方法の規約を定めるものであり、具体的なデータフォーマットには立ち入っていない。

最後に、3次元フォーマットは、機械（主としてコンピュータ）が設計情報を正しくかつ一義的に読み込み認識するように、設計情報の表現形式を決めた国際標準である。代表的な国際標準が、STEP AP242（ISO 10303-242)、JT（ISO 14306)、PDF（ISO 32000およびISO 24517)、QIF（品質情報標準、ISO 23952）などである。これらは、3次元の形状情報に加えて、上記の3次元表示の国際標準の情報が表現できるファイルフォーマットである。これら、3次元形状に付随する製品製造情報はPMI（Product and Manufacturing Information）と呼ばれる。

PMIまで含めた3次元フォーマットの活用方法は、人が目視で情報を確認する場合と、ソフトウェアが読み込み自動的な処理を行う場合に大きく分けられる。STEP、JT、PDF、QIF等のフォーマットは、それぞれ特長の違いはあるが、両方の活用方法を想定して設計されている。しかし、上記の通り、基になっている国際標準が基本的には表記方法の規約であるため、前者の人による目視確認はかなりの程度実現されているが、後者のソフトウェアによる自動処理を国際標準を用いて実現するためには、規格開発、ツール開発、実務の運用のそれぞれにおいて課題が山積しているのが現状である。

この問題は換言すると、図2.1の3階層の中で、3次元表示と3次元フォーマットの間に存在する大きな隔たりだとも言えるだろう。設計情報を人間が認識するための国際標準と、機械が読み込み認識するための国際標準の間は現在でも十分に接続されているとは言えない。3次元CADが登場して、図面レスを目指し、3Dモデルと2D図面で設計情報を表していた時には目視確認が実現されるだけで十分であり、それぞれの国際標準を製品開発プロセスに取り込み、国際標準をサポートしているデジタルエンジニアリングツールを使って設計開発を行った。これに対し、図面レスから製図レスに切り換えて、設計情報を完全デジタル化して、シングルデータベースとして3DAモデルに集約することを考えた時には、人による目視確認はもちろんのこと、ソフトウェアによる処理も可能となるデータでなければならない。つまり、設計情報を人間と機械が両方で読み込み認識をするハイブリッドな国際標準が必要になってきた。

今後、IoT、Industrie 4.0 といった製品開発生産工程の改革の中で、３次元CAD データは、基幹データとして様々なツールに対して様々な情報を提供することが期待されているが、このハイブリッドな性質はこの流れの中でますます重要になってくることが予想される。

３次元表示と３次元フォーマットの間の大きな隔たりを穴埋めして、設計情報を人間と機械が両方で読み込み認識をするハイブリッドな国際標準を目指す活動が進められている。

最初の活動が MIL STD 31000B の開発である。MIL 規格（Military Standard）とは、一般的にアメリカ軍が必要とする様々な物資の調達に使われる規格を総称した表現である。MIL-STD-31000B はアメリカ軍への物資の技術情報の表現、主として3D データを中心とした技術情報のデータ表現標準である。これは3D データ内の膨大な設計情報を読み取るための 3D データ表現に関するもので、技術者・製造担当者・検図承認者・調達部門など人間の認識のしやすさを対象としている。製品データは TDP（Technical Data Package）と呼ばれる中核的な技術情報群、部品に関連する情報群、組立品に関連する情報群から構成される。XML（Extensible Markup Language：任意の用途向けの言語に拡張することを容易としたことが特徴のマークアップ言語）で全ての情報を階層化しており、技術情報を見やすく可視化する情報群（表示階層・表示属性など）も階層化している。３次元 CAD 導入時に、2D 図面の設計情報を 3D モデルにすべて書き込むと設計情報が互いに重なって表示されるため、人間が認識し難くなるという課題が指摘されたが、階層化された表示階層・表示属性はこの課題の解決に必要である。また、全ての設計情報が階層化できたことで、機械が読み込み認識できる可能性がでてきた。その後、上記のデータ定義は ASME Y 14.47 として 2019 年に ASME 規格として発行されている。

２つ目の活動がアメリカの NIST で 2010 年代初頭から推進されている MBD/MBE の活動である。ここで MBD は Model Based Definition の略語であり、本書の用語では 3DA モデルと同義である。MBE は Model Based Enterprise の略語であり、本書の用語を使うと、DTPD を活用した企業活動全体のことを指すものである。上記の MIL STD 31000B の開発とも連携しながら、MBE の成熟度を自己診断するツール：MBE Capability Index を発表し、航空宇宙防衛を中心とした企業の中で、地道な業務改革が進んでいる。これは、３次元設計方法と品質基準、

PLMによるデータ管理、社内外へのデータの配信方法、生産準備、量産、品質検査等への活用方法など、それぞれの分野でMBEの成熟度をLevel 0からLevel 6まで定義し、各社自己診断でレベルを判断、目標設定し業務改革を推進するツールである。現在、先進的な企業では着実に成果が現れ始めている。

MBD/MBE活動の延長上で、上記で指摘した国際標準のギャップを埋めることを意識して発足したのがASME MBE委員会である。ASME MBE委員会は2019年からASMEで新たに立ち上げられた委員会で、図面表記のY14シリーズを開発する委員会と同列に置かれ、3D CADデータの存在を前提としたMBD/MBEのルール作りを目指している。アメリカでは、2014年頃からMBDとMBEの活動が進められていた。MBDは全ての設計情報を完全にデジタルデータとして定義することである。MBEはMBDを全ての企業およびサプライヤーを含めた活動（生産・製造・計測・物流・販売・保守サービス・顧客評価のフィードバッグ）で活用し、そのメリットを最大限に生かすことである。MBDの検討範囲は、幾何公差指示、効率的なモデリング手法で作成した幾何形状、3次元空間上の表、設計変更指示など広範囲になっている。MBEでは人間と機械が読み込み認識できるかどうか、単純な表記だけでなく、その意味まで解釈ができるかどうか検討している。

3つ目の活動がJEITA三次元CAD情報標準化専門委員会のJEITA規格ET−5102である。設計情報を人間と機械が両方で読み込み認識をしようとする観点から、3DAモデルとDTPDを規格化した。

最近、ものづくりだけでなく、我々の日常生活と社会生活も、ICT技術とデジタルデータにより、大きく変革している。IoT（Internet of Things）とCPS（Cyber-Physical System）に代表される「もののインターネット」による高度な情報利用、Industry 4.0とSmart Manufacturingに代表される高度な製造システムの実現、デジタライゼーションとデジタルトランスフォーメーションに代表される企業活動情報のデジタル化による企業活動改革が、2000年頃から相次いで起きている。デジタルデータは、個々の活動体（企業・産業界・製品）だけでなく、活動体を越えた連携をしている。デジタルデータには、個々の活動体独自の表現や意味ではなく、標準化され共通的に利用できることが必要である。我々が設計開発した製品も、これらのエコシステムの中で、生産・製造され、顧客に利用される。3DAモデルとDTPDは、ここで示した3次元設計に関わる代表的な国際標準に加え、更なる国際標準に基づき開発しなければならない。7章で詳しく述べる。

〈コラム2　様々な3Dデータの利用〉

機械設計では3次元CADを使って3DAモデルを作成する。製品開発全体では、その3DAモデルを様々なタイプのデータに変換して使用する。本書で紹介したビューワデータ（3次元CADで作成した3Dモデルを高速表示するための軽量データ）、FEA（Finite Element Analysis：有限要素法解析）で利用するFEMデータ（有限要素法で使用する要素と節点のメッシュデータ）、部品加工で利用するCAMデータ、部品測定で利用するCATデータの他にも、試作や製造の3Dプリンタで使用するSLAデータ（Stereolithography Apparatus：光造形装置）、設備装置をビル建築で使用するBIMデータ（建築物のライフサイクルを構築管理するためのデータ；Building Information Modeling）、デザイン意匠やサービス保守を検討するためのVR（仮想現実：Virtual Reality）／AR（Augmented Reality：拡張現実）／MR（Mixed Reality：複合現実）データなどがある。

3DAモデルからこれらの3Dデータへデータ変換する時に、設計情報が確実に伝わる必要がある。3Dデータがそれぞれの工程で使えるように、データ変換の確実性を求める。データ変換の品質チェックには、PDQ（モデルデータ品質：Product Data Quality）に基づくチェックが利用する。現在は3Dモデル（形状）に関するチェックは十分に整備されている。3DAモデルには、3Dモデル以外にも、PMI、属性、マルチビュー、2Dビュー、リンクがあり、これらに対するPDQに基づくチェックの整備も期待したい。

# 第３章　3DA モデルによる３次元設計

3DA モデルは、**図 3.1** に示すように、製品の 3 次元形状に関する設計モデルを中核として、寸法公差、幾何公差、表面性状、各種処理、材質などの製品特性と、部品名称、部品番号、使用個数、箇条書き注記などモデル管理情報とが加わった製品情報のデータセットである。部品（単部品）または組立品（複数部品より構成される組立品）である。現在まで利用されている、3D データと 2D 図面で表現した製品データセットの代わりとなる。

3DA モデルから 3D 空間上の平面へ投影した 2D 図面情報と図面枠と合体した印刷物（紙）で設計情報を伝えることも可能であり、図面レスを求めるものではない。

本章では、3DA モデルによる 3 次元設計はどのようなものか、従来の 3D データと 2D 図面のセットによる設計とはどこが違うのか、電機精密製品産業界でよく使われる板金部品、組立品、樹脂成形部品を使って具体的に説明する。

## 3.1　3DA モデルの定義とスキーマ

3DA モデルは JEITA 規格 ET−5102「3DA モデル規格―データム系、JEITA 普通幾何公差、簡略形状の表示方法について―」で定義されており、図 3.1 に示す。

3DA モデルは、すべての設計情報をデジタルデータとして表現できることが要求される。また、3DA モデルは、ヒューマンリーダブル（人間が認識できること）とマシンリーダブル（機械が理解できること）の両方の要件が必要である。ヒューマンリーダブルであることの要件の代表例は 2D 図面の寸法・公差指示、注記の表示である。これらを無造作に 3D モデルに書き込んでしまうと、表示が重なり、人間が識別できなくなってしまい、ヒューマンリーダブルが妨げられることになる。

一方、マシンリーダブルの要件を実現するためには、コンピュータ上で 3DA

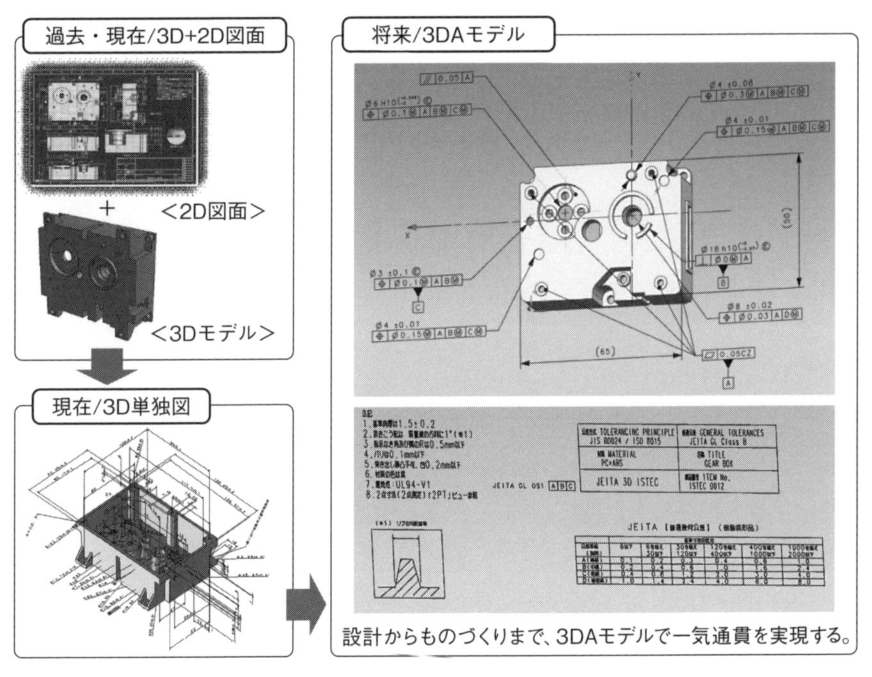


図 3.1　3DA モデルの定義

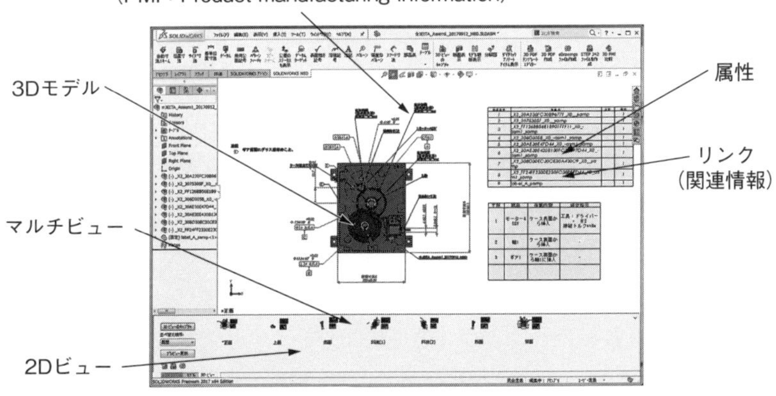


図 3.2　3DA モデルのスキーマ

モデルをどのように表現すればよいか、明確に定義する必要がある。**図 3.2** に示すような 3DA モデルのスキーマを決めている。スキーマとは、データベースやデータ群の構造を示す階層の名称のことである。

まず、3DAモデルのスキーマについて説明する。電機精密製品産業界で使われる代表的な設計情報を調査して、表現の種類・作成方法・用途などを分類した。3章の3次元設計の国際標準化動向で説明したMIL-STD-31000Bの階層構造を応用している。3DAモデルの設計情報を3Dモデル（3D形状）、PMI（Product manufacturing information：製品製造情報）、属性（直接的なテキストや表形式の情報）、マルチビュー、2Dビュー、URLやドキュメントファイルなど関連情報とのリンクの6つのスキーマで表現する。

- **3Dモデル（3D形状）**

部品形状、組立品の部品構成を示す。

- **PMI（Product manufacturing information：製品製造情報）**

3Dモデルの全体または特定箇所に関連するテキストと参照形状（3Dモデルに直接関係しない補足幾何形状）によって示す。例えば、寸法、公差、表面性状、各種処理の指示事項、箇条書き注記、生産製造に向けた指示事項、設計変更表記など。

- **属性**

3Dモデルの全体を示すテキストと表形式の情報。例えば、表（モデル管理表・普通公差表・部品構成表など）、部品名称、部品番号、使用個数、質量特性、材質、設計変更の履歴など。

- **マルチビュー**

3Dモデルをコンピュータなどの画面に表示するときの表示レイヤー（表示画面と表示属性）のこと。複数個持つことができる。3次元CAD・ビューワなどで表示属性情報を切り換えることで、目的に応じた内容で3Dモデルを可視化できる。例えば、表示領域、表示方向、表示色、表示方法、表示／非表示する要素など。

- **2Dビュー**

3Dモデルを3D空間上の平面へ投影した2Dの表示レイヤー（表示画面と表示属性）のこと。複数個持つことができる。3Dモデルを交差する平面で切断して断面図を作成するとき、図面枠と合体して印刷物（紙）を作るための2D情報（正面図・上面図・側面図・底面図）を作成する場合に使用する。例えば、2Dの表示領域、表示方向、表示色、表示方法、表示／非表示する要素など。

- **URLやドキュメントファイルのリンク**

3DAモデルが大容量になるとネットワークでの転送が遅くなる。3DAモデルの運用を考えて、3DAモデルには直接書き込まず、3DAモデルで操作する時に関連ドキュメント（3DAモデルに直接書き込まないとか、別システムで管理しているドキュメント）を利用する（見る・データを使う）ことができる。例えば、製品仕様書、技術標準、設計標準、実験結果、会議の議事録、コスト、納期など。

## 3.2　3DAモデルの3次元設計手順（3DAモデルへの設計情報の作り込み）

3DAモデルへの設計情報の作り込みを中心に、3DAモデルの一般的な3次元設計手順を説明する。3DAモデルの一般的な3次元設計手順を**図3.3**に示す。

**①　基本形状の作成をする**

部品を設計する場合、データム座標系で示されるデータム平面に大まかな外形形状をスケッチして、データム軸に沿って押し出す、データム軸を中心に回転するなどして、基本形状を作成する。基本形状の大きさ（長さ・方向）がパラメータとなる。組立品を設計する場合、組立品を構成する部品を読み込む。基本形状の設計情報は、3DAモデルでは3Dモデルとなる。

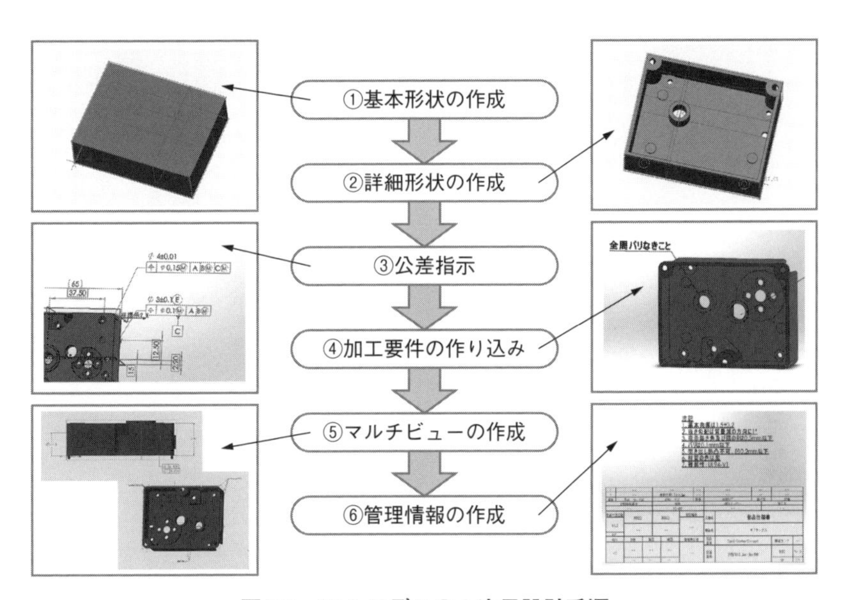


**図3.3　3DAモデルの3次元設計手順**

### ② 詳細形状の作成をする

部品設計では、基本形状のパラメータを変更したり、他の3D形状との論理演算によって足したり引いたりして、詳細形状を作成する。組立品を設計する場合、組立品を構成する部品を平行移動や回転させたり、ある部品の面と別な部品の面を合わせるなどして、組立品の部品構成を仕上げていく。詳細形状の設計情報は、3DAモデルでは3Dモデルとなる。

### ③ 公差指示をする

対象の詳細形状が、平面的、空間的にどのような範囲に収まっていれば合格とするか、その領域が公差である。公差には大きく分けて、サイズ公差と幾何公差の2種類がある。サイズ公差は最大許容サイズと最小許容サイズとの差である。サイズには長さと角度があり、それぞれ長さサイズ公差、角度サイズ公差となる。幾何公差は幾何偏差（形状、姿勢及び位置の偏差並びに振れ）に許容値を与えたものである。部品の形体に適した公差値が定義される。公差指示は公差指示機能を使うか、またはスケッチで公差指示を書き込む。公差指示の設計情報は、3DAモデルではPMIまたは属性となる。

### ④ 加工要件の作り込みをする

部品の製造は、設計完了後に製造部門が実施する。製造部門が3DAモデルに対して加工要件を作り込みDTPDを作成するのが一般的である。加工要件の作り込みが部品や組立品の意匠・機能・性能に大きく影響する場合、設計で予め加工要件を作り込み、製造部門で、その内容と目的を確認して、DTPDを作成する。設計でどのような加工要件を加えているのか、PMIや属性での指示にとどまっているか、3D形状までにも反映しているのか、3DAモデルの中で明確にする必要がある。

加工要件に加えて、設計者は部品や組立品の意匠・機能・性能に大きく影響する事項についての指示を書き込み、生産・製造・検査部門へ伝達する。加工指示（加工手順・組立手順）、測定指示（検査方法と測定箇所）、組立指示（溶接・接着・注油・塗装・洗浄・表面処理など）がある。3DAモデルではPMIまたは属性となる。

### ⑤ マルチビューを作成する

ビューとは、3次元CAD・ビューワなどで3DAモデルを表示する際の表示領域・表示方向・表示要素の選択などの画面表示情報をいう。3DAモデルの全ての要素を同時に表示すると情報は重なり、非常に見にくくなる。3DAモデルの用途に応じて必要最低限の要素を画面に表示させることにより、設計情報は間違えることなく得られる。3D形状の断面や詳細部分をクローズアップさせる場合もある。マルチビューとは、複数個のビューの総称である。3DAモデルでは2Dビューまたはマルチビューとなる。

**⑥　管理情報を作成する**

管理情報は、部品名称・部品番号・部品個数・材質・作成者・検査者・日付などから構成される。

## 3.3　板金部品

ここでは、板金部品3DAモデルの3次元設計を説明する。

電機精密精密製品業界で主に利用される機械板金（精密板金）と呼ばれる板金部品を対象とする。機械板金（精密板金）には、大きく分けて、板金加工（型レス）とプレス加工（型／順送）の2種類がある。板金加工（型レス）は、金型を使わずに標準工具を使って切断加工・曲げ加工をする。プレス加工（型／順送）は、プレス金型を使って切断加工・曲げ加工をする。板金加工（型レス）とプレス加工（型／順送）では、工程の順番、加工要件、加工属性が異なる。ここでは、板金加工（型レス）による板金部品を対象作成とする。板金加工（型レス）の手順は、素材（金属平板）から切断加工により板金展開素材を製造し、穴あけ・バーリング・絞り・曲げ加工または溶接により板金部品（機械設計成果物となる最終形状）を仕上げる。板金部品3DAモデルの3次元設計は、板金加工の逆順となる。3次元CADで板金部品の3D形状（3次元設計成果物である最終形状）を作成する。板金部品の合否判定となる公差指示を行い、板金加工に必要な加工要件を加えて、溶接・塗装・表面処理などの指示を加える。生産・製造担当者が設計情報を容易に理解できるようなマルチビューを作成し、板金部品の管理情報を加える。3次元設計をする板金部品の3DAモデルの例を**図3.4**に示す。この板金部品は、モータを固定して回転軸に回転を伝える役割がある。この板金部品の場合、モータは底面に対して、ある角度を持ち斜めに取り付けられている点が特徴である。

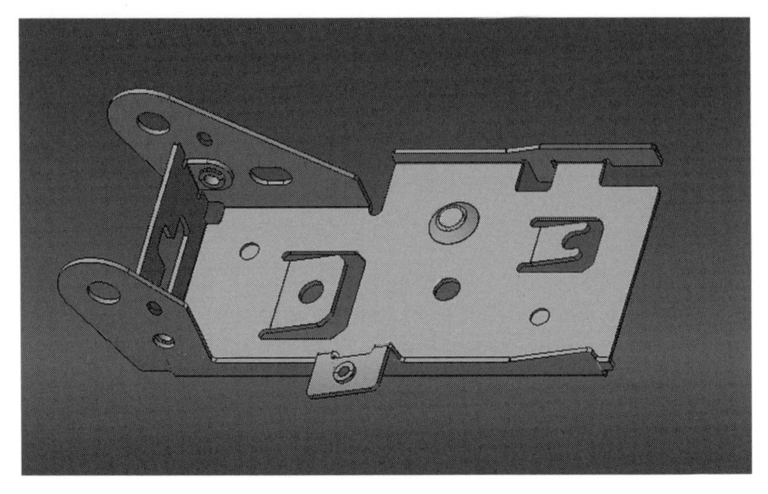

図 3.4　板金部品（モータ支持部品）　SOLIDWORKS2018 使用

### ［1］　基本形状の作成

**図 3.5** を例に、板金部品の基本形状の作成の手順を示す。モデル定義座標系を定義する。モデル定義座標系は、3DA モデルを作成するときの基準であるが、板金加工や機械計測での基準と合わせておくと好都合である。

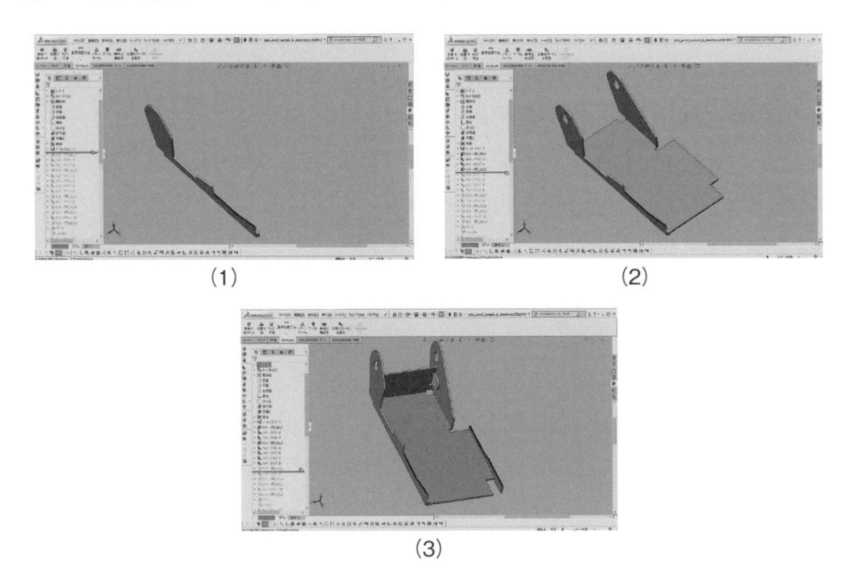

(1)　(2)　(3)

図 3.5　板金部品の基本形状の作成　SOLIDWORKS2018 使用

⑴　モデル定義座標系の平面を指定して、板金部品の外形形状をスケッチして、板厚分だけ垂直に押し出して3D形状を作成する。

⑵　板金部品の3D形状の面を指定して、次の外形形状となる断面をスケッチして平行掃引して、底部の3D形状を追加する。

⑶　底部の板金部品の3D形状の面を指定して、側板形状をスケッチして平行掃引して、側板の3D形状を追加する。

このような操作を繰り返して、基本形状を作成する。

## ［2］　詳細形状の作成

**図3.6**において、板金部品の詳細形状の作成の手順を示す。

⑴　板金部品の基本形状（3D形状）を使用する。

⑵　板金部品の3D形状の面を指定して、次の外形形状をスケッチして3D形状を中側に押し出して、穴を作成する。

⑶　板金部品の3D形状の穴の側面を指定して、次の外形形状をスケッチして3D形状を押し出す。この時に角度をつけて押し出して、フランジ（部材からはみ出すように出っ張った部分）を作成する。

⑷　これらの操作を繰り返して、板金部品の3D形状を作成する。

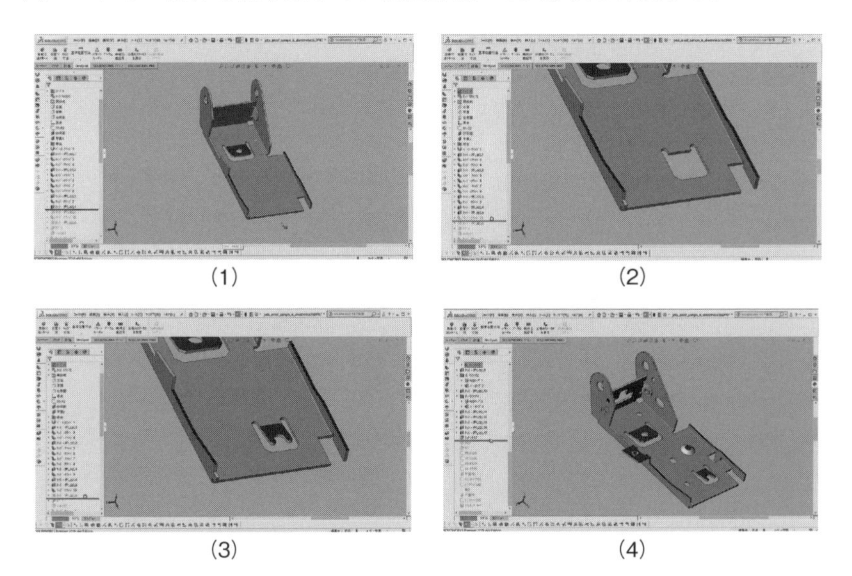

(1)　(2)　(3)　(4)

**図3.6　板金部品の詳細形状の作成　SOLIDWORKS2018使用**

## [3] 公差指示

板金部品の用途と機能を考えて、公差指示をする。まず、データムを定義する。データムとは、形体の姿勢公差・位置公差・振れ公差などを規制するために設定した理論的に正確な幾何学的基準（JIS Z 8114：1999）である。平行度、直角度、位置度など、基準があって幾何特性が決まる幾何公差には必須なものである。データム座標系の定義は、主に次の観点から行う。

- その部品の機能上、どの部位を主たる基準とするのがよいか。
- 組立において、相手部品と接触し位置決めされるところはどこか。例えば、その部品が組み込まれる機械の中で所定の機能を達成する。
- 加工において基準としてほしいところはどこか。例えば、その部品が加工でき、必要とする加工精度が得られる。
- 検査において、どこを基準として、どこを支持してほしいか。例えば、公差指示に対する数値を測定する、変形や傾きが発生しない定盤とブロックゲージなどで固定するなど。

図3.4に示した板金部品は、用途と機能から考えて、2つのデータム座標系が必要になる。**図3.7**に、2つのデータム座標系を示す。

- 第1データム座標系は、板金部品の広い底面を第1次データム（A）、板金部品を回転軸が通る奥側の穴の軸線（B）と手前側の穴の軸線（C）による共通データム軸直線を第2次データム（B–C）、板金部品の位置決め穴の軸

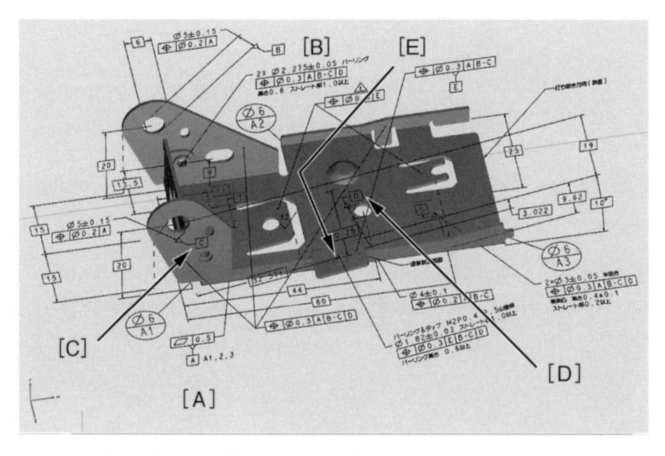


**図3.7 板金部品のデータムの定義 SOLIDWORKS2018使用**

線を第３次データム（D）として指示する。その結果、第１データム座標系 |A|B–C|D| が構成される。

- 第２データム座標系は、板金部品に斜めにモータ軸が通る時のモータ軸位置決め穴を含む面を第１次データム（E）、データム軸直線（B）とデータム軸直線（C）との共通データム軸直線を第２次データム（B–C）、データム軸直線（D）を第３次データムとして指示する。その結果、第２次データム座標系 |E|B–C|D| が構成される。

板金部品の詳細形状に２つのデータム座標系を定義する。

次に、**図 3.8** に代表的な公差指示の一例を示す。

① 平面度の指示

板金部品の座面に歪みがあると、板金部品を固定した時に傾きやがた付きが発生するので、板金部品の座面のデータム（A）に対して、公差値 0.5 の平面度を指示する。データム記号の近くにデータムターゲットの個数を指示する。

② 位置度の指示

板金部品の斜め平面に設けるモータ軸位置決め穴に対して、第１次データムとしてデータム平面（E）、第２次データムとして共通データム軸直線（B–C）、第３次データムとしてデータム軸直線（D）を参照する、公差値 $\phi$0.3 の位置度を指示する。

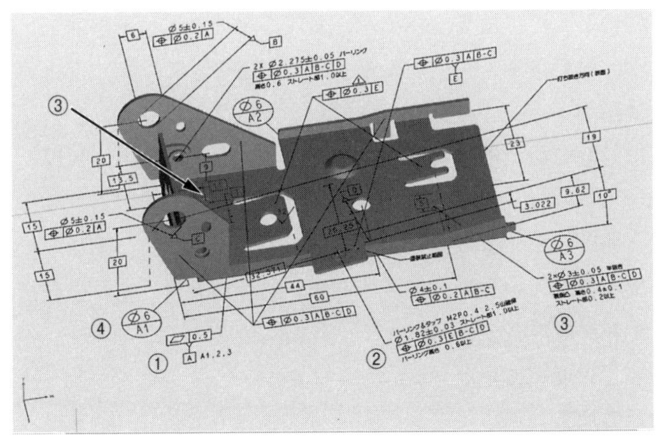


**図 3.8　板金部品の公差指示　SOLIDWORKS2018 使用**

③　位置度の指示

板金部品の広い底面に設ける2つの半抜き（定形加工）の軸直線に対して、公差値 $\phi$0.3 の位置度を指示する。参照するデータムは、第1次データム（A）、第2次データム（B-C）、第3次データム（C）である。

④　データムターゲット

データムターゲットとは、データムを設定するために、加工、測定および検査用の装置、器具などに接触させる対象物上の点、線または限定した領域のことである。板金部品を計測する時の実用データム形体の設置箇所として、板金部品の底面の3箇所の $\phi$6 の円領域をデータムターゲットとして設定する。

公差指示は公差指示機能を使うか、またはスケッチで公差指示を書き込む。公差指示の設計情報は、3DA モデルでは PMI または属性となる。

## ［4］　加工要件の作り込み

設計開発部門で、板金部品の用途と機能を考えて、板金加工の製造および計測で守るべき事項を指示する。設計開発部門で全ての板金加工要件を把握することは難しく、板金加工の専門知識と加工機の対応が必要になるので、最終的には板金加工部門で決定する。

設計開発部門と板金加工部門で事前に板金加工に関するルール（例えば、3D モデルと板金加工要件の関係、3D モデルで表現できない箇所に対する板金加工要件の解釈など）を確認しておく。

板金加工要件として、部品全体指示、曲げなどの加工、定形加工、繰り返し加工、製造指示、材料指示、二次加工指示などがある。

● **部品全体指示**

板金加工に対して最低限必要な指示事項のことで、材料名、板厚、かど（角度が 90 度以上の鋭角なかど部）の半径、隅（3 面の壁で囲まれた凹状の隅部）の半径、内曲げ（曲げが始まるる位置から曲げの中心部まで）の半径、バリ（加工面に生じる不要な突起）の有無、キズの有無、しわの有無、割れの有無、脱脂洗浄の指定、表面処理の指定など。3DA モデル内にテキストやイメージの PMI、属性として登録して管理表に表示する。

● **曲げなどの加工**

板金加工で外形形状を製造する加工に関する要件である。曲げ部の形状（内側半径・外側半径・指示がない場合の内側半径）、カーリング（曲面を伴った曲げ）の形状、ヘミング曲げ（鋭角な縁を取り去るために板金を 180° 折り返した後、平らに押しつぶす加工）の形状、切欠き（接合のために材料の一部を切り取ってできた穴・溝・段付きなどの部分）の形状、折り曲げが重なる部分の形状を指定する。3DA モデルの 3D モデルで指定形状を作り込み、3DA モデル内にテキストやイメージの PMI で表現する。

● **定形加工**

板金加工で部分的な定形加工に関する要件である。バーリング（穴の縁にフランジを成形する加工方法）の形状と指示、タップ（穴のねじ切り）の形状と指示、半抜き（非貫通の凸型の加工方法）の形状と指示、皿モミ（穴の縁を円すいに大きく面取りする加工）の形状と指示、センターポンチ（穴の中心を決めるマーキング）の形状と指示、ブリッジ（母材と連結させて固定し安定させて加工する際につける切り残し）の形状と指示、ガイドレール（部品を取り付ける際に誘導するレール）の形状と指示、ルーバ（通風口）の形状と指示、三角リブ（補強材）の形状と指示、金型絞りの形状と指示、刻印のイメージと指示、繰り返し（空気孔など同じ加工を繰り返す）の形状と指示をする。3DA モデルの 3D モデルで指定形状を作り込み、3DA モデル内にテキストやイメージの PMI で表現する。

● **製造指示**

板金加工に関する指示事項。バリの処理、打ち抜き方向、マッチング（つなぎ目）、展開基準面、外観（傷、しわ、割れなど）。3DA モデルの 3D モデルへ参照形状を追加する。3DA モデル内にテキストやイメージの PMI、属性として登録して管理表に表示する。

● **材料指示**

材料名を、3DA モデルの属性として登録して管理表に表示する。

● **二次加工指示**

板金加工の後で行う二次加工に関する指示事項。溶接、カシメ加工、洗浄、表面仕上げ、表面処理など。3DA モデルの 3D モデルへ参照形状を追加する。3DA モデル内にテキストやイメージの PMI、属性として登録して管理表に表示する。

**図 3.9** に、板金加工要件の作り込みの例を示す。次に、代表的な板金加工要件の作り込みの一例を説明する。

⑴　バーリング＆タップのモデリング：3DA モデルの 3D モデルに、バーリン

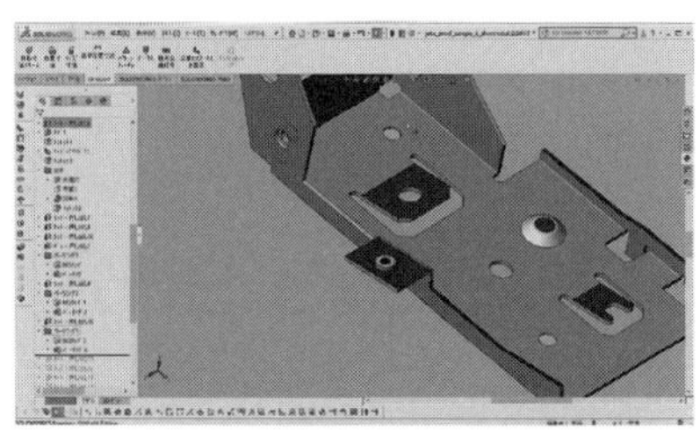

(1) バーリング&タップ(モデリング)

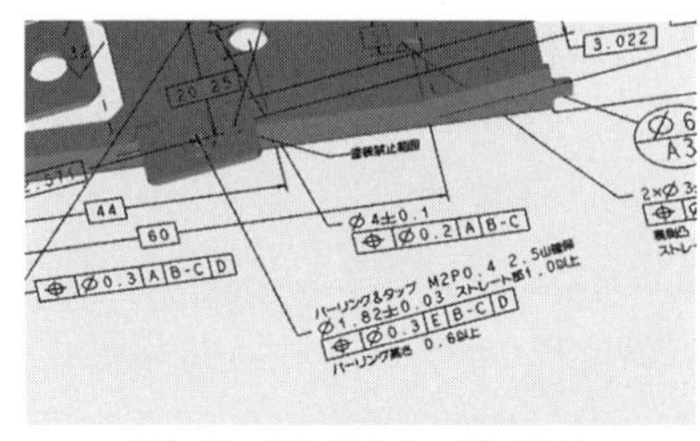


(2) バーリング&タップ(PMI)

(3) 展開準備

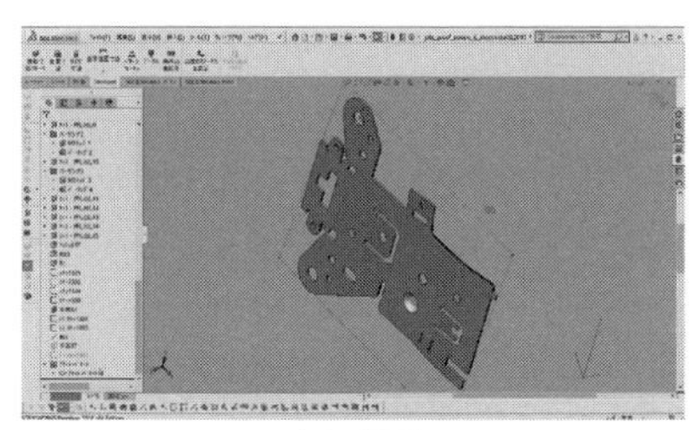

(4) 展開

**図 3.9 板金部品の加工要件の作り込み SOLIDWORKS2018 使用**

グとタップの形状を作り込む。タップ加工をする穴の側面は色分けをする。このモデリングは**図 3.10**のように、設計開発部門と板金加工部門で事前に板金加工に関するルール(ガイドライン)に基づいて行う。

(2) バーリング&タップの PMI:バーリングとタップの指示事項を 3DA モデル内にテキストやイメージの PMI で記載する。

(3) 板金展開準備:展開に先立って、展開基準面を、3DA モデルの 3D モデルに色分けで指定する。

(4) 板金展開:3DA モデルの板金図面の展開は、展開基準面に従って、板金展開が行われる。

## [5] マルチビューの作り込み

板金部品でのマルチビューは、三面図を構成する正面ビュー、平面ビュー(上面ビュー)、側面ビュー、および板金加工工程に応じた板金加工ビューを作成する。製造(板金加工)や計測をする現場、あるいは 3 次元 CAD が導入できないサプライヤーから 2D 図面での出図を求められることも多い。試験的ではあるが、正面ビュー、平面ビュー(上面ビュー)および側面ビューを第三角法に従って配置

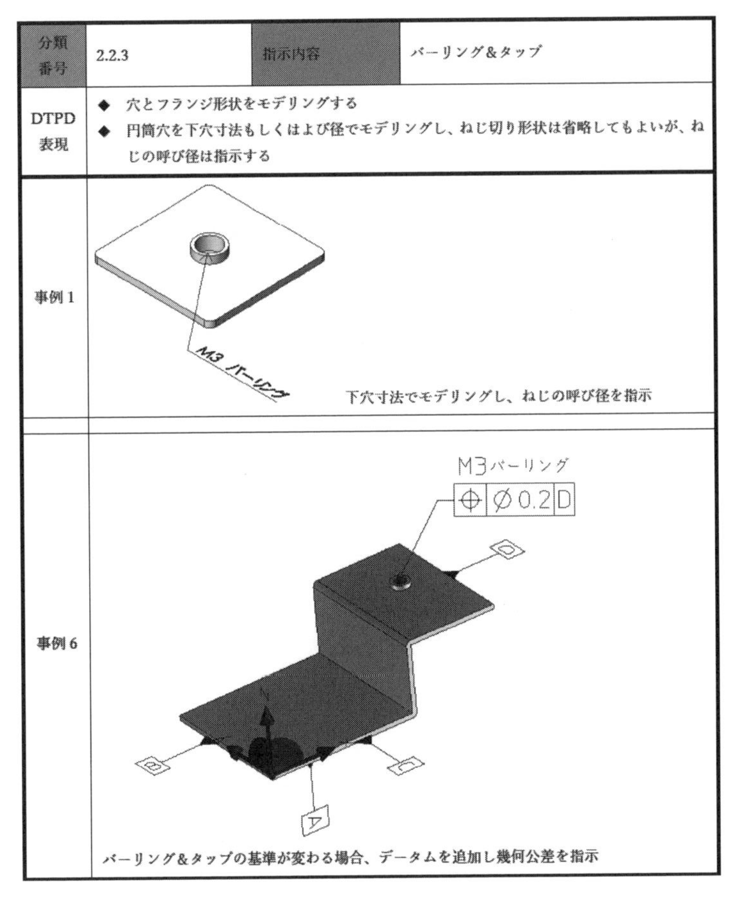

| 分類番号 | 2.2.3 | 指示内容 | バーリング&タップ |
|---|---|---|---|
| DTPD表現 | ◆ 穴とフランジ形状をモデリングする<br>◆ 円筒穴を下穴寸法もしくはよび径でモデリングし、ねじ切り形状は省略してもよいが、ねじの呼び径は指示する | | |
| 事例 1 | 下穴寸法でモデリングし、ねじの呼び径を指示 | | |
| 事例 6 | バーリング&タップの基準が変わる場合、データムを追加し幾何公差を指示 | | |



図 3.10　ガイドラインでのバーリング&タップに関する記載

して図面枠と合体させた3DA モデル表示を2D 図面の代用とすることも可能である。板金加工ビューとは、板金加工工程の作業性を考慮したモデル表示を行い、板金加工工程に必要な部品と要素のみを表示して、板金部品工程に不要な部品と要素を非表示にしたものである。板金加工手順の他、溶接、表面処理、塗装の専用ビューを作る。板金加工の種類によっては、3D 形状の断面で加工要件の作り込みをすることで、わかりやすいビューとなることがある。ビューは 3 次元空間上での表示情報ではあるが、正面ビュー、平面ビュー（上面ビュー）、側面ビューおよび断面ビューは設計開発部門の設計者が馴染みもあって、2D ビューとも呼ばれる。3 次元 CAD では、表示領域と表示方向を指定して、表示／非表示する要素を指定して、ビューを作成する。作成したビューを保存する。必要な時に、ビューを呼び出して表示する。3次元CADの種類によっては、複数のビューを同時に表示することもできる。

**図 3.11** に、マルチビューの作り込みを示す。代表的なマルチビューの一例を説明する。

① 板金部品の正面ビューである。

② 板金部品の右側面ビューである。

③ 板金部品の平面ビューである。

④ 板金加工のバーリング工程の作業内容および塗装工程の指示事項を明確に伝えるための詳細ビューである。

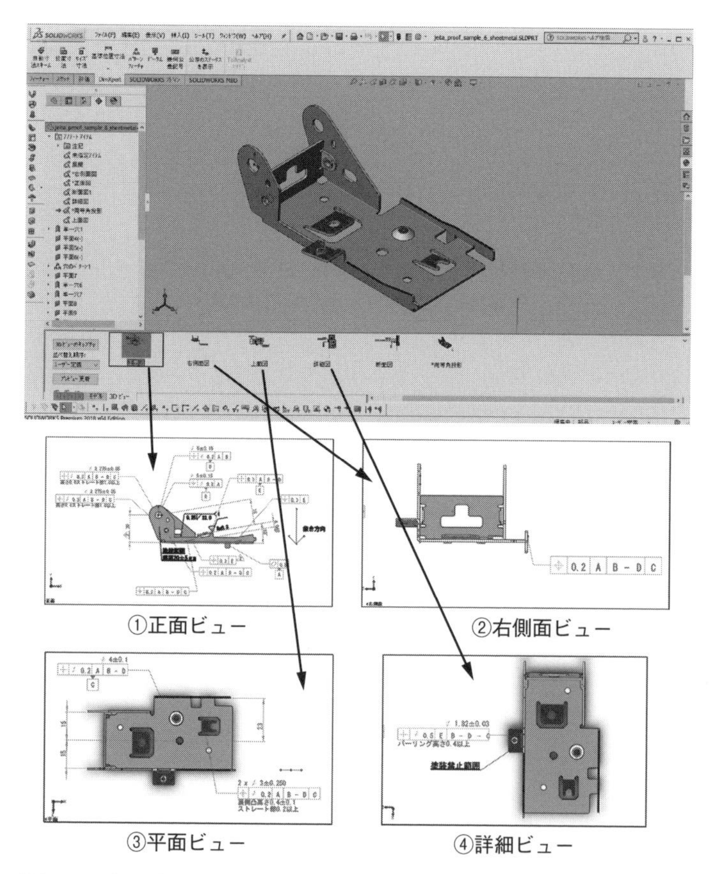


**図 3.11　板金部品のマルチビューの作成　SOLIDWORKS2018 使用**

3次元CADの種類によっては、マルチビューが画面上に一覧で表示され、すぐにビューを切り替えることができるものもある。

### [6] 管理情報の作成

管理情報を作成する。管理情報は、部品名称・部品番号・部品個数・材質・作成者・検査者・日付などから構成される。3DA モデルの属性として保存する。属性を注記形式のPMIと表形式のPMIの構成要素として取り込み、誰もが3DAモデルを認識できるようにする。

**図 3.12** に、板金部品に関する表形式の PMI による管理情報の表示例を示す。

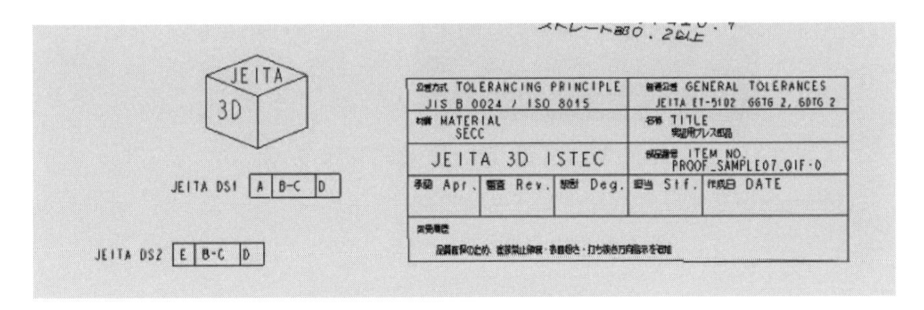


図 3.12　板金部品の管理情報

## 3.4 組立品

組立品 3DA モデルの3次元設計を説明する。組立品の 3DA モデルの3次元設計も、基本的には図 3.3 で説明した3次元設計の手順と変わらない。部品の 3DA モデルを作成した後で、部品の 3DA モデルを組み立てる作業が加わる。組立品の 3DA モデルのモデル定義座標系を基準に、部品の 3DA モデルを移動して、部品の 3DA モデルの間に拘束関係を定義する。部品の 3DA モデルと同様に、組立作業および組立後の検査作業に向けた公差指示、組立要件の作り込み、マルチビューの作成、管理情報の作成がある。**図 3.13** に3次元設計をする組立品の 3DA モデルを示す。この組立品は、スイッチギヤボックスと呼ばれるもので、入力軸の回転速度を減速して出力軸に伝達する機能と出力軸への回転のオン・オフ機能を持つ。筐体、回転軸、ギヤ、ストッパ、ねじなど30点ほどの部品点数で構成さ

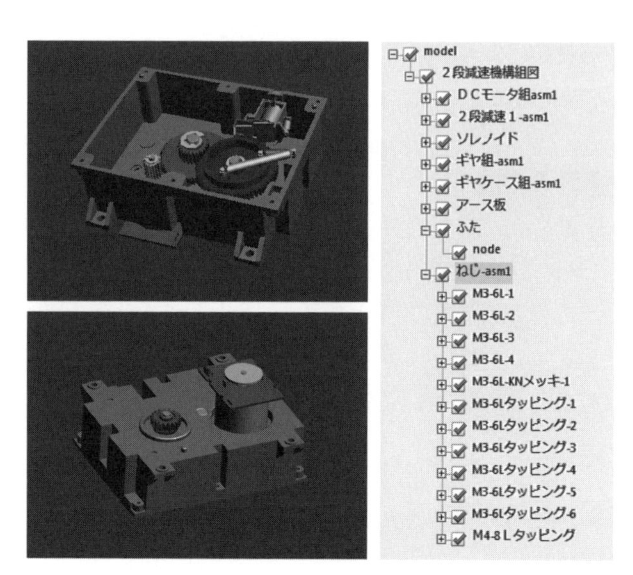


**図 3.13　組立品（スイッチギアボックス）**

れる。

## ［1］　組立品 3DA モデルの組立

**図 3.14** に、組立品 3DA モデルの組立を示す。部品の 3DA モデルは既に作成済みである。組立品のモデル定義座標系は、部品のモデル定義座標系を使用する。

(1) 組立品のベースとなる部品として、スイッチギヤボックスの筐体の 3DA モデルを、組立品のモデル定義座標系に呼び出す。
(2) 組立品の 3DA モデルの組立の基準となる軸穴を指定する。
(3) 軸穴にはめ込む相手部品であるギヤの 3DA モデルを呼び出す。軸穴の中心軸上に、ギヤの 3DA モデルが呼び出される。
(4) ギヤの 3DA モデルの軸下部側面が組立品の 3DA モデルの軸穴の側面に接するように移動して、ギヤの 3DA モデルの組立が完了する。

これらの操作を全部品に対して実施する。

**図 3.15** では可動部品の組立を示す。出力軸のギヤの回転を止めるストッパ（部品）は可動部品である。出力軸のギヤの回転を止める時と、出力軸のギヤの回転を伝える時とで、その位置が異なる。同じ部品ではあるが、止めるときと伝えるときとで、位置と方向が異なる。この場合は、止めるときと伝えるときの位置と

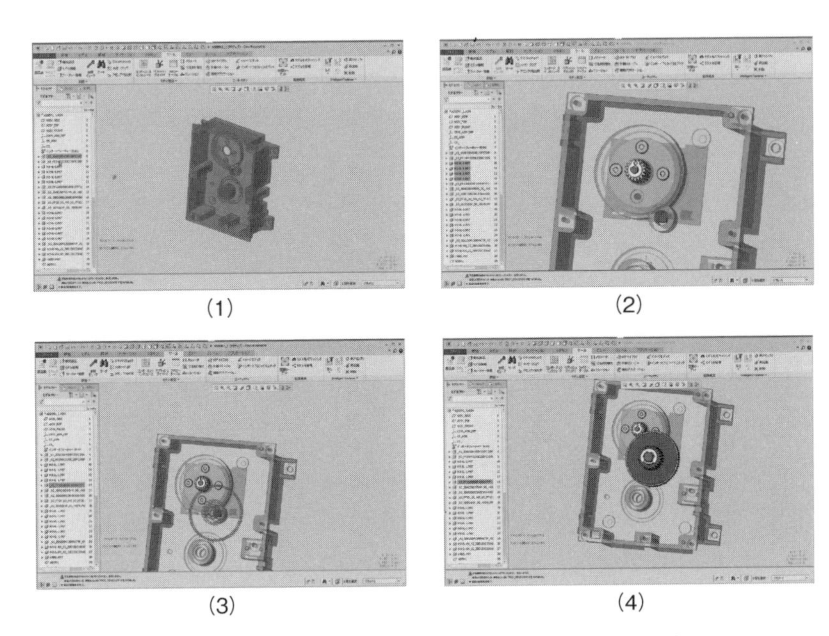


図 3.14　組立品の部品の組立　Creo Parametric 4.0 使用

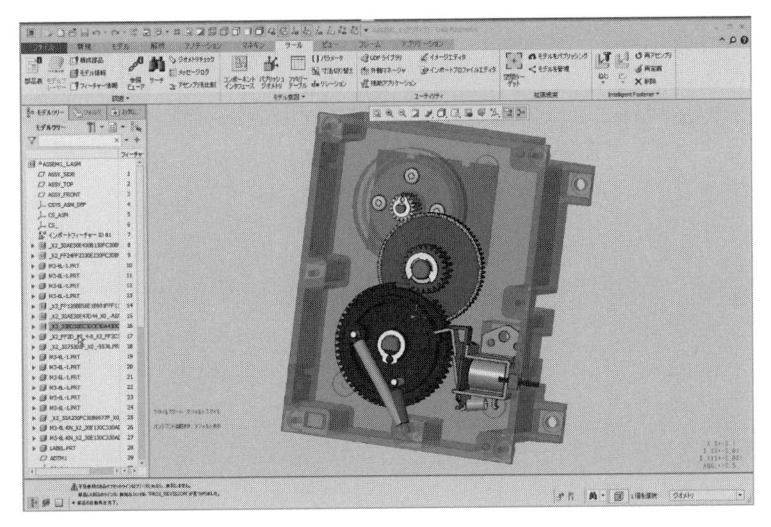

図 3.15　組立品での可動部品の取り扱い　Creo Parametric 4.0 使用

**図 3.16　組立品内部の可視化（半透明表示）　Creo Parametric 4.0 使用**

方向に合わせた、その両方に対応した可動部品を組み込んでおき、動作状態に応じてモデルの表示／抑止を切り換える。

蓋部品を付けると、スイッチギヤボックスの内部が隠れて見えなくなってしまう。このような場合には、**図 3.16** に示すように、蓋部品の 3DA モデルを半透明表示とすれば、内部状態を見えるようにすることができる。

## ［2］　公差指示

組立品の用途と機能を考えて、**図 3.17** に組立品の公差指示を示す。組立品に対する公差指示をする場合、まず、部品に対する公差指示を過不足なく行っておく必要がある。部品に対する公差指示は、その部品単体だけではなく、結合状態（他の部品との位置関係や状態）まで考慮に入れ姿勢公差・位置公差・振れ公差を検討する必要がある。

まず、組立に対するデータムを定義する。部品の公差指示時に、データムを定義しているが、このデータムは部品に関する情報になるので、組立作業では参照できない。組立作業時に改めて定義する。組立品の製造後に、組立品の公差指示に対する数値をどうやって測るか、組立品の機能達成を確認する時に、組立品をどのように保持すればよいか、そのような観点から組立品とデータム座標系とデータム平面とデータム軸線を定義する。図 3.17 の(2)に示したように、組立品のデ

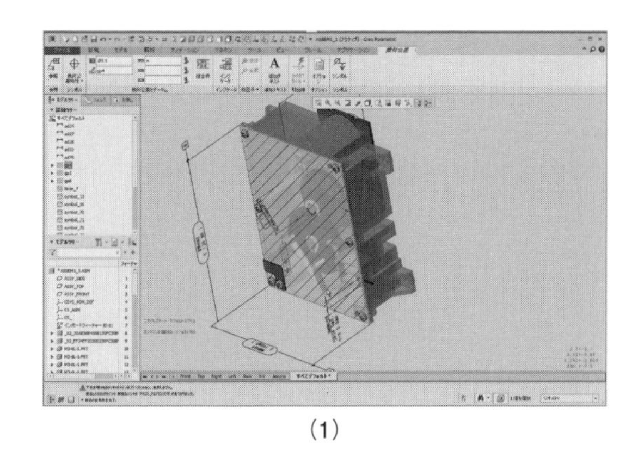

(1)

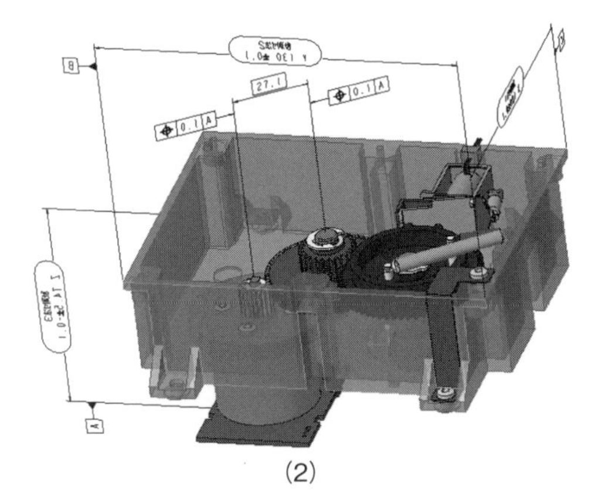


(2)

**図 3.17　組立品の公差指示　Creo Parametric 4.0 使用**

ータムとして、組立品を機械にねじ止めで固定する接地面をデータム平面（A）とした。

次に、組立品の用途と機能を考えて、公差指示をする。図 3.17 に、組立品の公差指示を示す。代表的な公差指示の一例を説明する。

(1) 組立品の最大外形サイズに対してサイズ公差を用いた公差指示をする。組立品の製造後に、組立品が機械に他部品に干渉しないように設置できるかどうかを確認する。ノギスによる簡易測定となる。

(2) 軸間距離の指示方法。ギヤによる動力伝達の機能・性能が十分に発揮できるように、軸間距離に公差指示を与える。明確な指示として、位置度公差を用いた指示とする。その場合の測定は、軸の外殻形体である円筒周面の何点かを測定して、誘導形体である2つの軸線（中心線）を当てはめ、それが、データム平面に対して指示した公差域内にあるか否かを、検証することになる。ノギスなど簡易測定器で測定することもできる。ただし、ギヤを挿入しない状態での測定となる。

### [3] 組立要件の作り込み

設計開発部門で、組立品の用途と機能を考えて、組立の製造および計測で守るべき事項を指示する。設計開発部門で全ての組立要件を把握することは難しく、製造現場の機材・作業員の対応が必要になるので、最終的には生産組立部門で決定する。組立要件として、部品の加工を除き、組立指示、計測指示、注油指示、塗装指示、銘板指示、表面処理指示がある。

● **組立指示**

部品の名称、部品の挿入、部品の固定、組立の順番、治具の使用、治具の固定、治具の装着など、組立に関する指示。3DA モデル内にテキストや記号、イメージ（バルーンと呼ばれる部品番号の表示記号）の PMI で表記される。

● **計測指示**

組立時および組立完了時に、部品の位置や方向の測定箇所、測定方法、基準値（合格範囲）、治具の使用、治具の固定など、計測に関する指示。3DA モデル内に公差、テキストや記号、イメージの PMI で表記される。

● **注油指示**

組立時および組立完了時に、部品の摺動部、可動部品を取り付ける密閉部分（メンテナンスフリーのための注油）、油の種類、油の量など、注油に関する指示。3DA モデル内にテキストや記号、イメージの PMI、属性で表記される。

● **塗装指示**

組立時および組立完了時に、部品の塗り分け、部品の塗装範囲、塗料の種類、塗料の色、塗料の材質、塗布の厚さなど、塗装に関する指示。3DA モデル内に参照形状、テキストや記号、イメージの PMI、属性で表記される。

● **銘板指示**

銘板とは、小型の平板に機械の名称・製造場所などの銘柄を表示したもので、金属製のプレート、樹脂製のラベルなどがある。組立完了時の銘板の貼付けに対して、銘板の位置、銘板の方向など、銘板に関する指示。3DA モデル内に参照形状、テキストや記号、イメージの PMI で表記される。

● **表面処理指示**

組立時および組立完了時に、表面処理の有無、表面処理の方法、表面処理の範囲、表面処理剤の種類、乾燥方法など、表面処理に関する指示。3DA モデル内に参照形状、テキストや記号、イメージの PMI、属性で表記される。

**図 3.18** に、組立要件の作り込みを示す。代表的な組立要件の作り込みの一例を説明する。

**（1）　組立品のソレノイドスイッチの取付位置**

出力軸のギヤの回転を止めるストッパ（部品）の可動／停止はソレノイドで行われ、ソレノイドスイッチは筐体の切り欠きに樹脂材で固定される。筐体と樹脂材の隙間に対して寸法公差により組立指示および計測指示をする。

**（2）（3）　バルーンと部品表による組立指示**

バルーンの上側の数字が部品番号、下側の数字が組立順番を示す。部品表として、部品番号、部品名称、部品個数が一覧で示されている。部品番号、部品名称、組立順番は 3DA モデルでは属性として内部データになっており、属性を注記形式の PMI と表形式の PMI の構成要素として取り込まれる。3DA モデルの属性を

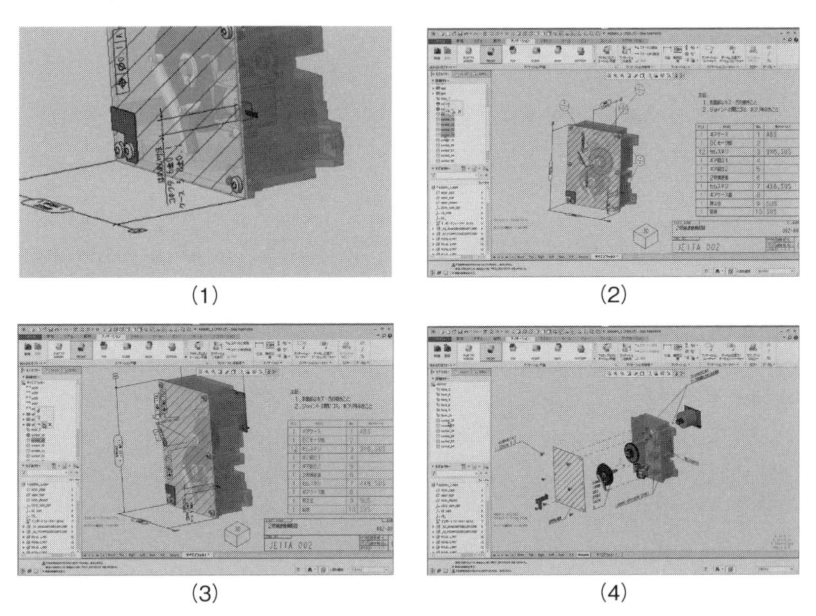


**図 3.18　組立品の組立要件の作り込み　Creo Parametric 4.0 使用**

変更すれば、バルーンと表の内容も変更される。

**（4） 組立品の分解図における組立指示**

3DA モデルのテキストとイメージによる PMI を使って、ねじの種類と個数、ねじの取付方法、部品の挿入方向と取付位置などの組立指示をする。

## [4] マルチビューの作り込み

組立品でのマルチビューは、投影図を構成する正面ビューと平面ビューと側面ビュー、組立工程に応じた組立ビューを作成する。

生産・組立・計測をする現場や3次元CADが導入できないサプライヤーから2D図面での出図を求められることも多く、試験的ではあるが、正面ビュー、平面ビューおよび側面ビューを第三角法に従って配置して、図面枠を合体させた3DA モデル表示を2D図面の代用とすることも可能である。

組立ビューとは、組立工程の作業性を考慮したモデル表示を行い、組立工程に必要な部品と要素のみを表示して、組立工程に不要な部品と要素を非表示にしたものである。組立手順の他、表面処理、塗装、注油、銘板取付の専用ビューを作る。組立作業の種類によっては、3D形状の断面で組立要件の作り込みをすることで、わかりやすいビューとなることがある。

ビューは3次元空間上での表示情報ではあるが、正面ビュー、平面ビュー、側面ビュー、および断面ビューは、設計開発部門の設計者が馴染みもあって、2Dビューとも呼ばれている。3次元CADでは、表示領域と表示方向を指定して、表示／非表示する要素を指定して、ビューを作成する。作成したビューを保存する。必要な時に、ビューを呼び出して表示する。3次元CADの種類によっては、複数のビューを同時に表示することもできる。

**図3.19**に、マルチビューの作り込みを示す。代表的なマルチビューの一例を説明する。

**（1） 組立品の正面ビュー**

内部の部品配置がわかるように蓋部品を半透明表示にしている。

**（2） 組立品の側面ビュー**

内部の部品配置がわかるように筐体自体を半透明表示にしている。

**（3） 断面ビュー**

組立時の部品の位置関係と隙間などがわかるように、組立品を軸線中心に断面

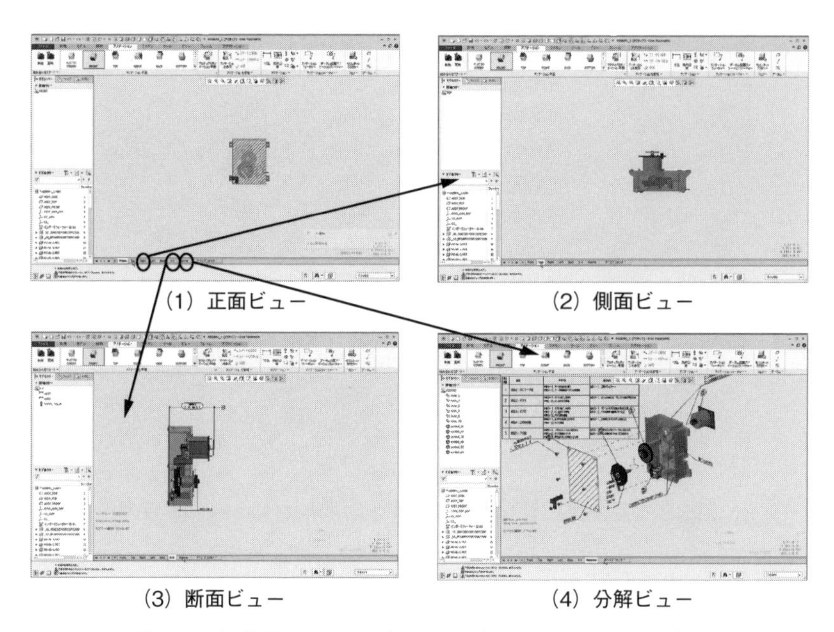


**図 3.19　組立品のマルチビュー　Creo Parametric 4.0 使用**

にしたものである。

**(4)　分解ビュー**

組立時および保守点検時の部品の構成と位置関係がわかるように、組立品の構成部品を切り離した状態にして表示したもの。

### [5]　管理情報の作成

ここで作成する管理情報は、部品名称・部品番号・部品個数・材質・作成者・検査者・日付などから構成される。3DA モデルの属性として保存する。属性を注記形式の PMI と表形式の PMI の構成要素として取り込み、誰もが3DA モデルを認識できるようにする。**図 3.20** に、組立品に関する表形式の PMI による管理情報の表示例を示す。

## 3.5　樹脂成形部品

ここでは、樹脂成形部品 3DA モデルの3次元設計を説明する。樹脂成形部品は、部品形状から金型を設計し、金型を加工して、金型を射出成形機に取り付け、樹

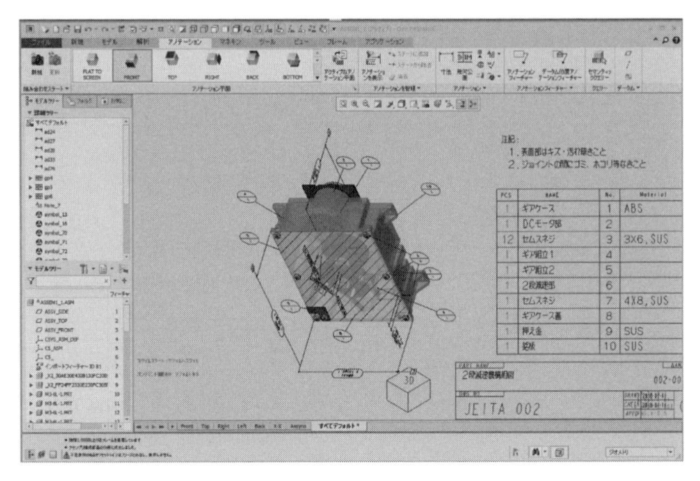


図 3.20　組立品の管理情報の作成　Creo Parametric 4.0 使用

脂を金型に注入して成形されて製造される。樹脂成形部品 3DA モデルの 3 次元設計手順は、3 次元 CAD で樹脂成形部品の 3D 形状（3 次元設計の成果物である最終形状）を作成する。樹脂成形部品の合否判定となる公差指示を行い、金型加工・射出成形に必要な加工要件を加える。生産・製造担当者が設計情報を容易に理解できるようなマルチビューを作成し、樹脂成形部品の管理情報を加える。樹脂成形部品であるスイッチギヤボックス筐体を**図 3.21** に示す。スイッチギヤボックス筐体は、図 3.13 に示した組立品（スイッチギヤボックス）の筐体（ケース）である。スイッチギヤボックスは、入力軸の回転速度を減速して出力軸に伝達する機能と出力軸への回転のオン・オフする機能を持ち、ギヤ、ソレノイド、モー

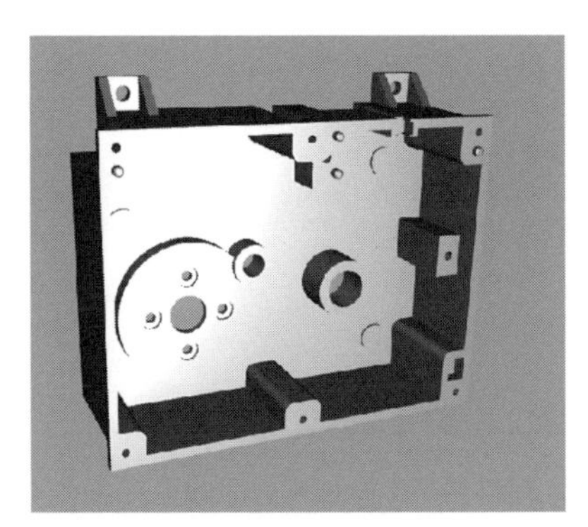
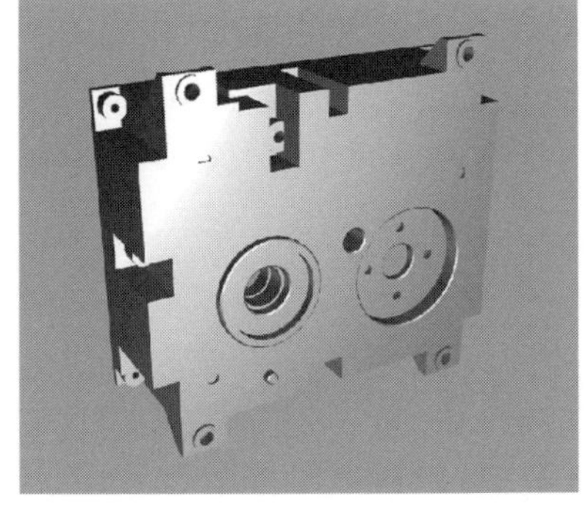

図 3.21　樹脂成形部品（スイッチギヤボックス筐体）　Creo Parametric 4.0 使用

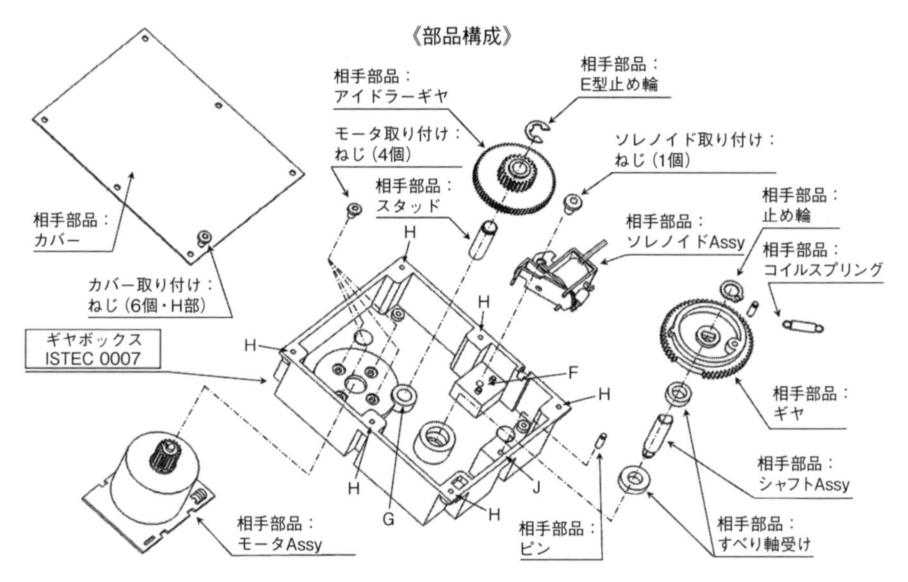


**図 3.22　樹脂成形部品（スイッチギヤボックス筐体）と他部品との関連**

タ、スタッドなどの30点ほどの部品点数で構成される。スイッチギアボックス筐体とその他の部品との関係を**図 3.22** に示す。スイッチギヤボックス筐体は、軸を支持する精度を確保でき、低コストで量産製造が可能な樹脂成形部品として設計する。

## [1]　基本形状の作成

樹脂成形部品の基本形状の作成の手順を、**図 3.23** に示す。

(1)　まず、モデル定義座標系を定義する。モデル定義座標系は、3DA モデルを作成するときの基準であるが、金型設計や機械計測での基準と合わせておくと好都合である。

(2)　モデル定義座標系の平面を指定して、樹脂成形部品の外形形状をスケッチして、奥行分だけ押し出して3D 形状を作成する。

(3)　樹脂成形部品の外形形状の表示を反転させて、くり抜く部分の面を指定して、樹脂成形部品の側面の板厚分を残して、外形形状をくり抜き、シェル化する。

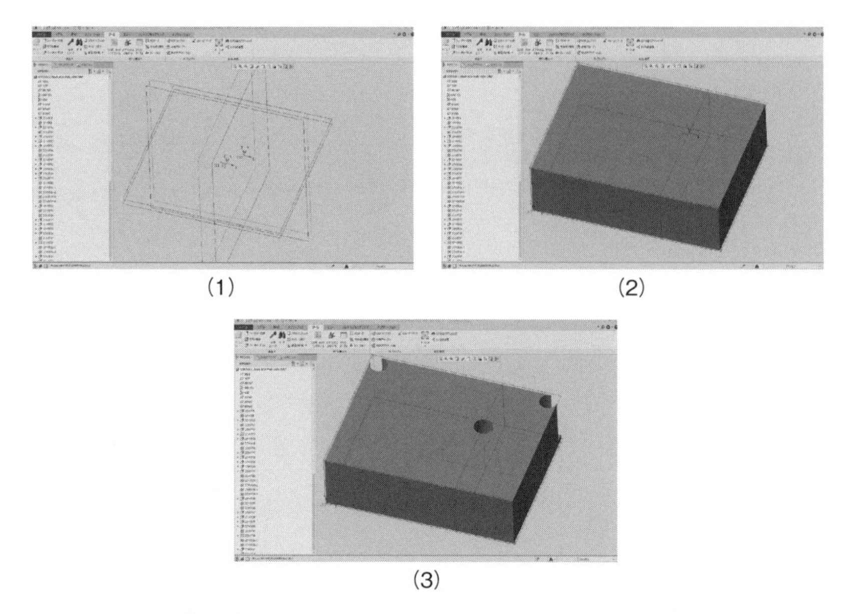

(1)　(2)　(3)

**図 3.23　樹脂成形部品の基本形状の作成　Creo Parametric 4.0 使用**

## [2]　詳細形状の作成

樹脂成形部品の詳細形状の作成の手順を、**図 3.24** に示す。

(1) 樹脂成形部品の外形形状の所定の面の右中央部に円をスケッチして、回転軸を通す貫通穴を作成する。同様にして、回転軸を保護するフランジを作成する。

(2) 樹脂成形部品の外形形状の所定の面の左中央部に円をスケッチして、モータ軸を通す貫通穴を作成する。同様にして、モータ軸を固定する溝とねじ止め穴を作成する。

(3) 樹脂成形部品の外形形状の所定の面の右下部に多角形をスケッチして、ストッパを可動させるソレノイドの取り付け溝とねじ止め穴を作成する。

(4) 樹脂成形部品の外形形状の所定の面の 4 隅に円をスケッチして、ねじ穴のための逃げ部とねじ穴を作成する。鋭角となっている角部にフィレットを付ける。

## [3]　公差指示

樹脂成形部品の用途と機能を考えて、公差指示をする。まず、データムを定義

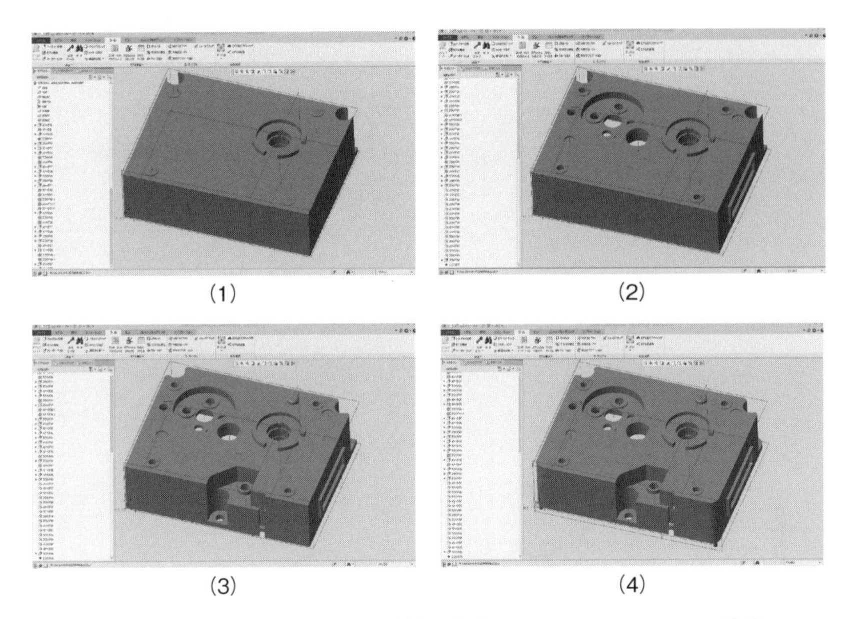
(1)　(2)　(3)　(4)

**図 3.24　樹脂成形部品の詳細形状の作成**　Creo Parametric 4.0 使用

する。データム座標系の定義は、主に次の観点から行う。

- その部品の機能上、どの部位を主たる基準とするのがよいか。
- 組立において、相手部品と接触し位置決めされるところはどこか。例えば、その部品が組み込まれる機械の中で所定の機能を達成する。
- 加工において基準としてほしいところはどこか。例えば、その部品が加工でき、必要とする加工精度が得られる。
- 検査において、どこを基準として、どこを支持してほしいか。例えば、公差指示に対する数値を測定する、変形や傾きが発生しない定盤とブロックゲージなどで固定するなど。

データム座標系を、**図 3.25** の(1)と(2)に示す。ここでは、相手部品（本体）に取り付ける座面を第1次データム（A）とし、相手部品とはまり合う穴の軸線を第2次データム（B)、はまり合う長円穴の中心面を第3次データム（C）に指定して、第1データム座標系 |A|B|C| を定義する。また、この樹脂成形部品では、機能上の要求から、第2データム座標系を定義する。相手部品（本体）に取り付ける座面を第1次データム（A）とし、位置決め用の表面を第2次データム（D）として、モータ軸の位置決め穴を第3次データム（E）として、第2次データム

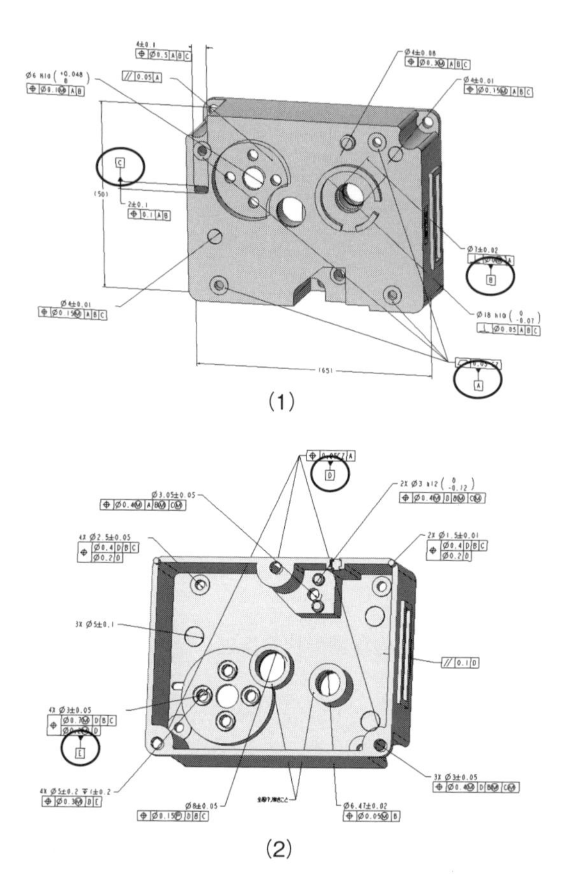

(1)

(2)

**図 3.25　樹脂成形部品のデータム座標系　Creo Parametric 4.0 使用**

座標系 |A|D|E-E| を定義する。

次に、樹脂成形部品の用途と機能を考えて、公差指示をする。**図 3.26** に公差指示をする。代表的な一部の公差指示を説明する。

### [A]　データム平面 A の平面度公差 0.05CZ の指示

図 3.26 の(1)を参照。データム平面 A とした 4 箇所（穴）は離れたところにあるが同一面に位置している。従って、平面度公差を共通公差域の記号 CZ（Combined zone）で指示した。本事例では、相手部品に取り付ける面となるので、平面度公差を 0.05 とし、かつ、CZ の指示をした。

### [B]　データム軸直線 B の直角度公差 φ0 Ⓜ（ゼロ・マル M と呼ぶ）の指示

図 3.26 の(1)を参照。$\phi 7$ はサイズ形体なので、軸線に対して最大実体公差方式

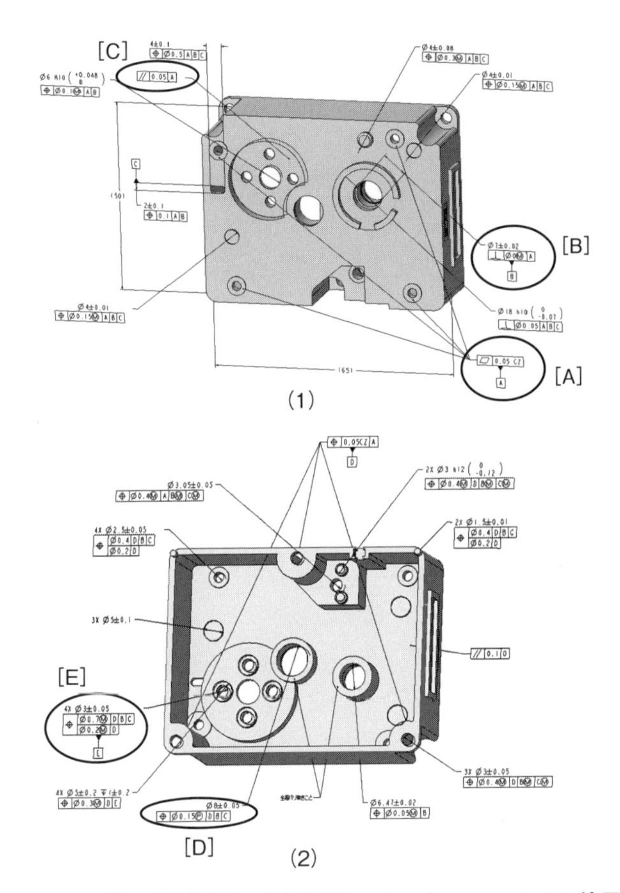


**図 3.26　樹脂成形部品の公差指示　Creo Parametric 4.0 使用**

Ⓜが適用できる。本事例では、直角度の精度が重要なので、最大実体状態（直径サイズが $\phi$6.98）のときには直角度公差を0（円筒部の軸線の倒れは一切許されない）とした。この場合、外径サイズが最大実体サイズから小さくなるにつれて、その分だけ、直角度公差を増加することになる。つまり、外径サイズが7.02のときには、直角度は $\phi$0.04まで許容される。相手の（軸）部品にも、同様の指示が必要となる。この $\phi$0 Ⓜの指示は、Ⓔが指示された場合と同じである。すなわち、最大実体サイズにおける完全形状の包絡面を超えてはならないという制約を加えたことになる。

**［C］　平行度 指示**

図3.26の(1)を参照。指示したこの面は、モータが直接固定される面である。こ

の面の傾きはモータ出力軸の傾きとなり、アイドラーギヤとのかみ合い精度を左右する。そのため、これを確保するために指示している。なお、第1ビューの平行度は、データム平面Aに対して規制している。この場合、必ずしもデータム平面Aでなければならないということではない。位置度をはじめ他の幾何公差が第1次データムとしてデータム平面Aを採用しており、部品検証時の段取り工数削減や公差解析での効率化などを考慮して、それに統一している。

**［D］“突出公差域”Ⓟ15の指示**

図3.26の(2)を参照。本事例では、スタッドがギヤボックスに圧入され、そのスタッドにアイドラーギヤが取り付けられている。アイドラーギヤの位置精度が重要なので、スタッドを圧入する穴自体を規制するのではなく、スタッドが実際に係合する領域である突出した15 mmにおける軸線の位置度を確保するための指示である。

**［E］ 複合位置度公差方式の指示**

図3.26の(2)を参照。複数ある“個々の形体”とその“形体グループ”に対して、それぞれに異なる公差値を要求している。部品の基準（データム系）に対する“形体グループ”に対する位置度を公差記入枠の上段に、“個々の形体”相互の位置度を下段に表記している。複合位置度公差方式の表記ルールに従っている。

## ［4］ 金型要件の作り込み

設計開発部門で、樹脂成形部品の用途と機能を考えて、金型加工・射出成形の製造および計測で守るべき事項を指示する。樹脂成形部品における加工要件を、特に金型要件と呼んでいる。設計開発部門で全ての金型要件を把握することは難しく、金型加工・射出成形の専門知識と加工機の対応が必要になるので、最終的には金型製造部門で決定する。設計開発部門と金型製造部門で事前に金型加工・射出成形に関するルール（例えば、3Dモデルと金型加工・射出成形要件の関係、3Dモデルで表現できない箇所に対する金型加工・射出成形要件の解釈）などを確認しておく。金型加工・射出成形要件として、基本ルール、製品機能、製品許容、成形要件、金型仕様、金型要件、二次加工、品質保証がある。

● **基本ルール**

モデリング時の狙い寸法や要目表での形状省略などのルールのことで、ギヤ、締結ねじ、刻印、中央値モデリング（公差を中央値に設定するモデリング）、はめあいモデリングなどがある。

● **製品機能**

製品機能から成形品の形状・外観に対して指示する事項で、かど・隅部、外観処理（しぼなど)、意匠部抜きこう配（金型から成形品を取り出しやすくするために製品形状にあらかじめ設けておく勾配)、こう配不可、パーティングライン（成形品の金型合わせ目に発生する突出）不可、重要機能部寸法公差・幾何公差、基本肉厚などがある。

● **製品許容**

成形品で発生する‘痕跡等’に対する可否判断、もしくは許容範囲のことで、ウエルド（金型の中に溶けて流れる樹脂の流れが合流する部分に現れる線状跡）可否、ゲート（金型に樹脂が流れこむ入り口）不可、反り許容方向・量、突き出し配置不可、バリ（成形品の金型合わせ目に位置した部分に生ずる突出）なきこと、ひけ可否などである。

● **成形要件**

生産性や成形品質の安定など成形上の課題解決・改善のために製品に盛り込む事項で、ウエルド対策、薄肉部、ガス（樹脂を加熱した際に発生するガスで成形品品質に影響する）抜き指示、ゲート方式・位置決定、材料・収縮率、変形防止のための形状変更、金型による反り補正、一般抜きこう配、ひけ（材料の成形収縮によって生じるへこみや窪み）対策としての厚肉部の肉抜き、ひけ対策としての形状調整（ボス穴、根元の薄肉化）などである。

● **金型仕様**

製品設計で考慮する可能性がある金型仕様で、入れ子割り（歩留まりや加工性を向上するために金型の凸形状を別部品にしたもの)、金型材料指定、水管位置、メンテナンス性などがある。

● **金型要件**

金型成立性や型構造に影響を与えるため製品形状で考慮すべき事項で、アンダーカット（かど及び隅のエッジの幾何学的に正しい形状に対する内側への偏差）成立性の保証、金型構造に伴う形状調整、ミスマッチ（キャビ・コア両彫りの場合に合わせ部を同一寸法とした際に発生する微小な段差)、加工性を考慮した形状調整、型薄肉部強度、キャビ取られ対応、喰い切り（成形品に穴を作る時に両側から突起を設け中間で角度合わせをする方法）成立性、個別突き出し指示、パーティングラインである。

● **二次加工**

成形品を二次加工する際に製品形状側で考慮すべき事項で、インサート成形、ゲート形状（取り出し時使用）、塗装・めっき、フライス・旋盤、熱圧入、溶着などである。

● **品質保証**

測定関係事項で、測定基準、測定方法などがあげられる。

**図3.27**と**図3.28**に樹脂成形部品の金型加工・射出成形の加工指示を示す。代表的な板金加工要件の作り込みの一例を説明する。JEITA三次元CAD情報標準化専門委員会では、金型要件を3DAモデルを使ってどのように表現するかをまとめた、「3DAモデル金型工程連携ガイドライン」を発行している。以下に示す図3.27(2)と図3.28(2)はこのガイドラインに記載されている事例である。

刻印

(1) 3DAモデルの3Dモデルに、刻印の形状を作り込む。彫刻文字の仕様は、3DAモデル内にテキストやイメージのPMIで記載する。3DAモデルの属性として登録する。

(2) このモデリングおよび指示方法は図3.27に示すように、設計開発部門と金型製造部門で事前に金型加工・樹脂成形に関するルール（ガイドライン）に基づいて行う。

ヒケ・バリ

(1) ヒケ・バリの指示事項を3DAモデル内にテキストやイメージのPMIで記載する。

(2) この指示方法は図3.28に示すように、設計開発部門と金型製造部門で事前に金型加工・樹脂成形に関するルール（ガイドライン）に基づいて行う。

## ［5］ マルチビューの作成

ビューは、3次元CAD・ビューワなどで3DAモデルを表示する際の表示領域・表示方向・表示要素の選択などの画面表示情報という。3DAモデルの全ての要素を同時に表示すると重なり、非常に見にくくなるので、3DAモデルの利用用途に

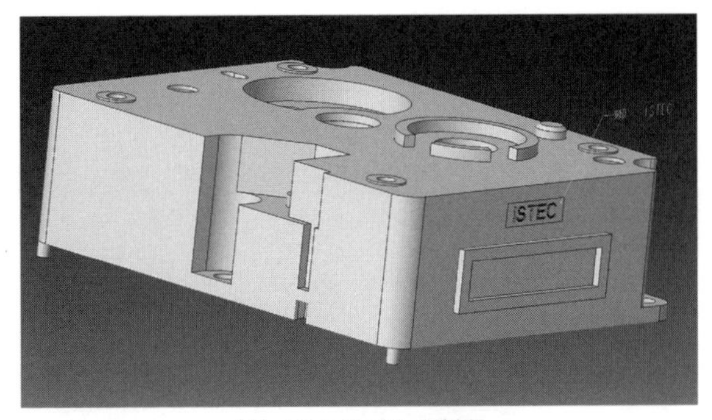


（1）3DAモデルの刻印

| 要件項目番号 | 1-3 | 分類番号 | 1 |
|---|---|---|---|
| 要件項目名 | 刻印 | 分類名 | 基本ルール |
| 内容説明 | 刻印は、版下を元に金型加工するため形状省略してもよい<br>参考文献：3DA モデルガイドライン Ver3.1　「9.4.4　加工先との間で簡略化の方法が規定された形状」 | | |
| 金型要件盛り込みランク | PM1<br>（機能設計モデル） | PM3<br>（金型要件定義モデル） | PM5<br>（樹脂化モデル） |
| 金型要件の指示・反映方式の表記記号 | ◎ | ◎ | ● |
| 事例解説 | 彫刻、刻印などの形状は、領域を明確にし、仕様を注記により指示する<br>彫刻文字の仕様を注記で指示する場合は以下とし、必要に応じて変更する<br>1．文字フォント×文字高さ×太さ<br>2．文字深さ（深さ、出張り）<br>3．文字テーパ角度<br>4．版下がある場合は、版下番号 | | 彫刻、刻印などの形状を 3D モデルに反映する |
| 事例 1 | 注記No．1参照<br>注記）No．1　指定位置に材料表示記号を記入すること（文字凸高さ：0．2mm）<br>1.1 例：指定位置に材質表示記号を刻印する。ゴシック×5±0.2（文字高さ）×0.3±0.1（太さ）、 | | 材料表示記号 文字凸高さ0．2mm |

（2）金型製造・樹脂成形の加工要件（刻印）

図 3.27　樹脂成形部品の加工要件の作り込み（刻印）　Creo Parametric 4.0 使用

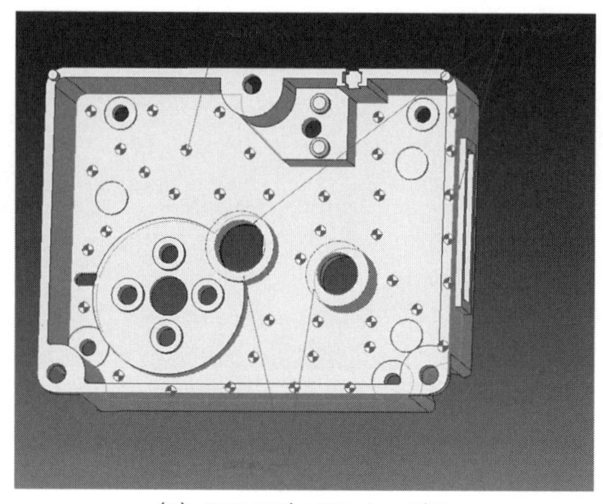

（1）3DAモデルのヒケ、バリ

| 要件項目番号 | 3-5 | 分類番号 | 3 |
|---|---|---|---|
| 要件項目名 | バリなきこと | 分類名 | 製品許容 |
| 内容説明 | 特にバリが発生してはいけない箇所がある場合、バリ不可範囲を指示する<br>条件範囲内であれば、バリが許容できる場合は、バリ方向と許容できるバリ量を指示してもよい<br><br>参考文献：3DA モデルガイドライン Ver3.1　「10.6　設計モデルの限定範囲の表記方法」 | | |
| 金型要件盛り込みランク | PM1<br>（機能設計モデル） | PM3<br>（金型要件定義モデル） | PM5<br>（樹脂化モデル） |
| 金型要件の指示・反映方式の表記記号 | ○ | ○ | ○ |
| 事例解説 | 事例1：バリが発生してはいけない箇所がある場合、その部分のエッジを指示し、注記により「バリな無きこと」と指示する<br>事例2：条件付きでバリ発生が許される場合、そのエッジに「矢印方向○mm 以下のこと」と注記により指示してもよい | | |
| 事例 1 | 矢印方向へのバリ無きこと<br>この範囲はバリなきこと | | |
| 事例 2 | 矢印方向へのバリは 0.4mm 以下のこと<br>この範囲のバリは 0.4mm 以下のこと | | |

（2）金型製造・樹脂成形の加工要件（ヒケ、バリ）

**図 3.28　樹脂成形部品の加工要件の作り込み（ヒケ・バリ）　Creo Parametric 4.0 使用**

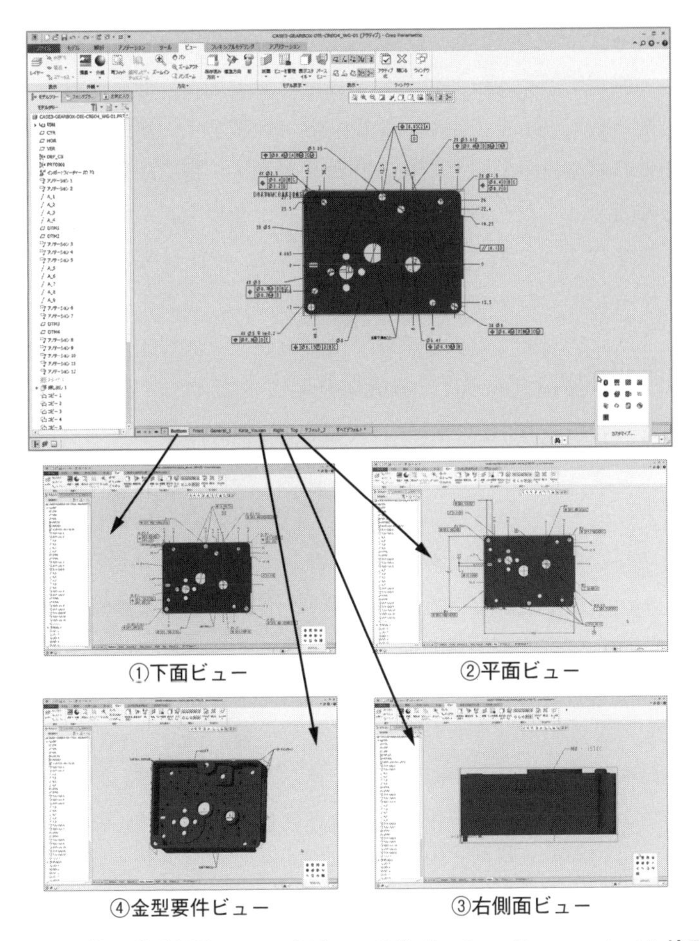


**図 3.29　樹脂成形部品のマルチビューの作成　Creo Parametric 4.0 使用**

応じて必要最低限の要素を画面に表示することが設計情報を間違えることなく把握できる。3D 形状の断面や詳細部分をクローズアップの場合もあることを念頭におく。マルチビューは、**図 3.29** に示すような、複数個のビューの総称である。

樹脂成形部品でのマルチビューは、投影図を構成する正面ビューと平面ビューと側面ビュー、金型設計・金型加工・樹脂成形の工程に応じた金型加工・樹脂成形ビューを作成する。生産・組立・計測をする現場や3次元 CAD が導入できないサプライヤーから 2D 図面での出図を求められることも多い。試験的ではあるが、正面ビュー、平面ビュー、および側面ビューを第三角法に従って配置して、図面枠と合体させた3DAモデル表示を2D図面の代用とすることも可能である。

金型加工・樹脂成形ビューとは、金型設計・金型加工・樹脂成形の工程の作業性を考慮したモデル表示を指定し、金型設計・金型加工・樹脂成形の工程に必要な部品と要素のみを表示して、金型設計・金型加工・樹脂成形の工程に不要な部品と要素を非表示にしたものである。金型設計・金型加工・樹脂成形の他、測定の専用ビューを作る。金型設計の種類によっては、3D形状の断面で組立要件の作り込みをすることでわかりやすいビューとなることがある。

ビューは3次元空間上での表示情報ではあるが、正面ビュー、平面ビュー、側面ビュー、および断面ビューは、設計開発部門の設計者が馴染みもあって、2Dビューとも呼ばれている。3次元CADでは、表示領域と表示方向を指定して、表示／非表示する要素を指定して、ビューを作成する。作成したビューを保存する。必要な時に、ビューを呼び出して表示する。3次元CADの種類によっては、複数のビューを同時に表示することもできる。

マルチビューの作り込みを、図3.29に示す。代表的なマルチビューの一例を説明する。

(1) これは樹脂成形部品の下面ビューである。樹脂成形部品の底の構造および関連する公差指示と金型要件を表示している。

(2) これは樹脂成形部品の平面ビューである。樹脂成形部品の平面および内部の構造および関連する公差指示と金型要件を表示している。

(3) これは樹脂成形部品の右側面ビューである。樹脂成形部品の右側面の構造および関連する公差指示と金型要件（刻印）を表示している。

(4) これは樹脂成形部品の金型要件ビューである。樹脂成形部品の金型の製品許容（ヒケ・バリ）及び金型要件（個別突き出し指示）を表示している。

### [6] 管理情報の作成

ここで作成する管理情報は、部品名称・部品番号・部品個数・材質・作成者・検査者・日付などから構成される。3DAモデルの属性として保存する。属性を注記形式のPMIと表形式のPMIの構成要素として取り込み、誰もが3DAモデルを認識できるようにする。**図3.30**に、樹脂成形部品に関する、3DAモデルの属性として登録され、表形式のPMIによる管理情報の表示例を示す。

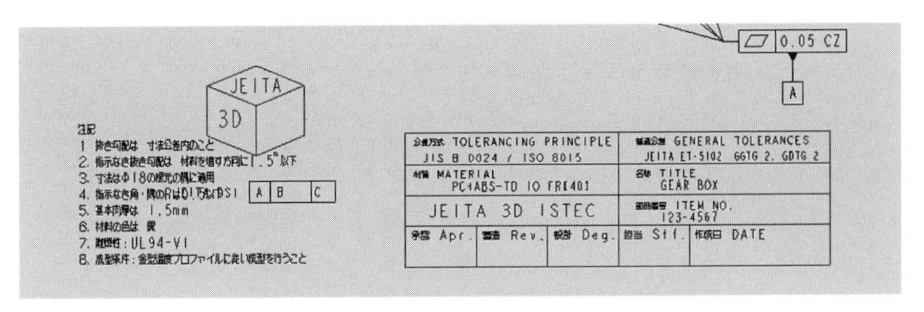


図 3.30　樹脂成形部品の管理情報の表示例

〈コラム３　幾何公差と３Dモデル〉

3D モデルは、寸法通りに部品形状を忠実に再現することができる。ところが、3D モデルを加工や組立には直接利用できない。その理由の 1 つが、3D モデルに公差を反映できないことである。日本の電機精密製品の機械設計では、寸法公差（現在の JIS 規格ではサイズ公差）が主体であったことが原因である。

公差は最大許容値と最小許容値の差である。部品の寸法に寸法公差を反映させると、部品の形状は少なくとも「寸法＋最大許容値」と「寸法－最小許容値」の 2 種類のデータを持つ必要が出てくる。単純な部品の形状であれば可能かもしれないが、コア型とキャビ型を組み合わせた金型の抜き勾配では、公差の基準位置により最大許容値と最小許容値の組合せが複数（最大で 64 通り）あり、それを形状に考慮しての運用は実用的ではない。

幾何公差ではどうだろうか？ 3D モデルのデータは境界表現構造である。3D モデルを構成する面、面と面の接続によって定義され、立体と面の階層構造を形成している。これは形状ベースの階層構造と呼ばれている。この表現は特徴的な形体によらず一律の表現である。例えば、穴は内部の円筒面と上面の円（境界）と下面の円（境界）で表現される。幾何公差の意味を考えると、幾何公差は形体、形体の形状・位置・方向・範囲、公差域、基準のデータムといった要素に分解できる。3D モデルの境界表現構造に幾何公差の要素を直接組み込むことはできない。そこで別に形体をベースとした階層構造を定義する。例えば、立体の形体を考えて、表面と穴といった要素を階層構造として表現する。形体ベースの階層構造に幾何公差の要素を組み込み、形状ベースの階層構造に必要な面情報を取得すれば公差域を 3D モデル上に構築できる。幾何公差指示中心で機械設計を行えば、3D モデルに公差を反映できる。

# 第４章　3DAモデルを利用したDTPDの作成

DTPD（Digital Technical Product Documentation：デジタル製品技術文書情報）は、**図4.2**に示すように、3DAモデルを中核として、製品製造に関連する各工程、例えば、解析、試験、製造、品質、サービス、保守等に関する情報が連携した製品製造のためのデジタル形式の文書情報である。製品製造に関連する工程では、DTPDとリソース（機材・人員・投資）と材料により工程を実行し、最終的に製品を製造する。従来は、3Dデータと2D図面を中心に、設計開発部門と製品製造に関連する工程を行う部門との間で、補足ドキュメント・情報を提供し、補足イベント（打合せ）で追加情報を伝え、製品製造に関連する工程を行う部門からのリクエストと設計変更情報を交換して、製品製造に関連する工程を行う部門で工程属性（工程を実行するに必要な情報）を追加して、製品製造に関連する工程に必要な情報（製造NCデータ・生産の組立手順書と生産計画・計測CATのプローブデータと計測票など）を作成していた。これを3DAモデルからDTPDを作成することに代える。3DAモデルは、**図4.1**に示すように、製品の3次元形状に関する設計モデルを中核として、寸法公差、幾何公差、表面性状、各種処理、材質などの製品特性と、部品名称、部品番号、使用個数、箇条書き注記などモデル管理情報とが加わった製品情報のデータセットである。パート（単部品）またはアセンブリ（複数部品により構成される組立品）である。従来の3Dモデルと2D図面の代わりとなる。

3DAモデルを利用することで、どのように作業が変わるのか、3DAモデルからDTPDをどのように製作するのか、電機精密製品産業界でよく行われている板金加工（板金部品3DAモデルからDTPDを作る）、組立（組立品3DAモデルからDTPDを作る）、金型加工・樹脂成形（樹脂部品3DAモデルからDTPDを作る）を使って具体的に説明する。

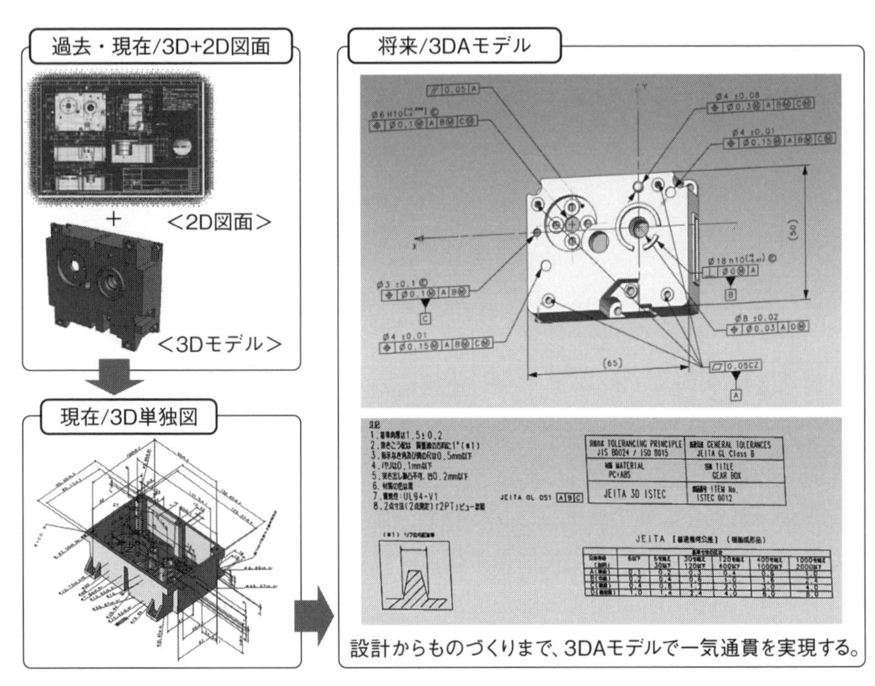


図 4.1　3DA モデルとは

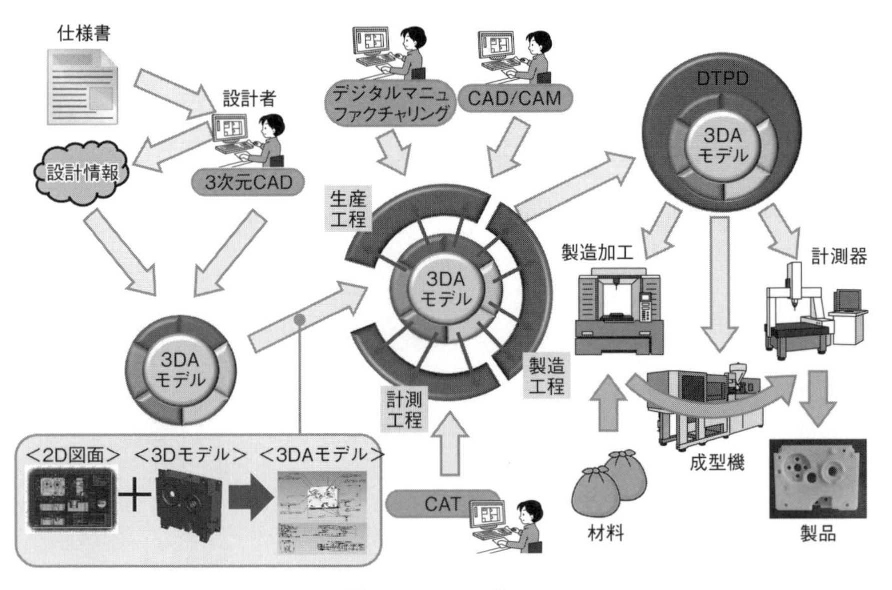


図 4.2　DTPD とは

## 4.1 DTPDの定義とスキーマ

DTPDはJEITA規格ET-5102「3DAモデル規格-データム系、JEITA普通幾何公差、簡略形状の表示方法について-」の中で定義されている。DTPD（Digital Technical Product Documentation：デジタル製品技術文書情報）は、図4.2に示すように、3DAモデルを中核として、製品製造に関連する各工程、例えば、解析、試験、製造、品質、サービス、保守等に関する情報が連携した製品製造のためのデジタル形式の文書情報である。製品製造に関連する工程では、DTPDとリソース（機材・人員・投資）と材料により工程を実行し、最終的に製品を製造する。DTPDには、3DAモデルからDTPDが作成されること、DTPDで工程の作業が行えることが必要である。それでは、コンピュータ上でDTPDをどのように表現すればよいだろうか。

3DAモデルの時は、①電機精密製品産業界で使われる代表的な設計情報を調査して、表現の種類・作成方法・用途から分類し、②3章の3次元設計の国際標準化動向で説明したMIL-STD-31000Bの階層構造を応用して、③3DAモデルの設計情報を3Dモデル（3D形状）、PMI（Product and manufacturing information：製品製造情報）、属性（テキストと表形式の情報）、マルチビュー、2Dビュー、URLやドキュメントファイルのリンクの6つのスキーマで表現した。電機精密製品産業界で使われている代表的な工程に対して、DTPDを調査した。しかしながら、工程の種類により、DTPDが大きく異なり、かつコンピュータ上での表現形式も異なり、共通的に決められていない。工程の種類に応じてDTPDのスキーマを考える方が実用的である。5章の3DAモデルを利用したDTPDの作成では、電機精密製品産業界でよく行われている板金加工（板金部品3DAモデルからDTPDを作る）、組立（組立品3DAモデルからDTPDを作る）、金型加工・樹脂成形（樹脂成形部品3DAモデルからDTPDを作る）の3種類のDTPDのスキーマを説明する。

### （1）板金加工DTPD

電機精密製品産業界で一般的な板金加工（型レス）のプロセスを、**図4.3**に示す。製品メーカーの設計開発部門で板金部品の3DAモデルを作成して出図する。加工メーカーの設計部門で板金加工に必要な板金加工要件を織り込み、板金加工属性を追加して、板金加工DTPDを作成して、板金部品の板金図面を展開する。

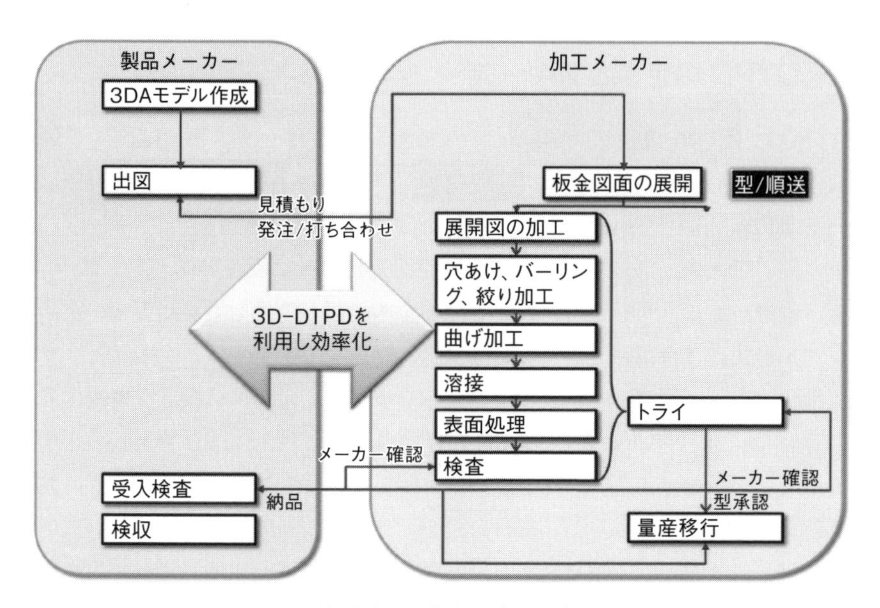


**図 4.3　板金加工（型レス）のプロセス**

加工メーカーの製造部門で板金加工 DTPD を用いて、展開図の加工（切断）、穴あけ・バーリング・絞り加工、曲げ加工、溶接、表面処理をして板金部品の試作品を製作する。製品メーカーの受入検査で、板金部品の試作品に対して受入検査を行い、板金部品仕様に合格すれば、加工メーカーでの量産加工が行われる。

製品メーカーと加工メーカーにおける板金部品 3DA モデルと板金加工 DTPD の関係を、**図 4.4** に示す。板金部品 3DA モデルを板金加工 DTPD へ板金加工検討モデルとして取り込む。板金加工検討モデルの 3D モデルに対して板金図面の展開が行われる。この時に板金加工要件が組み込まれる。板金加工（型レス）では、板金加工（曲げ・絞り・穴）に対して、形状の種類と使用工具の関係を標準化して不必要に工具の種類が増えることを事前に防いでいる。板金加工検討モデルの 3D モデルからフィーチャ（形状特徴で分類される要素）が抽出されて、工具ライブラリにより必要な工具と加工方法が決められる。穴加工・曲げ加工・絞り加工の加工データが作成される。

熔接に関しては、フィーチャから溶接の加工データが作成される。

表面処理および塗装は、3DA モデルの 3D モデル、PMI、属性により、表面処理データと塗装データが決定される。

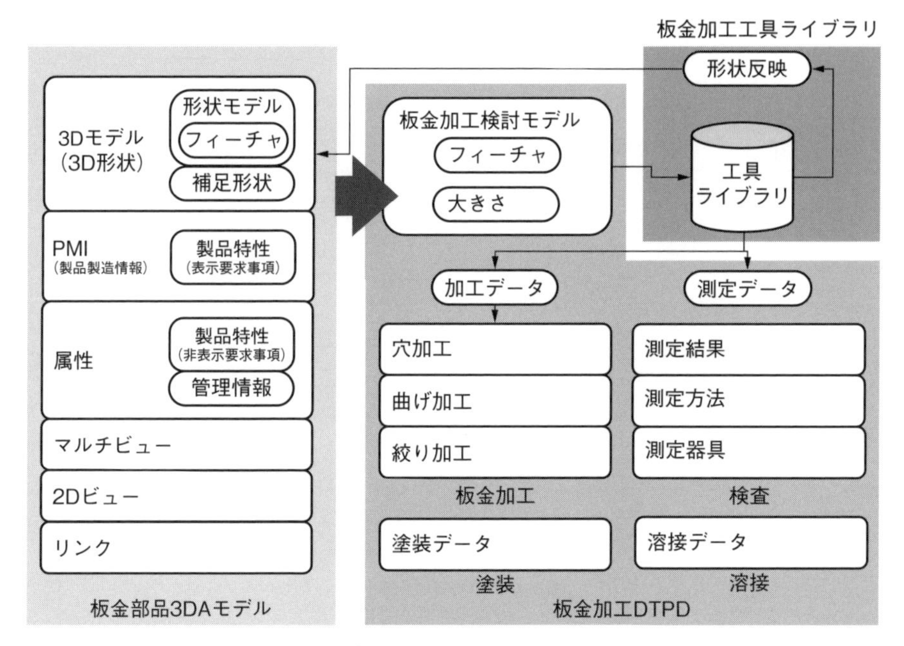


**図 4.4　板金加工 DTPD のスキーマ**

板金部品の合格判定を行う測定データに関しては、3DA モデルの 3D モデル、PMI（公差指示）、属性により、測定方法・測定器具・判定基準込みの測定結果記録票が作成される。計測後に測定結果記録票に測定結果と合格判定結果が記録される。

これらが板金加工 DTPD のスキーマになる。その表現形式は、3D 形状、参照形状、PMI、属性、CAM データ（NC プログラム）、CAT データ（測定プログラム）、ドキュメント、表などである。

### （2）　組立 DTPD

電機精密製品産業界で一般的な量産製品の組立プロセスを、**図 4.5** に示す。設計開発部門で組立品の 3DA モデルを作成して出図する。生産・組立部門で 3DA モデルを受け取り、生産計画を立てる。生産計画では、中長期的な需要を予測して、需要や受注残情報に基づき、どのような完成品をいつまでに何台作るかといった、生産計画の大枠を明確化し、大日程計画を立てる。次に大日程計画から設備・要員の入手期間を考慮して中日程計画を立てて、生産の着手と完了時期を考慮して小日程計画を立て、順次、詳細化・具体化し、現場の作業への指示まで落

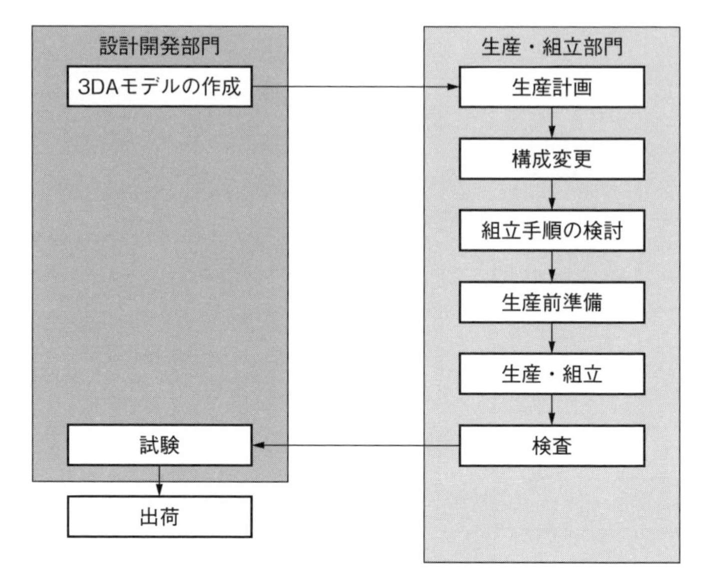


**図 4.5　組立のプロセス**

とし込む。次に機能を重視した設計構成（製品の機能に応じた部品構成で、設計BOMとも呼ばれる）から生産手配を重視した製造構成（製品の製造・組立に応じた部品構成で、製造BOMとも呼ばれる）へ構成変更を行う。製造構成に変わった組立検討モデルを使い、組立手順を検討して、組立手順書を作成する。組立手順書に基づき、用品管理による部品入荷確認、棚作り（組立作業に適した形で工場ライン近くに配置する部品の並べ方）、マーシャリング（組立作業に適した形で組立ライン近くに配置する部品を並べること）、生産設備と治具（加工や組立の時に部品や工具の作業位置を指示・誘導するために用いる器具）の準備、作業員の確保の生産前準備を行う。生産・組立に組立品を製造する。組立品に対して検査を行い、組立仕様に対する合格判定をする。組立品が組立仕様に対する合格していれば、設計開発部門で機能・性能試験を行い、合格すれば、組立品が製品として出荷される。

設計開発部門と生産・組立部門における組立品3DAモデルと組立DTPDの関係を、**図 4.6** に示す。

組立品3DAモデルを組立DTPDへ組立検討モデルとして取り込む。組立検討モデルに対して生産計画が行われる。生産計画では、3Dモデルの3D形状は使わず、3Dモデルの部品構成と個数・属性が使われる。組立品3DAモデルの部品構

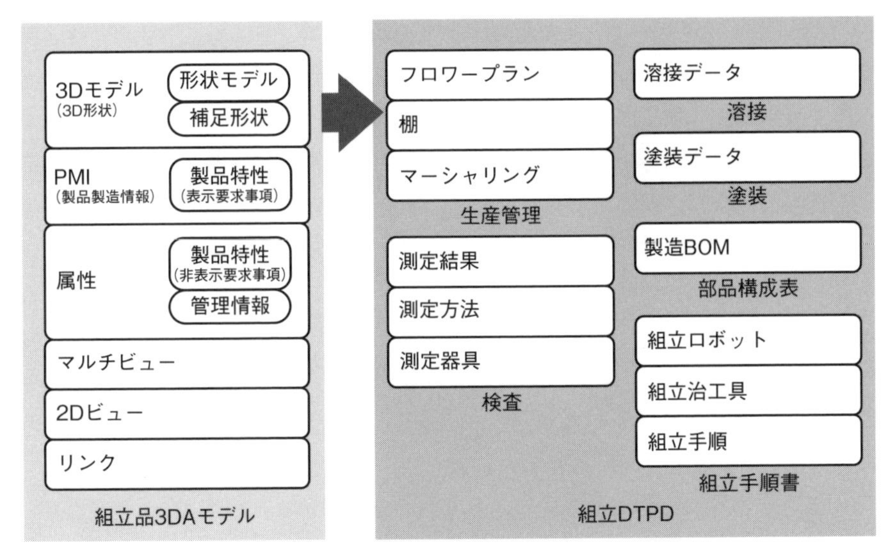


**図 4.6　組立 DTPD のスキーマ**

成は機能を重視した設計構成になっている。設計構成は製品の機能に応じた部品構成になっているので、組立手順を検討し、部品の個数を集計し、部品手配を考えるのに相応しい製造構成に構成変更する。構成変更によって 3D モデル（部品構成）・PMI・属性・マルチビュー・2D ビュー・リンクのデータ連携が変わる。製品構成に変わった組立検討モデルを使い、組立手順を検討して、組立手順書を作成する。部品を組み立てる順番だけでなく、組立ロボットの制御データ作成、組立治具の手配、機材と作業員の必要量集計が行われる。

熔接に関しては、フィーチャ（形状と大きさ）から溶接の加工データが作成される。

表面処理および塗装は、3D 形状と指示（PMI と属性）により、表面処理データと塗装データが決定される。

組立手順書に基づき、用品管理による部品入荷確認、棚作り、マーシャリング、生産設備と治具の準備、作業員の確保の生産前準備を行う。

組立品の合格判定を行う測定データに関しては、3D 形状と公差指示（PMI と属性）により、測定方法・測定器具・判定基準込みの測定結果記録票が作成される。計測後に測定結果記録票に測定結果と合格判定結果が記録される。

これらが組立 DTPD のスキーマになる。その表現様式は、3D 形状、参照形状、

PMI、属性、CAMデータ（産業用ロボットの制御プログラム）、CATデータ（測定プログラム）、ドキュメント、表などである。

### （3） 金型加工・樹脂成形DTPD

電機精密製品産業界で一般的な金型加工・樹脂成形のプロセスを、**図4.8**に示す。日本の電機精密製品産業界では、製品開発期間の短縮を目的に、樹脂成形部品の設計開発と金型設計・金型加工が同時並行で行われる。これを、コンカレントエンジニアリングと呼んでいる。コンカレントエンジニアリングを有効に進めるために、3DAモデルへの金型要件（金型加工・射出成形に関する加工要件）の盛り込み度合いを提示することが重要である。JEITA三次元CAD情報標準化専門委員会では、金型要件を3DAモデルを使ってどのように表現するかをまとめた、「3DAモデル金型工程連携ガイドライン」を発行している。

3DAモデルへの金型要件の盛り込み度合いを説明する。これには、金型設計・金型加工におけるコミュニケーションを起因とする問題が関係する。金型設計・金型加工におけるにおける問題は、大きく2つがあげられる。①製品メーカーの設計開発部門の出図後の「金型製作」から「製品設計」への手戻りと、②成形トライ後（金型完成後に試験的に樹脂を射出して樹脂成形部品を作り金型の完成度を確認する）の品質作り込みの長期化である。原因としては、「製品設計における生産性検討不足」をあげることができる。金型での量産性が十分に考慮されていない3DAモデルが出図されている現状がある。これらの課題に向けた対策として、金型要件（4.5、樹脂成形部品の［4］金型要件の作り込みを参照）を3DAモデルに盛込むフロントローディングを進めていく。具体的には、金型メーカーの金型製造部門、成形メーカーからの生産上の要求項目を正式な出図前に3DAモデルに盛り込み、盛り込み度合いが判断できるようランク分けし、そのランクを3DAモデルに明記することである。これにより従来は金型製作や成形トライで発生していた製品設計起因の問題に対して事前に設計段階で改善策を盛り込むことが可能となる。また金型メーカーではそのランクにより金型要件の盛り込み度合いが客観的に把握できるので、金型の製作期間や費用の見積もりを正確に行うことが可能となる。

盛り込みランクを**図4.7**に示す。樹脂成形部品3DAモデルと金型加工・樹脂成形DTPDにおいて、製品形状に関するものを製品モデル（Product Model）と呼び、5段階（PM1～PM5）のランクを定義する。また、金型形状に関するものを

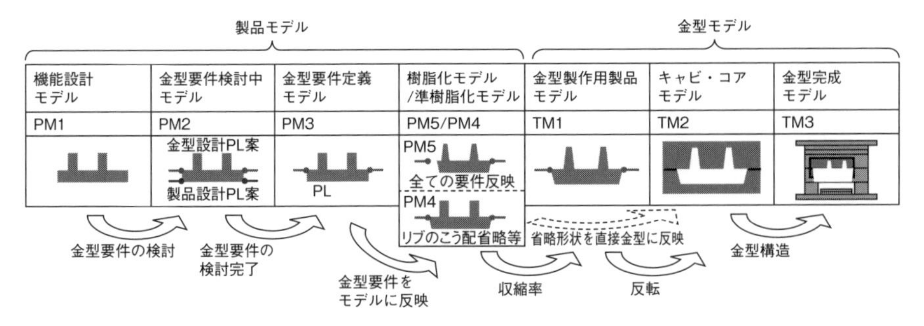


図4.7　盛り込みランクの定義

金型モデル（Tooling Model）と称し、3段階（TM1～TM3）のランクを定義する。それぞれのモデルランクを説明する。

● **PM1（機能設計モデル）**

射出成形を前提とした製品の機能主体の設計は完了しているが、金型設計・製作の前に明確にすべき主要な金型要件がまだ確定しておらず、形状にも反映されていない状態の3DAモデルである。この段階では、製品設計側と金型設計・加工側との間で、金型要件の整合のための打合せを必要とする。

● **PM2（金型要件検討中モデル）**

主要な金型要件が検討途中の状態であり、製品設計側と金型設計・加工側との間での金型要件の整合作業に用いられる3DAモデルである。この3DAモデルを用いて、製品設計側からはパーティングラインやスライド（アンダーカットのある形状を成形するために使用する金型部品）などの配置位置の概略案を注釈や属性などの表現手段で指示して金型設計側へ提示する。金型設計側ではこの概略案を元に金型要件の検討を行い、指摘や変更提案があれば追加で指示して製品設計側へ提示する。この整合作業の結果、金型要件が確定したものがPM3となる。

● **PM3（金型要件定義モデル）**

主要な金型要件の検討が完了し、確定している状態の3DAモデルであり、金型要件の整合のための打合せを行わずとも金型設計・製作が開始できる。この段階では金型要件の項目によっては、注釈や属性などの表現手段を用いて形状の状態を指示してもよい。また、各形状に対して一律に適用される抜きこう配の反映方法は「一般抜きこう配」として、注記に掲載する事を推奨する。

● **PM4（準樹脂化モデル）**

PM3にて注釈や属性などの表現手段を用いて指示された金型要件を3D形状に反映させる際、忠実なモデリングが困難な形状や金型設計・加工側で活用する見込みのない形状を省略した状態の3DAモデルである。PM5を作成せずに本モデルを以て製品モデルの最終形としてもよい。

例えば、①「細部形状への抜きこう配」「かど・隅部への微小R」「パーティングラインでのミスマッチ」など製品モデルへの盛込みが困難で、金型モデル（TM2）で盛込みを行った方が作業効率の良い形状、②成形品に忠実な3DAモデル形状（PM5）を使用せず、金型製作時にテーパ工具・放電電極（アーク放電によって被加工物表面の一部を除去する放電加工に使用する電極）を用いて直接加工を行う形状、③ギヤの歯形など要目表を用いた方が金型加工や測定で取り扱いやすい形状などである。

● **PM5（樹脂化モデル）**

検討された金型要件に関する形状を忠実に反映した状態の3DAモデルであり、そのまま金型設計・製作に活用することができる。また、成形品の検査時に比較対象とすべき3DAモデルでもある。

● **TM1（金型製作用製品モデル）**

収縮率ならびに成形時の変形を見込んだ補正値など成形品上には現れない金型要件が付加された状態の3DAモデルである。

● **TM2（キャビ・コアモデル）**

製品形状部を構成する金型部品の3DAモデルであり、主としては金型用に形状を反転したキャビ・コアモデルなどである。ゲート・ランナー・ガスベントなど成形品に現れない金型要件形状はこの段階にて付加する。

● **TM3（金型完成モデル）**

金型の全体モデルであり、モールドベース、機構部品を含む。金型構造を3D設計しない場合は、TM3を省略してもよい。

このようなランク分けによって、製品設計の完成度に対して客観的な評価が可能となる。また、PM1～PM5それぞれのランクに対して、金型設計に必要な作業内容と工数が明確になる。これにより金型納期やコスト算出の精度をあげることができる。また、ランクをチェックポイントとして用いることで、金型加工およ

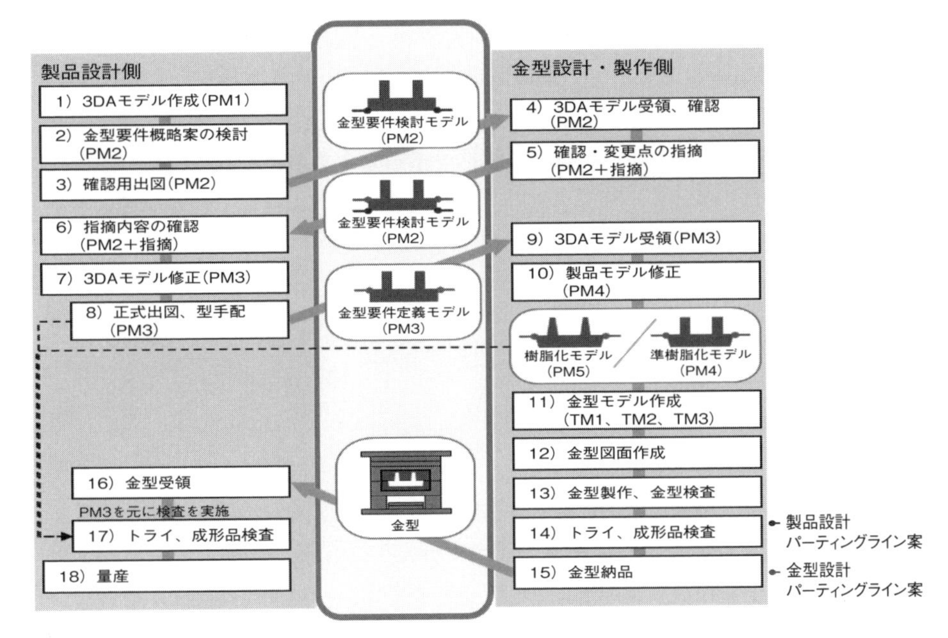


**図 4.8　製品設計と金型設計のプロセス**

び成形トライアルでの問題発生を未然に防ぐことが可能になる。

電機精密製品産業界で一般的な金型加工・樹脂成形のプロセスを、**図 4.8** に示し、その内容を説明する。

1)　3DA モデル作成（PM1）

製品設計側で金型要件盛込みランク「PM1」にて製品機能を定義した3DA モデルを作成する。

2)　金型要件概略案の検討（PM2）

このワークフローでは、製品設計側で金型要件の概略検討を行った後に、金型設計・加工側との整合作業を行い、金型要件を決定する。製品設計側で、「PM1」に対してパーティングラインやスライド配置位置など金型要件の概略案を注釈や属性などの表現手段で指示した「PM2」を作成する。

3)　確認用出図（PM2）

製品設計側から金型設計・加工側へ、金型要件の確認のための出図を行う。出図データの形式として、製品設計側と金型設計・加工側で同種のCAD を使用している場合など、PM2 情報が正確に伝わる場合は 3DA モデルの 3D モデル（3D 形状）のみで出図してもよい。製品設計側と金型設計・加工側で異なる種類の CAD を使用している場合もしくはビューワでデータを受け取る場合には、事前に PM2 情報が正確に伝わる範囲を確認して運用する必要がある。出図の際には、金型要件盛り込みランクの明示と共に、金型要件の盛込み状況が判断できるチェックリストを添付するとよい。

4）　3DA モデル受領、確認（PM2）

製品設計側から出図された 3DA モデルを、金型設計・加工側で受領し確認する。

5）確認・変更点の指摘（PM2＋指摘）

金型設計・加工側で必要な金型要件を確認し、製品設計側に確認したい要件や製品形状の変更要望、提案内容などを製品設計側に指示する。指示方法として、3DA モデル上へ注釈や描画を追記する機能がある CAD もしくはビューワを利用できる場合は、その機能を利用することを推奨する。そのような機能がない場合は、3DA モデルの画像を付加した資料を作成し、その上から確認・変更要望の内容を記載するなどの方法で行う。

6）　指摘内容の確認（PM2＋指摘）

金型設計・加工側からの指摘内容を製品設計側で確認する。

7）　3D モデル修正（PM3）

指摘内容に基づき、3DA モデルを修正する。このワークフローの事例では、PM3 までの修正内容とし、それ以降の金型要件の盛込みは金型設計・加工側に任せる。

8）　正式出図、型手配（PM3）

製品設計側から金型設計・加工側へ、正式出図と型手配を行う。「3）確認用出図（PM2）」の時と同様、金型要件盛り込みランクの明示を行う。金型要件の盛込み状況のチェックリストを添付する。

9）　3DA モデル受領（PM3）

製品設計側から出図された 3DA モデルを、金型設計・加工側で受領し、先に指摘した内容が反映されているかを確認する。

10）　3DA モデル修正（PM5/PM4）

受領した 3DA モデルが PM3 の場合は、金型製作に必要な詳細な金型要件を付加しPM5の3DAモデルを作成する。また、細部の抜きこう配やかど・隅部のR付けなどのモデリング作業に多大な工数が予測される場合や、PM5を使用しなくても金型設計・加工側のツール（CAMモデル、テーパ工具、放電電極）で効率的に運用できる場合は、そのような形状を省略したPM4で運用する事も可能である。このPM5/PM4の3DAモデルについては、増面型、更新型の作成や、成形品の測定などでの利用価値が高い。金型要件の付加された3DAモデルについては、製品メーカーと金型メーカーの間で予め取り扱いについての取り決めを行うなど注意を払う必要がある。製品設計側へのPM5/PM4の3DAモデルの還元が行える場合は、この3DAモデルをもって、製品設計側の最終的な3DAモデルとすることを推奨する。

11）　金型モデル作成（TM1、TM2、TM3）

PM5/PM4の3DAモデルを元に、収縮率や補正値を反映させたTM1の金型製作用製品モデル、製品形状が反転された金型モデルであるTM2のキャビ・コアモデル、金型全体のモデルであるTM3の金型完成モデルを作成する。PM4の3DAモデルを用いる場合は、モデリングを省略された細部の抜きこう配やかど・隅部のR付けなどの形状は金型モデル（TM2）もしくは金型設計・加工側のツール（CAMモデル、テーパ工具、放電電極）で作成を行う。これら金型モデル段階で追加された形状は、製品モデルには表れないことになる。成形品検査に影響がある部位に関しては、検査時の取り扱いを予め製品設計側と合意しておく。

12）　金型図面作成

必要に応じて金型図面を作成する。現状の各金型設計・製作の現場では、金型の2D図面を作成せずに、金型モデルのみでの運用や、金型部品用の3DAモデルを利用する場合もある。

13）　金型製作、金型検査

金型図面または3DAモデルを用いて金型を製作し、完成した金型を検査する。金型製作は、NC工作機械により素材から金型部位を加工し、マシニングセンタで構造部を加工し、放電加工機に詳細加工と仕上げ加工をして、金型を製作する。

14）　トライ、成形品検査（金型設計・加工側）

このワークフローの事例では、金型設計・加工側で成形のトライを行い、成形品の検査を行う場合を想定している。この場合、成形品の検査の判定基準となるのは、正式出図のPM3の3DAモデルであるが、実際の成形品はPM5/PM4の

3DA モデルに対応しているので、測定方法・測定器によっては、PM5/PM4 の3DA モデルを用いるほうが望ましい場合がある。このような場合は、製品設計側との合意のもと PM5/PM4 の 3DA モデルを使用する。

15）　金型納品

金型メーカーにて成形を行う場合は、検査表を納品する。

16）　金型受領

金型メーカーにて成形を行う場合は、検査表を受領する。

17）　トライ、成形品検査（製品設計側）

製品メーカー側で成形を行う場合は、成形のトライを行い、成形品を検査する。この場合にも、成形品の検査の判定基準となるのは、正式出図の PM3 の 3DA モデルであるが、測定方法・測定器によっては、PM5/PM4 の 3DA モデルを用いるほうが望ましい場合がある。このような場合は、金型設計・加工側との合意のもと PM5/PM4 の 3DA モデルを使用する。

18）　量産

トライし検査した精度が設計の予測している歩留まりの範囲内であることを確認し、量産へと進める。

製品メーカーと金型メーカーにおける樹脂成形部品 3DA モデルと金型加工・樹脂成形 DTPD の関係を、**図 4.9** に示す。

樹脂成形部品 3DA モデルは、製品設計側で機能設計モデル（PM1）を作成し、金型要件検討中モデル（PM2）に発展させる。金型要件検討中モデル（PM2）に対する金型設計・加工側からの指摘事項を考慮して金型要件定義モデル（PM3）に仕上げる。製品設計側で全ての金型要件を 3DA モデルに織り込み樹脂化モデル（PM5）まで仕上げる。金型要件は、3DA モデルの 3D モデル、テキストとイメージから構成される PMI、属性として盛り込まれる。

製品設計側から金型設計・金型加工側へ、金型要件定義モデル（PM3）または樹脂化モデル（PM5）が樹脂成形部品 3DA モデルとして受け渡される。金型設計・金型加工側は、金型要件定義モデル（PM3）または樹脂化モデル（PM5）を金型要件検討として取り込み金型製作用製品モデル（TM1）とする。金型製作用製品モデル（TM1）では金型要件の確認と追加が行われる。金型要件は、金型加工・樹脂成形 DTPD の 3D モデル、テキストとイメージから構成される PMI、属

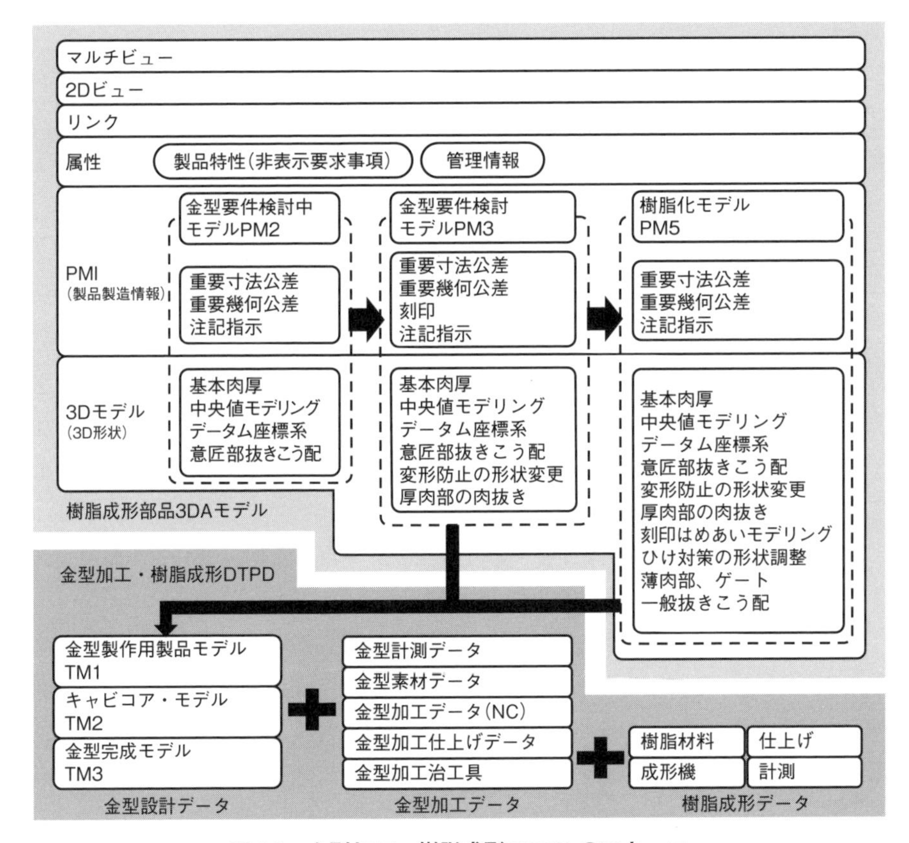


**図 4.9　金型加工・樹脂成形 DTPD のスキーマ**

性として盛り込まれる。

キャビ・コアモデル（TM2）は、完成した金型製作用製品モデル（TM1）から金型形状が作成され、金型構造の検討を得て、キャビティー・コアに分割され、パーティング面を作成する。金型は成形品を囲んで凸部と凹部に分割される。凸部をコア（Core）と呼び、凹部はキャビティー（Cavity）と呼ぶ。成形品に現れない金型要件追加して、ゲート（金型に樹脂が流れこむ入口）とランナ（金型内に射出注入するための樹脂の流路）、水管（金型を冷却するために水を流す流路）を作成する。

金型完成モデル（TM3）は、完成したキャビ・コアモデル（TM2）から、モールドベースと機構部品を含めて金型の全体モデルを作成する。金型加工（NC データ）、金型加工仕上げ、金型加工で使用する治工具、金型計測の金型加工データを作る。

金型完成後に樹種成形部品を射出成形にて製造する。樹脂材料、仕上げ（表面性状・塗装・表面処理）、成形機、樹脂成形部品の合否判定する計測（測定方法・測定器具・判定基準込みの測定結果記録票）の樹脂成形データを作る。

## 4.2　板金加工

ここでは、電機精密製品業界で主に利用される板金加工（型レス）の板金部品3DA モデルの3次元設計完了後から板金加工までの一般的な作業の流れを説明する。板金加工（型レス）は、金型を使わずに標準工具を使って切断加工・曲げ加工をする。プレス加工（型／順送）は、プレス金型を使って切断加工・曲げ加工をする。

**図 4.10** に、板金部品 3DA モデルの 3 次元設計から板金加工までの一般的な作業の流れを示す。

製品メーカーで、板金部品 3DA モデルを 3 次元設計する。3 次元 CAD で板金部品の 3D 形状（3 次元設計成果物である最終形状）を作成する。板金部品の合否判定となる公差指示を行い、板金加工に必要な加工要件を加えて、溶接・塗装・表面処理などの指示を加える。生産・製造担当者が設計情報を容易に理解できる

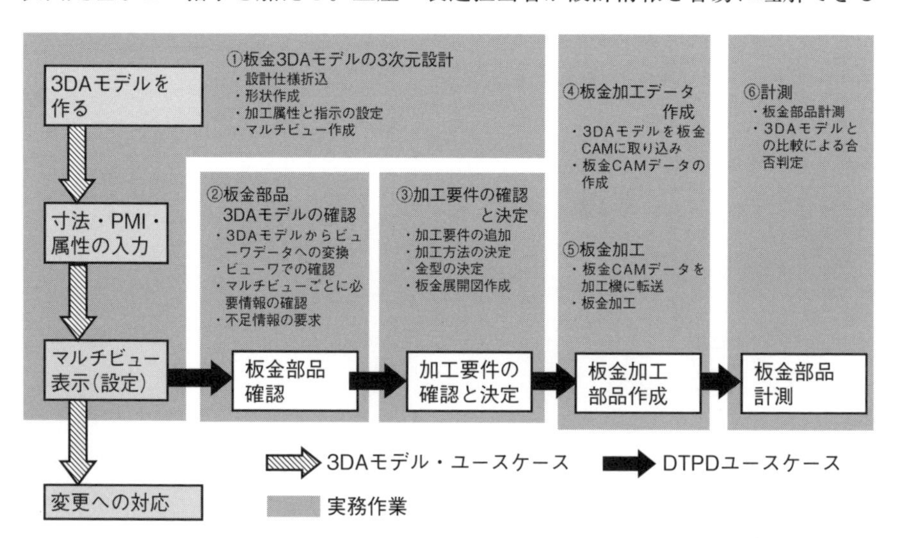


**図 4.10　板金部品 3DA モデルの 3 次元設計から板金加工までの作業の流れ**

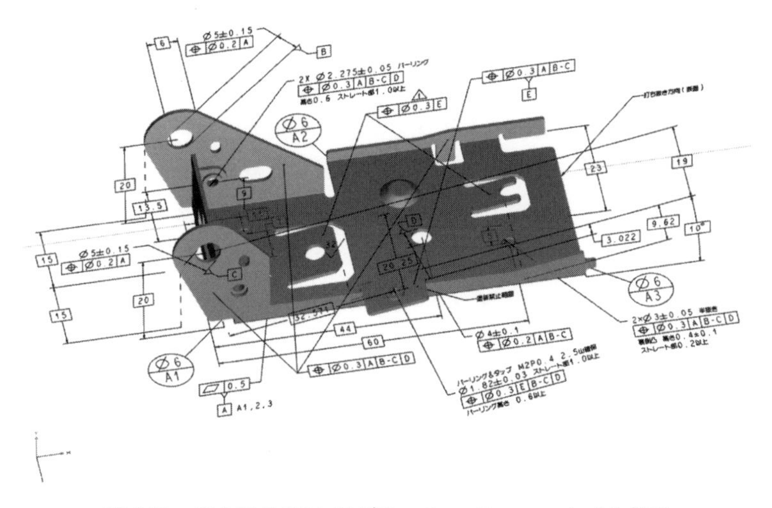


**図 4.11　板金部品 3DA モデル　Creo Parametric 5.0 使用**

ようなマルチビューを作成し、板金部品の管理情報を加える。板金部品 3DA モデルを加工メーカーへ出図する。板金部品 3DA モデルが**図 4.11** である。

加工メーカーで、板金部品 3DA モデルを受け取る。加工メーカーでは部品の 3 次元設計を行わないので 3 次元 CAD を保有していない場合がある。そのため、ビューワを使用する。ビューワとは、3DA モデルを表示することに特化したソフトウェアである。必要に応じて、板金部品 3DA モデルからビューワへのデータ変換を行う。ビューワを使って、板金部品 3DA モデルの形状・公差指示・加工要件を確認する。不足情報があれば、加工メーカーから製品メーカーへ問い合わせる。

加工メーカーでは、板金部品 3DA モデルを板金加工 DTPD へ板金加工検討モデルとして取り込む。板金加工 DTPD（情報の所有権者は加工メーカー）では、板金部品 3DA モデル（情報の所有権者は製品メーカー）と情報の所有権が異なるので、板金部品 3DA モデルから完全コピーをした板金加工検討モデルを使用する。板金 CAD/CAM を使用して、板金加工検討モデルに対して板金図面の展開が行われる。この時に板金加工要件が組み込まれる。板金加工（型レス）では、板金加工（曲げ・絞り・穴）に対して、形状の種類と使用工具の関係を標準化して不必要に工具の種類が増えることを事前に防いでいる。板金加工検討モデルからフィーチャ（形状と大きさ）が抽出されて、工具ライブラリにより必要な工具と加工方法が決められる。穴加工・曲げ加工・絞り加工の板金加工 CAM データが作成される。

加工メーカーでは、板金加工 CAM データを板金加工機（レーザマシン・ベンディングマシンなど）に送り、金属素材を加工して板金部品を加工する。

加工メーカーでは、測定機で板金部品を測定して公差指示に対して合否判定を行う。計測後に測定結果記録票に測定結果と合格判定結果が記録される。

板金部品 3DA モデルが、どのように板金加工 DTPD が作成され、板金部品の加工と計測が行われていくか、図表を交えて、具体的に説明する。

## [1] 板金部品 3DA モデルの確認

製品メーカーで板金部品 3DA モデルを 3 次元設計する。3 次元 CAD で、板金部品 3DA モデルをデータ変換して、ビューワに板金部品 3DA モデルを取り込む。ビューワでの板金部品 3DA モデルを**図 4.12** に示す。

板金部品の形状は、板金部品 3DA モデルの 3D モデルを様々な方向から見ることで把握でき、距離計測機能を使って大きさを知ることができる。板金部品の表

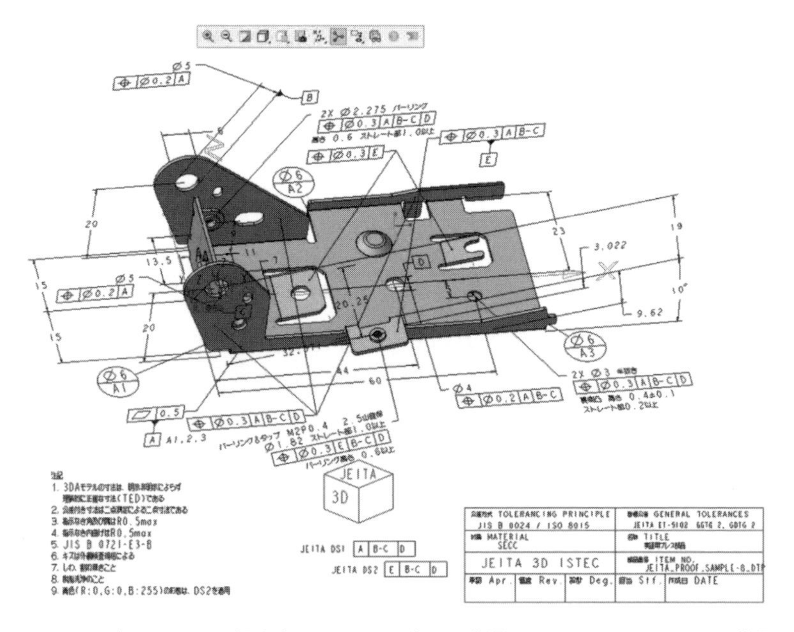


図 4.12　ビューワでの板金部品 3DA モデルの確認　Creo Parametric 5.0 使用

面積・重量・材料は、板金部品3DAモデルの属性と管理情報を見ることで知ることができる。

板金部品に対する公差指示は、板金部品3DAモデルのPMIを見ることで確認できる。

板金加工に必要な加工要件は、板金部品3DAモデルの3DモデルとPMIを見ることで確認できる。この場合、加工要件の理解に関して、製品メーカーと加工メーカーで事前に板金加工に関するルール（例えば、3Dモデルと板金加工要件の関係、3Dモデルで表現できない箇所に対する板金加工要件の解釈）などを確認しておくことが必要である。

板金部品3DAモデルをビューワで表示すると、PMIが重なり、加工要件の内容と3Dモデルの指定箇所が判り難いことがある。板金部品3DAモデルのマルチビューを使い、板金加工の工程や種類に応じたビューを、ビューワで切り換えることで、加工メーカーの加工者が板金部品3DAモデルの設計情報の理解を早めることができる。

幾何公差指示ビュー（**図4.13**参照）は、板金3DAモデルの幾何公差指示PMIのみを表示し、他のPMIを非表示として、斜視方向から表示するビューとした。

曲げビュー（**図4.14**参照）は、板金加工の曲げ加工に必要な加工要件指示PMIのみを表示し、他のPMIを非表示として、斜視方向から表示するビューとした。

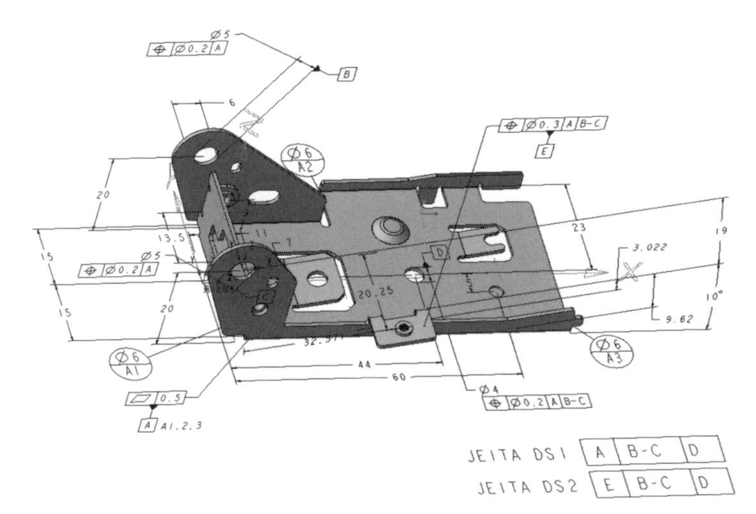


**図4.13　板金部品3DAモデルのマルチビュー（幾何公差）Creo Parametric 5.0使用**

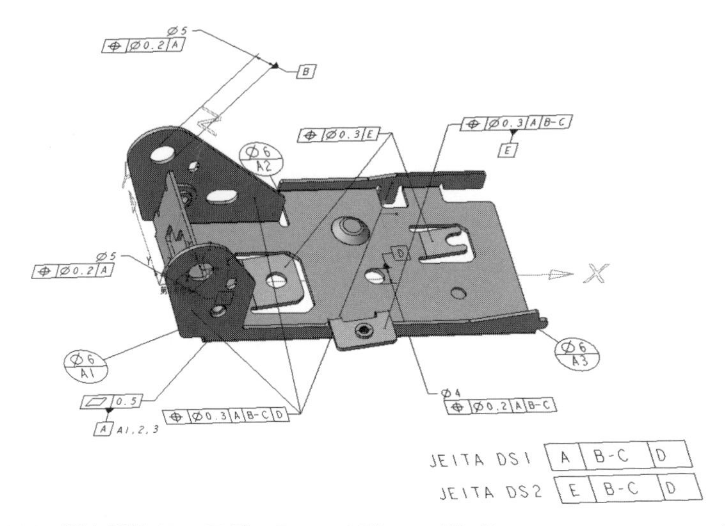


図 4.14　板金部品 3DA モデルのマルチビュー（曲げ）Creo Parametric 5.0 使用

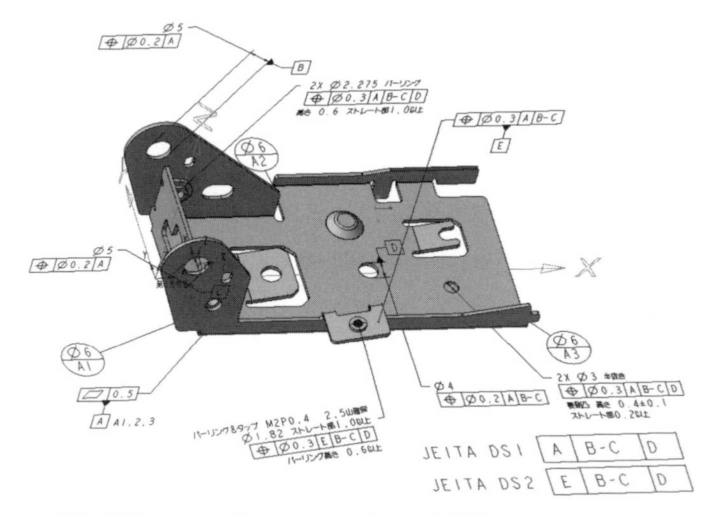


図 4.15　板金部品 3DA モデルのマルチビュー（要素）Creo Parametric 5.0 使用

要素ビュー（**図 4.15** 参照）は、板金加工の穴加工と定型加工に必要な加工要件指示と計測に関する指示の PMI のみを表示し、他の PMI を非表示として、斜視方向から表示するビューとした。

展開ビュー（**図 4.16** 参照）は、板金加工の板金展開に必要な加工要件指示 PMI のみを表示し、他の PMI を非表示として、斜視方向から表示するビューとした。

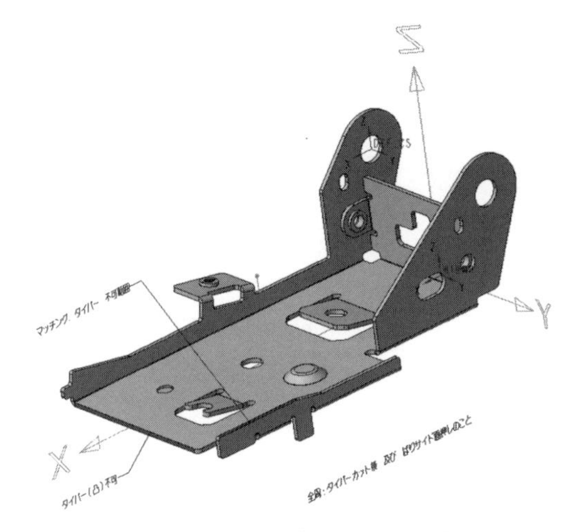


**図 4.16　板金部品 3DA モデルのマルチビュー（展開）**
**Creo Parametric 5.0 使用**

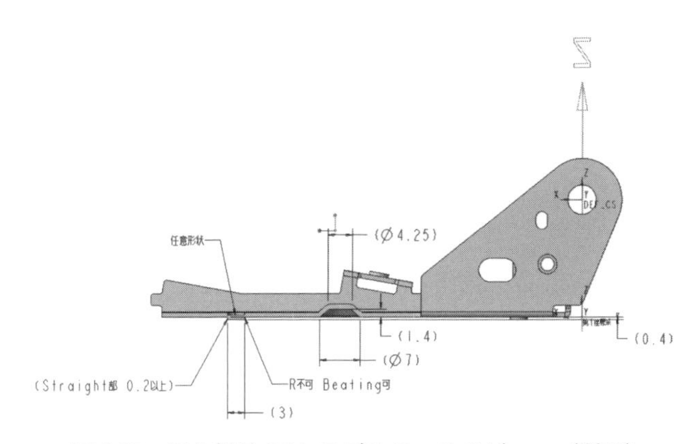


**図 4.17　板金部品 3DA モデルのマルチビュー（断面）**
**Creo Parametric 5.0 使用**

断面ビュー（**図 4.17** 参照）は、板金部品 3DA モデルの中央部のエンボス（材料を円形状に浮き彫りにする加工方法）の形状と指示がわかるように断面図を作成したものである。マルチビューは、板金部品 3DA モデルの確認の最中に自由に切り換えられ、必要な設計情報だけを見ることができるので、とても便利である。製品メーカーと加工メーカーで事前にビューの種類と表示要素／非表示要素と方向を確認しておくことが必要である。

不足情報があれば、加工メーカーから製品メーカーへ問い合わせる。

### [2] 加工要件の確認と決定

加工メーカーでは、板金部品 3DA モデルを板金加工 DTPD へ板金加工検討モデルとして、板金 CAD/CAM に取り込む。[1] 板金部品 3DA モデルの確認において、ビューワで、板金部品 3DA モデルに取り込まれている加工要件を確認した。加工メーカーでは、不足している加工要件を補足すると同時に、板金加工の専門知識と加工機の対応に照らし合わせて、加工要件を決定して、板金加工検討モデルに反映する。最終的に、板金加工検討モデルに対して板金図面の展開が行われる。

代表的な加工要件の確認と決定の例を説明する。

**● 板金属性の定義**

板金部品 3DA モデルの展開図を作成するための準備作業として、板金属性の定義を行う。板金属性には、基準表面（バリ表面)、材料名、物性値、延び情報がある。

**● 板金形状認識**

板金形状認識は、突き合わせ、重ね合わせといった展開ライン（板金部品を展開した展開図の境界線）作成、曲げや分断位置を指定し、展開が可能になる板金部品モデルとするために、板金部品 3DA モデルの展開図に必要な板金形状認識して確認をする。指摘された箇所は加工メーカーで修正する。

**● 板金加工方法と金型の決定**

主に定形加工に関して、板金部品 3DA モデルの部位に対する定型加工の板金加工方法と金型を決定する。板金部品3DA モデルでは、**図4.18** に示すように、14 箇所の穴開けなどのパンチング加工の箇所がある。①から⑧までと⑩は定形加工である。定形加工では、形状の種類と使用工具の関係を標準化して不必要に工具の種類が増えることを事前に防いでいる。予め、部位の形状と大きさに応じて、工具ライブラリにより必要な工具と加工方法が決められいる。工具ライブラリに準備された自動金型割り付け可能な状態になる。⑨と⑩から⑭は標準工具が用意されていないので、特型（入り組んだ形状の加工で、1 回で抜き加工をするために製作する特殊金型）を個別に製作する。自動金型割り付けができていない部位に対して、板金加工方法と金型を決定する。

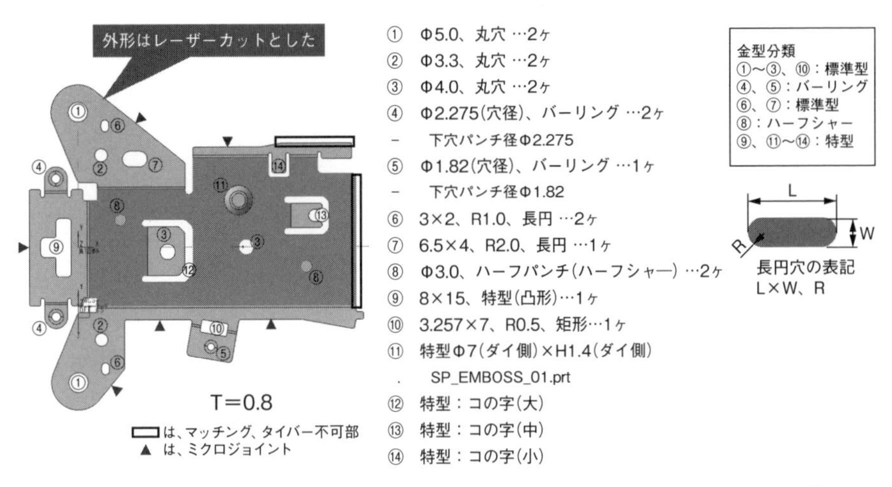


**図 4.18　板金加工要件の確認と決定（金型形状と寸法）Creo Parametric 5.0 使用**

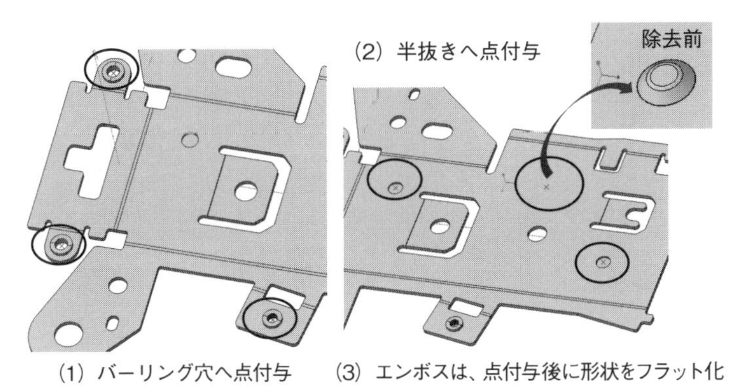


**図 4.19　板金加工要件の確認と決定（板金展開に向け板金加工検討モデルへ反映）Creo Parametric 5.0 使用**

## ● 板金展開に向け板金加工検討モデルへ反映

板金部品3DAモデルの展開図作成とCAMデータ作成のために、板金加工検討モデルへの形状追加および形状削除をする。例えば、板金部品3DAモデルでは、**図 4.19** に示すように、バーリング穴へ中心点を付与し、半抜きへ中心点を付与し、エンボスは中心点を付与した後で形状をフラット化する。これは、板金展開図を抜き打つ工程とエンボス加工をする工程を分けて、CAMデータを作成するためである。

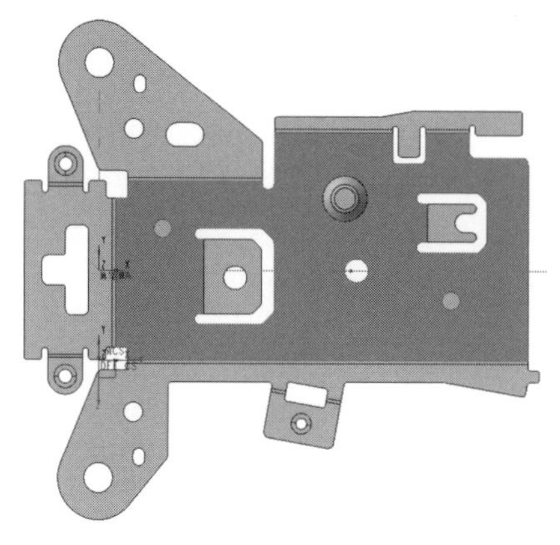

**図 4.20　板金加工検討モデルに対して板金図面の展開**
**Creo Parametric 5.0 使用**

● **板金加工の分類**

板金部品 3DA モデルの部位を、板金加工の方法に応じて分類する。バーリング、タップ、ハーフシャー（丸や角等の半抜きで押出し相手部品に勘合する穴を開け組み合わせる）、ブリッジなどの成形形状（大きな力を加えて形を作る）、特型、定形穴（円形・四角形などの定形形状の穴）、異型穴（楕円形・矩形や・歯車形状などの穴）を自動分離して、加工工程情報への置き換えを自動で行うことができる。

加工要件の確認と決定が完了後に、**図 4.20** に示すように、板金加工検討モデルに対して板金図面の展開が行われる。

## [ 3 ]　板金加工データ作成

加工メーカーでは、加工要件の確認と決定が終了して、板金図面の展開が完了した板金加工検討モデルに対して、板金加工 CAM データを作成する。

一般的な板金加工は、最初に、展開図データ通りに、材料を部品の形に切り出すブランク加工を行い、次に、板金部品 3DA モデルの部品の形に曲げるベンディング加工を行う。

ブランク CAM は、**図 4.21** に示すように、材料の有効利用（経済性）を考慮して、素材に展開図データを並べ、材料を部品の形に切り出すために、パンチング

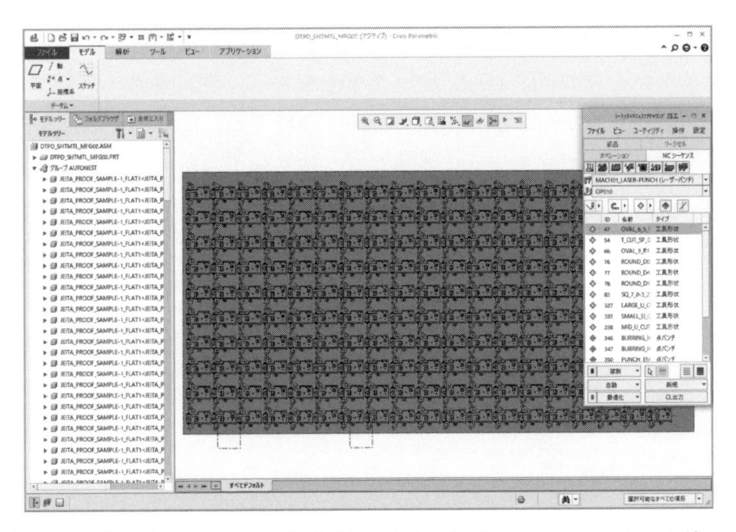

図 4.21　板金加工データ作成（ブランク加工）Creo Parametric 5.0 使用

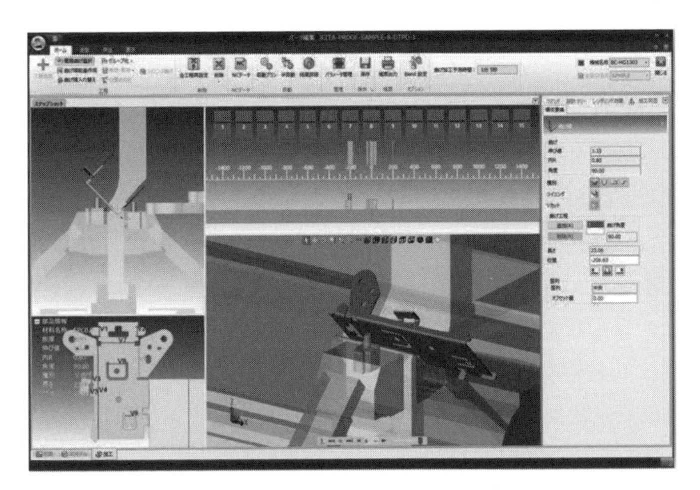

図 4.22　板金加工データ作成（ベンディング加工）
VPSS 3i BEND 使用

マシンおよびレーザマシンの板金 CAM データを生成する。展開図データをブランク CAM へ読み込み、素材に自動割付する。パンチングマシンおよびレーザマシンの加工属性（パラメータ）の設定、例えば展開図配置に許される角度の指定などを別途行っておく必要がある。ブランク CAM で、パンチングマシンおよびレーザマシンの NC プログラムと作業指示書が作成される。

ベンディングCAMは、**図4.22**に示すように、材料を部品の形に曲げるために、ベンディングマシンの板金CAMデータを生成する。展開図データをベンディングCAMへ読み込み、曲げ線の指定と確認、曲げ手順と回数の確認、金型の設置を行う。曲げ線は展開図作成時に決められ、板金加工完成形状と伸び量から曲げ線を決めていく。公差を考えるのであれば曲げ順番を変える。ベンディングマシンでの部品と金型の干渉判定を行い、金型が部品に干渉しないことを確認する。ベンディングCAMで、ベンディングマシンのNCプログラムと作業指示書が作成される。

## [4] 板金加工

ブランク加工では、**図4.23**の（1）ブランク加工に示すように、ブランクCAMからパンチングマシンおよびレーザマシンへNCプログラムが送られる。オペレーターが作業指示書を見ながら素材をセットしてブランク加工が行われる。展開状態の板金部品が製造される。

ベンディング加工では、図4.23の（2）ベンディング加工に示すように、ベンディングCAMからベンディングマシンへNCプログラムが送られる。オペレーターが作業指示書を見ながら素材をセットしてベンディング加工が行われる。完成状態の板金部品が製造される。

## [5] 計測

板金部品の合格判定を行う測定データに関しては、3D形状と公差指示（PMIと属性）から、測定方法と測定器具と判定基準込みの測定結果記録票が作成される。計測後に測定結果記録票に測定結果と合格判定結果が記録される。

板金部品3DAモデルの3Dモデル・PMI・属性から測定箇所と設計値（寸法・公差のサイズで指定した基準値・合格値）を獲得する。測定箇所と設計値の把握を目視で行う場合、板金部品3DAモデルのマルチビュー・2Dビュー）は、工程や目的を達成するのに見やすいビューを構成しており、これを利用して測定箇所と設計値の把握を効率的に行う。

測定方法と測定器具を検討してCMM（三次元測定機）の測定プログラムを作成する。板金部品を定盤に置いて、必要に応じて治具を使い、板金部品を固定して測定を行う。そのために、CAT（計測支援システム）を使って、板金部品3DA

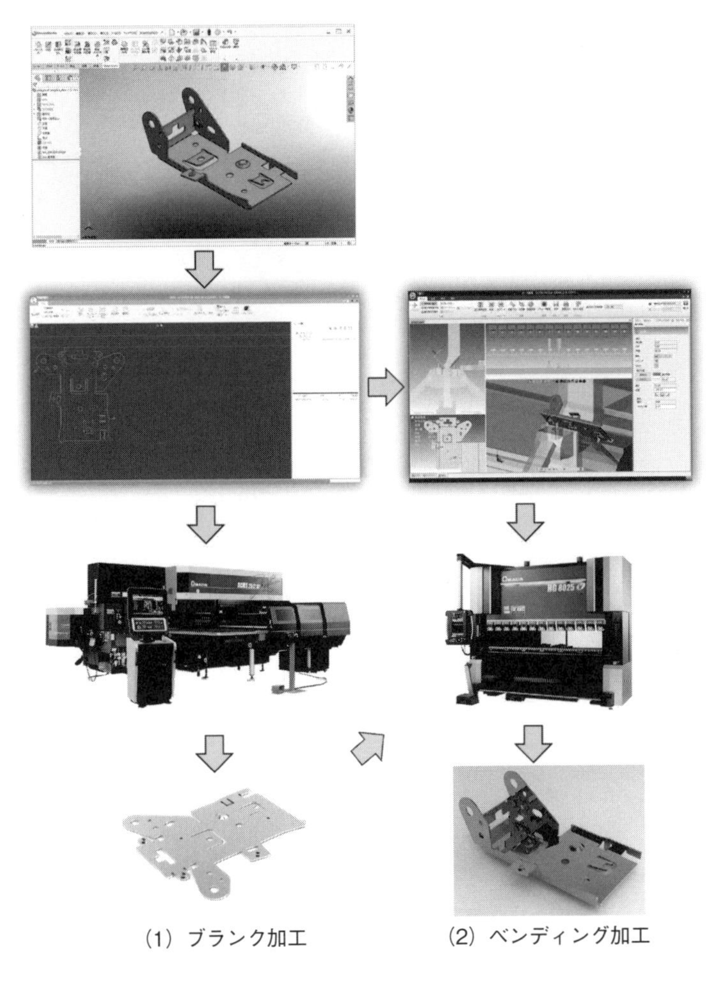

（1）ブランク加工　（2）ベンディング加工

**図4.23　板金加工**
**SheetWorks for Unfold V21とVPSS 3i BLANK/BEND使用**

モデルを用いて、測定器具の動きと測定の実行を、**図4.24**に示すように、CMMの自動パス作成と計測シミュレーションを行い、板金部品と測定器具との干渉回避をする。CMM（三次元測定機）の測定プログラムと作業手順書を作成する。

オペレータが作業手順書に従い、板金部品をCMM（三次元測定機）にセットして、測定プログラムを実行して、CMM（三次元測定機）のプローブを動かし、測定箇所で測定を行う。測定結果は記録紙に記録して、予め記録してある設計値

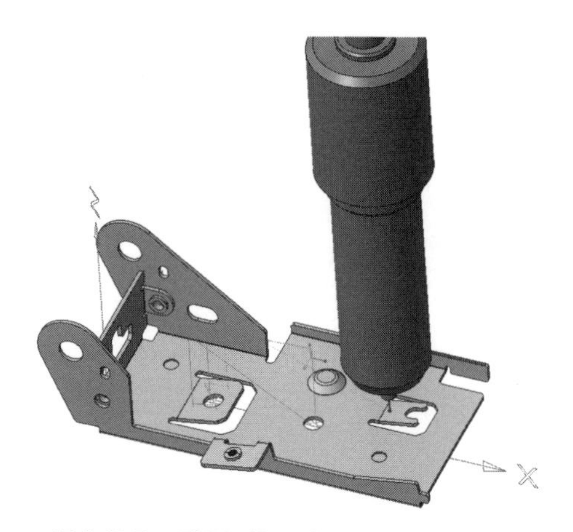

図 4.24　板金部品の計測（板金部品計測シミュレーション）
Creo Parametric 5.0 使用

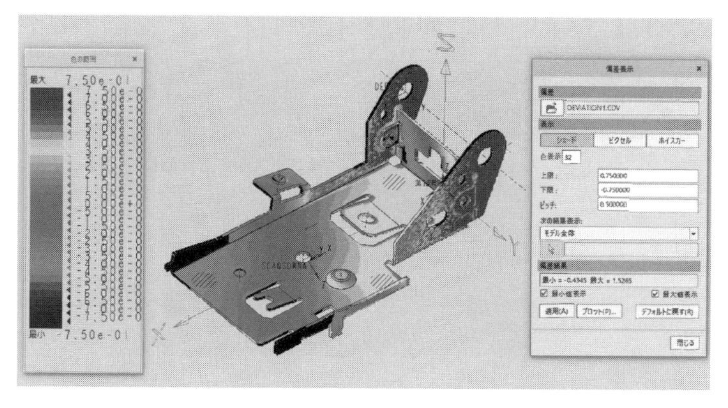

図 4.25　板金部品の測定結果比較　Creo Parametric 5.0 使用

との比較を行う。**図 4.25** に示すように、測定結果が CAT に取り込まれて、板金部品 3DA モデルの設計値と比較結果を色分けで表示することもできる。このようにして、板金部品の合否判定を行う。

## [ 6 ]　板金加工 DTPD

図 4.10 に基づき、図 4.11 に示した板金部品 3DA モデルを板金加工までの作業をしてきた。この過程でできたデータとデータの関連が板金加工 DTPD になる。板金加工 DTPD のスキーマは、図 4.4 に示してあるが、実際に板金加工までの作

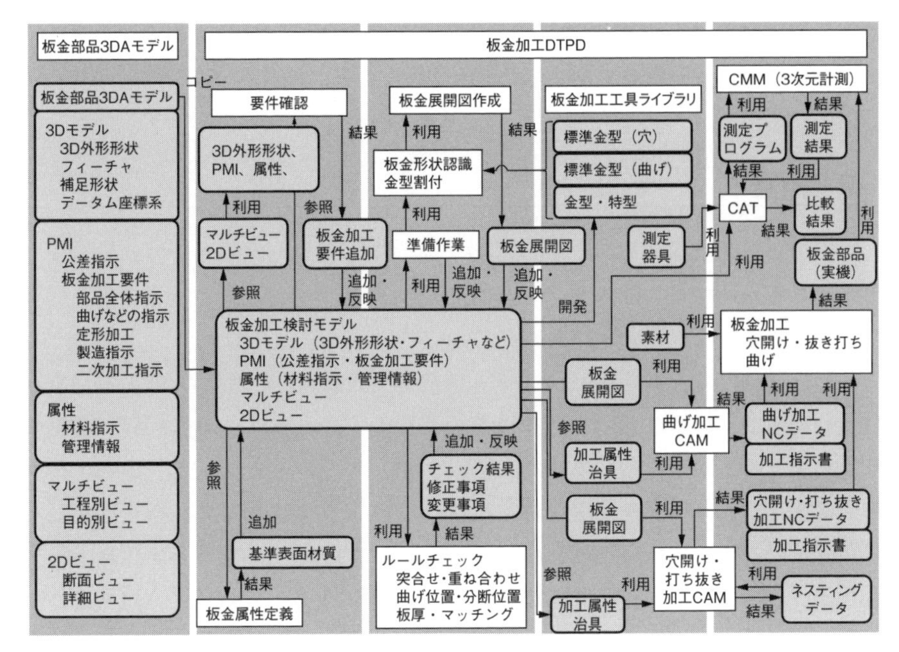


図 4.26　板金加工 DTPD

業をすると、**図 4.26** に示したような、板金加工 DTPD になる。

図 4.11 に示した板金部品 3DA モデルを板金加工までの作業を振り返る。板金部品 3DA モデルに含まれている加工要件をビューワで確認し、板金 CAD/CAM で加工要件を織り込み板金加工 CAM データを作成し、板金加工機（レーザマシン・ベンディングマシンなど）で板金加工 CAM データに基づき金属素材を加工して板金部品を作成し、測定機で板金部品を測定して設計指定事項に対して合否判定を行う。板金加工 DTPD（情報の所有権者は生産製造部門）では、板金部品 3DA モデル（情報の所有権者は製品設計部門）と情報の所有権者が異なるので、板金部品の 3DA モデルから完全コピーをした板金加工検討モデルを使用する。

板金部品 DTPD に含まれるデータは、板金部品 3DA モデルのデータから、その直接的な利用・参照、不足情報の追加・補足、データ処理（シミュレーション・二元表からデータ算出など）結果の追加・反映などの手段で作成される。また、過去の板金加工 DTPD データから新たな板金加工 DTPD データを作成するケースもある。これらのデータは計算式などによって一義的に決まるとは限らず、板金加工の専門知識や経験から決まるものもある。板金部品 3DA モデルから板金加工 DTPD を作り、板金部品 3DA モデルから板金加工 DTPD の関係を明確にしておくことで、設計変更の反映を効率的に行うことができる。

## 4.3　組立

ここでは、組立品 3DA モデルの 3 次元設計完了後から組立までの一般的な作業の流れを説明する。**図 4.27** に、組立品 3DA モデルの 3 次元設計完了後から組立までの一般的な作業の流れを示す。

設計開発部門で、組立品 3DA モデルを 3 次元設計する。部品の 3DA モデルを作成した後で、部品の 3DA モデルを組み立てる作業が加わる。組立品の 3DA モデルのモデル定義座標系を基準に、部品の 3DA モデルを移動して、部品の 3DA モデルの間に拘束関係を定義する。部品の 3DA モデルと同様に、組立作業および組立後の検査作業に向けた公差指示、組立要件の作り込みをする。生産・組立部門が、設計情報を容易に理解できるようなマルチビューを作成し、組立品の管理情報を加える。組立品 3DA モデルを生産・組立部門へ出図する。組立品 3DA モデルが**図 4.28** である。

生産・組立部門で、組立品 3DA モデルを受け取る。生産・組立部門では部品

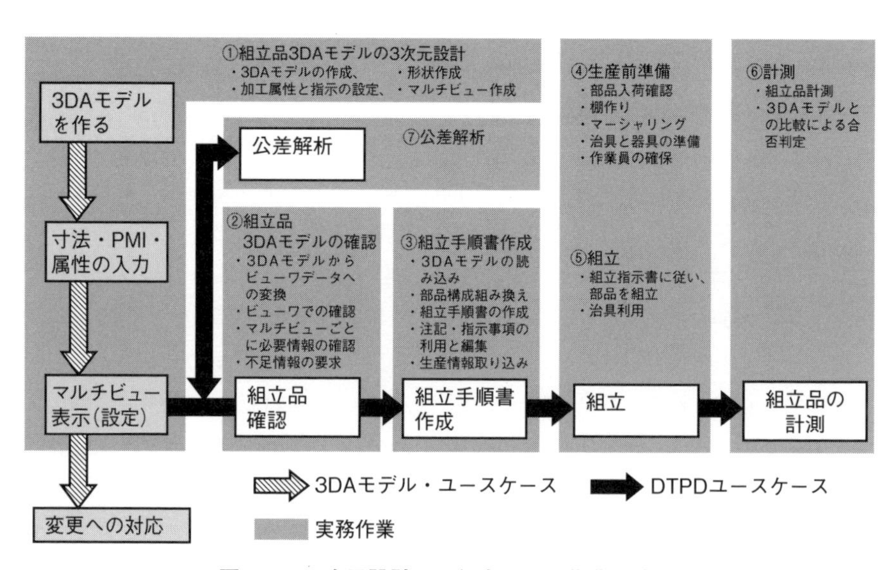


**図 4.27　3 次元設計から組立までの作業の流れ**

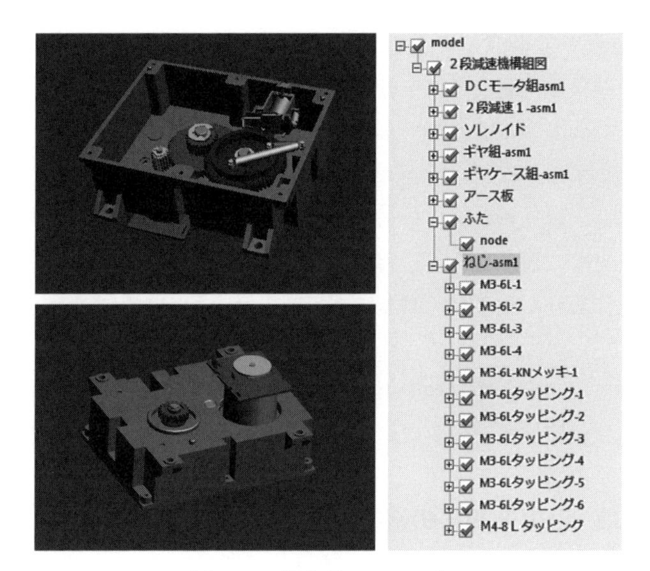


**図4.28　組立品3DAモデル**

や組立品の3次元設計を行わないので3次元CADを保有していない。そのため、ビューワを使用する。ビューワとは、3DAモデルを表示することに特化したソフトウェアである。必要に応じて、組立品3DAモデルからビューワへのデータ変換を行う。ビューワを使って、組立品3DAモデルの形状・公差指示・組立要件を確認する。不足情報があれば、生産・組立部門から設計開発部門へ問い合わせる。

生産・組立部門では、組立品3DAモデルを組立DTPDへ組立検討モデルとして取り込む。デジタルマニュファクチャリングツールを使用して、設計構成から製造構成へ部品構成の組み換えを行う。デジタルマニュファクチャリングツールとは、実際の部品と組立品ができる前に、デジタルモックアップを使い、バーチャルな空間で生産工程（生産設備の動き・部品の動き・部品の組立・計測）を考える。このバーチャルな生産工程から組立指示書を作成するツールである。注記・指示事項の追加・利用・編集を行い、組立要件を決定する。生産設備・治具・溶接設備・表面処理設備・塗装設備の仕様、組立ラインの状況、作業員のスキルと手配などの生産製造情報を取り込み、組立手順書を作成する。

生産・組立部門では、組立員が組立手順書に基づき、部品入荷確認・棚作り（組立作業に適した形で工場ラインに部品置き場を作る）・マーシャリング（組立作業に適した形で工場ライン近くに配置する部品の並べ方)・治具と器具の準備・作業員の確保の生産前準備を行う。生産・組立を正しく効率的に行うことで、製品品質を維持向上することができる。生産・組立が滞りなく進められるように、生産前に準備をする。

生産・組立は、組立員が組立指示書に基づき、必要に応じて治具を使って、部品を順次組み立てて製品を作る。利用される部品は、機械加工・板金加工・金型加工によって作られた加工品、調達による購入品、配線や配管など多種多岐に渡る。

生産・組立部門では、測定機で組立品を測定して公差指示に対して合否判定を行う。計測後に測定結果記録票に測定結果と合格判定結果が記録される。

### [1] 組立品 3DA モデルの確認

設計開発部門で、組立品 3DA モデルを 3 次元設計する。3 次元 CAD で、組立品 3DA モデルをデータ変換して、ビューワに組立品 3DA モデルを取り込む。ビューワでの組立品 3DA モデルを**図 4.29** に示す。

組立品の部品構成と部品の形状は、組立品 3DA モデルの 3D モデルを様々な方向から見ることで把握でき、距離計測機能を使って大きさを知ることができる。組立品の部品構成は、階層構造でも確認できる。組立品の表面積・重量・材料は、組立品 3DA モデルの属性と管理情報を見ることで知ることができる。

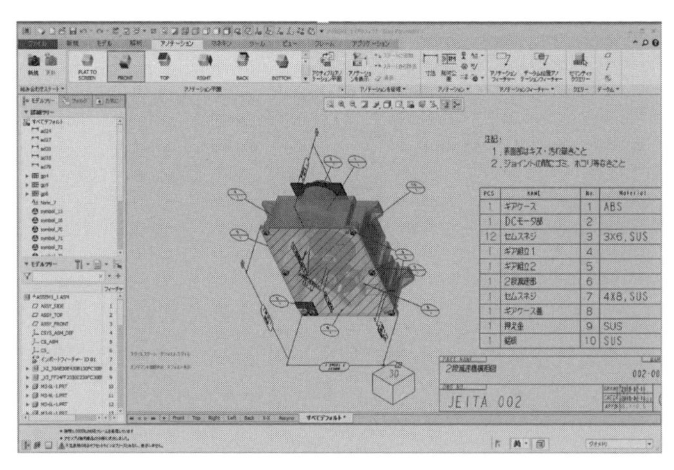


**図 4.29　ビューワでの組立品 3DA モデル　Creo Parametric 4.0 使用**

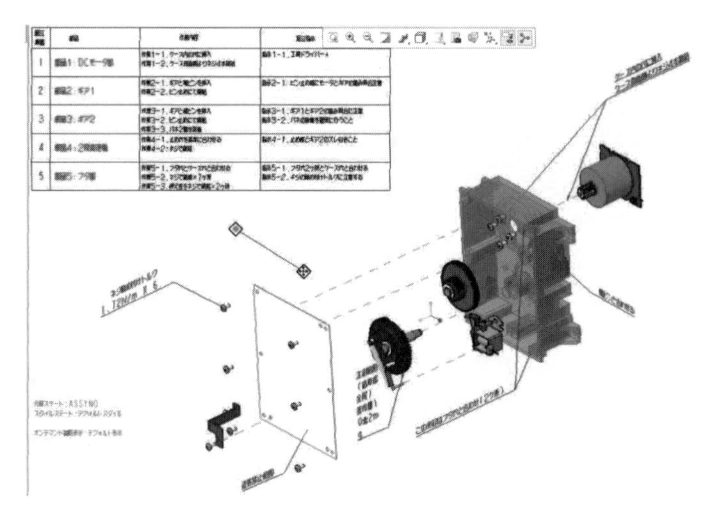

**図 4.30　組立品 3DA モデルのマルチビュー（部品分解）Creo Parametric 4.0 使用**

組立品に対する公差指示は、組立品3DAモデルのPMIを見ることで確認できる。

組立要件は、組立品3DAモデルの3DモデルとPMIを見ることで確認できる。この場合、組立要件の理解に関して、設計開発部門と生産・組立部門で事前に組立に関するルール（例えば、3Dモデルと組立要件の関係、3Dモデルで表現できない箇所に対する組立要件の解釈、溶接などデータ容量を節約するための簡略モデル化）などを確認しておくことが必要である。

組立品3DAモデルをビューワで表示すると、PMIが重なり、組立要件の内容と3Dモデルの指定箇所が判り難いことがある。組立品3DAモデルのマルチビューを使い、組立工程の工程や種類に応じたビューを、ビューワで切り換えることで、生産・組立部門の作業者が組立品3DAモデルの設計情報の理解を早めることができる。

部品分解ビュー（**図 4.30** 参照）は、組立品内部の部品と部品に関する組立要件指示PMIのみを表示し、他の部品とPMIを非表示として、斜視方向から表示するビューである。バルーンビュー（**図 4.31** 参照）は、組立品の部品と組立要件の一種であるバルーン（部品の識別番号）のPMIのみを表示し、他のPMIを非表示として、斜視方向から表示するビューである。2つのビューを交互に繰り返すことで、組立品内部の部品の組立要件と部品間の関係を効率的に把握することが

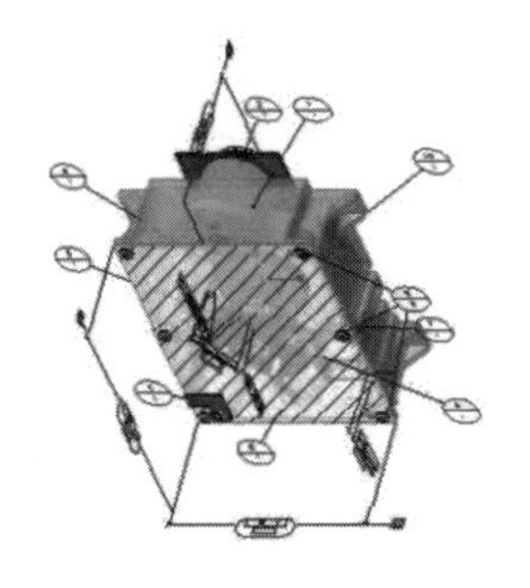

| PCS | NAME | No. | Material |
|---|---|---|---|
| 1 | ギアケース | 1 | ABS |
| 1 | DCモータ部 | 2 | |
| 12 | セムスネジ | 3 | 3X6, SUS |
| 1 | ギア組立1 | 4 | |
| 1 | ギア組立2 | 5 | |
| 1 | 2段減速部 | 6 | |
| 1 | セムスネジ | 7 | 4X8, SUS |
| 1 | ギアケース蓋 | 8 | |
| 1 | 押え金 | 9 | SUS |
| 1 | 銘板 | 10 | SUS |

**図 4.31　組立品 3DA モデルのマルチビュー（バルーン）Creo Parametric 4.0 使用**

できる。

断面図ビュー（**図 4.32** 参照）は、組立品の断面に関わる部品と組立要件 PMI のみを表示し、他の部品と PMI を非表示として、断面に対する正面から表示するビューである。車軸と軸受と歯車のようなはめ合いを検討する部分では断面図で確認した方が見やすい。ビューワによっては断面図を作成する機能がないものがある。3 次元 CAD で断面を作成しておけば、ビューワで確認できる。

可動部品ビュー（**図 4.33** 参照）は、移動後の可動部品と関連部品のみとそれら

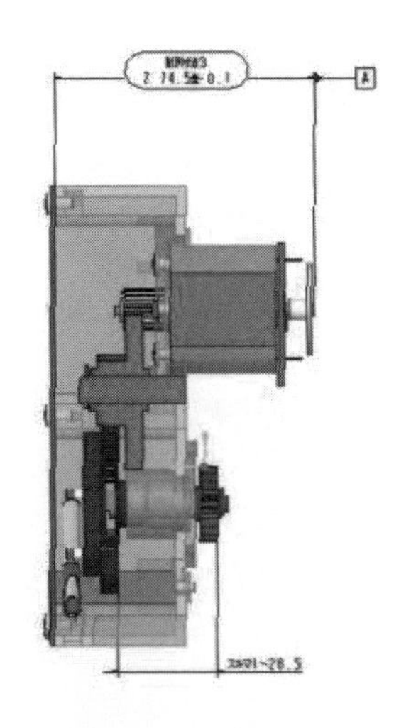

**図 4.32　組立品 3DA モデルのマルチビュー（断面図）Creo Parametric 4.0 使用**

**図 4.33　組立品 3DA モデルのマルチビュー（可動部品）**
**Creo Parametric 4.0 使用**

の部品の組立要件 PMI のみを表示し、移動前の可動部品を含むその他の部品と PMI を非表示として、斜視方向から表示するビューとした。組立品 3DA モデルでは、可動前後の位置と方向に合わせた可動部品を両方組み込んでおき、可動状態に応じてモデルの表示（抑止）を切り換えるルールとなっている。設計者は機能を考えているので可動部品の動きがわかっているが、組立員が可動部品の動きがわからない。可動部品の移動前と移動後をビューで切り換えることで、可動部品と可動部品の動きを理解することができる。

不足情報があれば、生産・組立部門から設計開発部門へ問い合わせる。

## [ 2 ]　組立手順書の作成

生産・組立部門では、組立品 3DA モデルを組立 DTPD へ組立検討モデルとして、デジタルマニュファクチャリングツールに取り込む。デジタルマニュファクチャリングツールは、図 1.6 に示した標準な製品開発プロセスにおける工程設計で使用する。

3DA モデルと DTPD による製品開発プロセスでは、デジタル検証（試作）を行う。設計段階において、加工物（試作品・実機）を使用しないで、設計開発で作成された 3D モデルを仮想的に組み立て設計評価する。設計評価には、製品性（例えば、性能、機構、強度、信頼性、コスト）、生産性（例えば、加工、組立、検査）、製品の使用上の維持管理の容易性（例えば、整備、部品交換、部品供給）などがある。これらの設計評価結果がアウトプットになる。課題に関しては、設計開発に戻り、設計情報の改善が行われる。仮想的な空間で、実際の部品と組立品と同等の情報を持つ部品と組立品のことをデジタルモックアップと呼んでいる。

工程設計は、設計情報を具現化することで、素材から製品へ変換する全体的な生産工程、つまり、ものの作り方を設計する作業である。設計情報は、デザインレビューに合格して設計認定を受けなければ合格にならない。工程設計では、製品開発期間の短縮を目的として、コンカレントエンジニアリングを行っている。コンカレントエンジニアリングでは、設計開発と工程設計の取り決めにより、段階的に決まった設計情報を使って、工程設計を同時並行で開始することで、デジタルマニュファクチャリングツールを使う。

次に、部品構成組み換えを行う。工程設計においては、最終製品が出来上がるために必要となる部品の構成と数量が全て網羅されていなければならず、この構成を製造構成と呼ぶ。部品構成組み換えは、設計構成から製造構成への組み換えのことである。設計構成は、設計者が顧客の求める機能を製品に反映させるため、機能としての分類が階層構造になっているのが通常である。製造構成は生産組立部門が組み立てを行う場合に使用するもので、生産に必要になる部品総数などを正確に把握するために、組み立てに使用されるユニット単位に構成される。どの工程を流して組み立てるか決めた上で組立ラインにのせることになり、設計構成の機能中心で出来た階層構造と実際に生産する親子構成が全く違ってくるのが一般的である。生産・組立部門が、設計開発部門からの組立指示と禁止事項、物理的な生産組立が可能な順番、納品の順番や時期、組立機械と生産ライン設備を考えて、デジタルマニュファクチャリングツールで、組立検討モデルの構成を変更する。部品構成は組立検討モデル（すなわち、組立品 3DA モデル）の 3D モデルの一部の情報である。部品構成の変更があっても、組立品 3DA モデル内の情報の関係は部品構成の変更前と同等に保たれている必要がある。そのために、デジタルマニュファクチャリングツールを使用する。

生産・組立部門では、デジタルマニュファクチャリングツールを使って、製造構成に変更された組立検討モデルから組立手順書を作成する。組立手順書は、製造構成に変更された組立検討モデルを組立工程別に表示／非表示にして、治具の追加、バルーン（部品の識別番号）と指示事項を追加して組立作業内容を説明するドキュメントである。組立手順ビュー作成、設計指示および生産指示の追加、生産設備情報の参照、組立手順書の出力の順番で行われる。

(1) 組立手順ビュー作成は、組立検討モデルの部品／ユニット毎に設定された組立工程に対して、組立手順の入れ換えおよび統合、組立動作の検証と評価を行う。設計開発部門からの組立指示と禁止事項、物理的な生産組立が可能な順番、組立の単位（例えば、サブアセンブリは別ラインでの組立または一括購入によりサブユニットを部品として考える）、納品の順番や時期、組立機械と生産ライン設備を考慮する。
(2) 設計指示および生産指示の追加は、設計開発部門および生産・組立部門からの組立・仕上げ・表面処理・塗装・計測・注油・銘板取り付け・溶接・梱包などの組立工程における指示事項および禁止事項を組立手順書に加える。設計開発部門からの組立指示と禁止事項を利用することもあるが、生産・組立部門で不足情報を補うなど、最終的には生産・組立部門が決定する。
(3) 生産設備情報の参照は、生産組立の各組立工程で使用する組立機械・生産ライン・組立治具・作業員を組立手順書の組立工程に記載する。
(4) 組立手順書の作成（出力データの作成）は、組立検討モデルの中に生成された組立手順書を、ドキュメントまたはアニメーション（動画）に出力する。

組立手順書では、**図 4.34** に示すように組立品 3DA モデルを表示して組立品の部品全体を示し、**図 4.35** に示すように組立ラインでの計測方法、**図 4.36** に示すように歯車の組立手順を示し、**図 4.37** に示すように蓋をネジ止めする手順を示す。

### [3]　生産前準備

生産・組立部門では、製造構成と組立手順書に基づき、生産前準備を行う。生産前準備の計画も、デジタルマニュファクチャリングツールで行う場合もある。

#### (1)　用品管理による部品入荷確認

用品管理は、製造手配（加工品）とサプライヤー調達手配（購入品）をする前に、組立品に必要な部品およびリストの一覧表を作成して、加工品の製造手配（未実施と完了）と納品（予定と実績）、購入品のサプライヤー調達手配（未実施

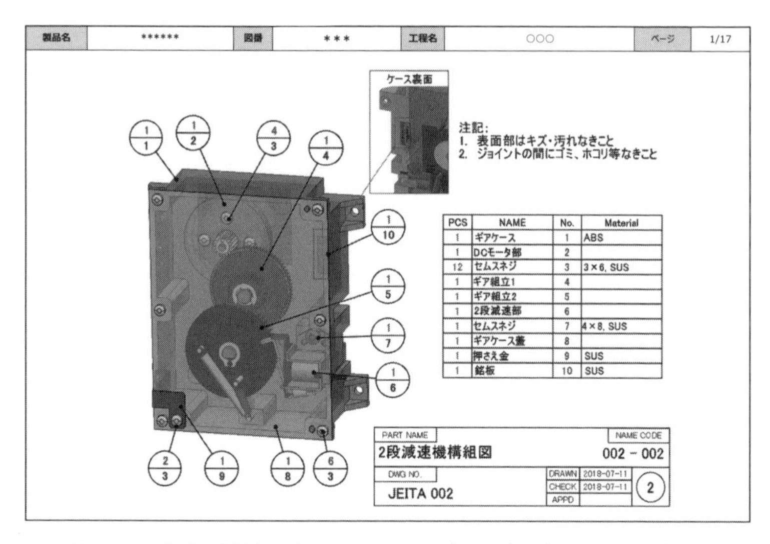


| PCS | NAME | No. | Material |
|---|---|---|---|
| 1 | ギアケース | 1 | ABS |
| 1 | DCモータ部 | 2 | |
| 12 | セムスネジ | 3 | 3×6, SUS |
| 1 | ギア組立1 | 4 | |
| 1 | ギア組立2 | 5 | |
| 1 | 2段減速部 | 6 | |
| 1 | セムスネジ | 7 | 4×8, SUS |
| 1 | ギアケース蓋 | 8 | |
| 1 | 押さえ金 | 9 | SUS |
| 1 | 銘板 | 10 | SUS |

図 4.34　組立手順書（組立品 3DA モデルの表示）VPS V15 使用

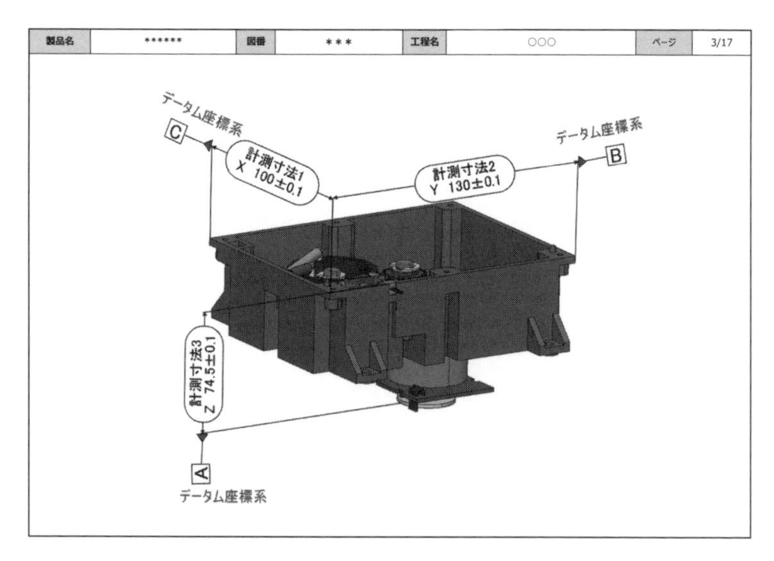


図 4.35　組立手順書（計測指示）VPS V15 使用

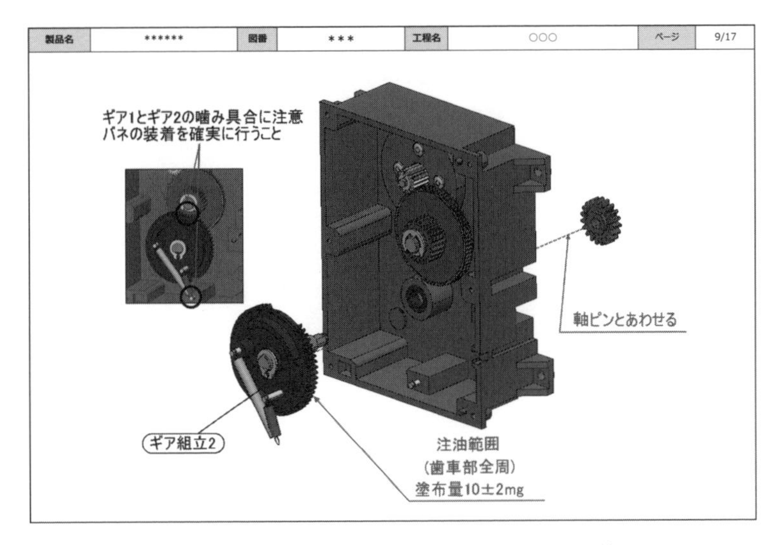


図 4.36　組立手順書（歯車の組立）VPS V15 使用

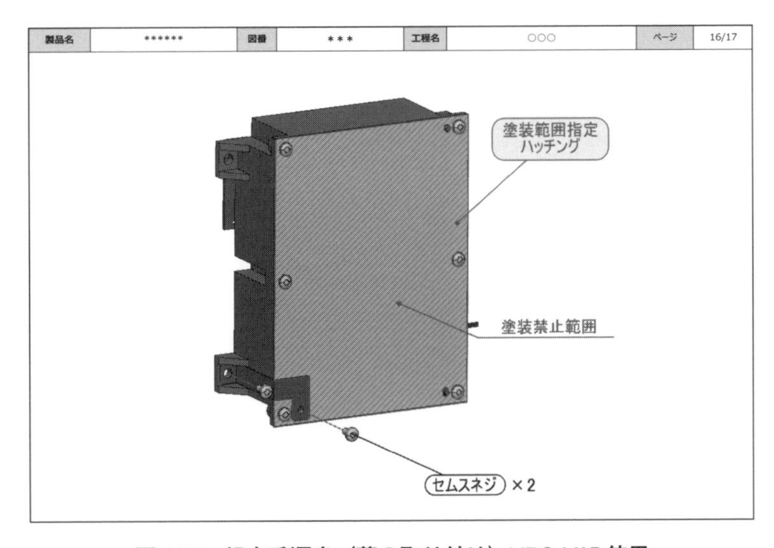


図 4.37　組立手順書（蓋の取り付け）VPS V15 使用

と完了）と納品（予定と実績）を管理するものである。組立検討モデルの中で製造構成が完成した時、すなわち、加工品と購入品の全体が決定した時に、用品管理一覧表を作成する。用品管理一覧表に基づき、部品入荷確認をする。組立品3DA モデルの3D データを直接利用する訳ではないが、3D データの部品構成を引用して、用品管理が行われる。

#### （2） 棚作り

棚とは、工場レイアウト内に作る部品置場のことである。組立作業に必要な部品を取りに来る場所で、部品ショップとも呼ばれる。組立検討モデルの製造構成から部品の種類と個数がわかるので、棚を作る。棚を作ることで、用品管理により部品入荷確認もできる。

#### （3） マーシャリング

マーシャリングとは、組立作業に適した形で組立ライン近くに配置する部品の並べ方である。組立手順書に基づき、棚から部品を運搬する順番、組立作業の無駄を省いた部品の置き方を検討する。

#### （4） 生産設備と治具の準備

組立手順書には、組立作業に使う生産設備（組立機械・産業用ロボット・溶接機・表面処理設備・塗装設備）と治具が記載されている。工場レイアウトと合わせて、生産設備と治具の配置を検討する。産業用ロボットや自動計測器を使用する場合はプログラムの入力も行う。

#### （5） 作業員の確保

組立手順書には、組立作業を行う作業員の人数と作業時間と必要な作業スキルが記載されている。作業員のアサインを行う。

### [4] 組立

生産・組立部門では、組立手順書を組立ラインに転送して、組立員が生産設備を使い、機械の組立を行う。

### [5] 組立品の計測

組立品3DA モデルを使って、測定箇所と設計値（寸法・公差のサイズで指定した基準値・合格値）を把握し、測定方法と測定器具を検討して、CMM（三次元測定機）の測定プログラムまたは手動計測器（ダイヤルゲージ・ノギス）による測定手順を作成し、CMM または手動測定機の測定結果の取り込みと設計値を比較して合否判定を行う。

組立品の合格判定を行う測定データに関しては、3D 形状と公差指示（PMI と属性）から、測定方法と測定器具と判定基準込みの測定結果記録票が作成される。計測後に測定結果記録票に測定結果と合格判定結果が記録される。

組立品 3DA モデルの 3D モデル・PMI・属性から測定箇所と設計値（寸法・公差のサイズで指定した基準値・合格値）を獲得する。測定箇所と設計値の把握を目視で行う場合、組立品 3DA モデルのマルチビュー・2D ビューは、工程や目的を達成するのに見やすいビューを構成しており、これを利用して測定箇所と設計値の把握を効率的に行う。

CMM での測定ではまず、指定された箇所と手段での測定を実現するため、測定器具の動き、測定実行の可能性、組立品 3DA モデルの 3D モデルと測定器具との干渉回避等を検討した上で、自動的に CMM の測定プログラムを作成する。CMM に測定プログラムを入力する。組立品を CMM にセットして、測定プログラムを実行して、CMM のプローブが動き、測定箇所で測定を行う。測定結果は測定結果記録票に記録され、設計値との比較を行う。

手動計測器を使う場合、測定手順書に基づき、検査者が測定を行い、測定結果を測定結果記録票に記録して設計値と比較して、組立品の合否判定を行う。

### ［6］ 公差解析

公差解析は、3 次元設計時に設定された寸法と公差によってバラツキのある部品同士を組み立てた際のバラツキを計算することである。実際に組立品を組み立てる前に、公差解析を行うことにより、組立品質のバラツキを予測し、予測した結果をもとに、3 次元設計を改善して品質やコストを最適な状態にする。公差解析は、組立品の製品開発プロセスの中で順番に行われる工程ではなく、3 次元設計において組立性を検討する必要がある場合に、公差解析を行う。

公差解析は、公差解析ソフトウェアによって行われる。公差解析は、**図 4.38** に示すような手順で行われる。

（ア）　組立品 3DA モデルの取り込み

公差解析ソフトウェアに、組立品 3DA モデルを取り込む。公差解析ソフトウェア側で組立品 3DA モデルのデータ変換が行われる場合が多い。

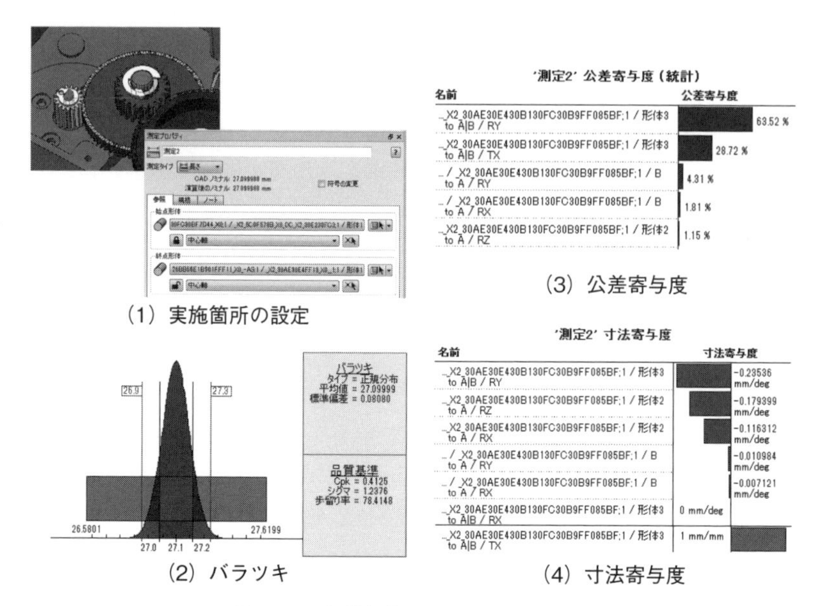


（1）実施箇所の設定

（2）バラツキ

（3）公差寄与度

（4）寸法寄与度

**図 4.38　公差解析　CETOL 6σ 使用**

（イ）　実施箇所の設定

組立品 3DA モデルの中で機械的に結合されている 2 つの部品を選ぶ。図 4.38 の（1）では、平歯車とピニオン歯車を選択した。公差解析ソフトウェアでは、2 つの部品間の拘束関係を示す寸法と公差を組立品 3DA モデルの中から取り出す。

（ウ）　公差解析の実行

2 つの部品間の拘束関係を示す寸法と公差から公差解析を行う。

（エ）　公差解析結果の活用

公差解析結果として、拘束に対するバラツキ、公差寄与度、寸法寄与度が出力される。バラツキは、設計者が仕様として定める公差情報を元にものづくりを行った結果である。すなわち、ものづくりでの予測値もしくは結果として、製造後に実測したデータから算出される誤差である。バラツキの大きさによって不良率が変動する。公差寄与度は、解析公差に対する公差の持つ影響度の大きさを示す指標である。寸法寄与度は、解析寸法に対する寸法値の持つ影響度の大きさを示す指標である。設計者は、現状のバラツキの大きさを把握して、公差寄与度が高い公差と寸法寄与度が高い寸法を調整して再度公差解析を行いバラツキを確認する。この際、極端にバラツキを抑えようとすると部品の製造と組立への要求が厳しくなり、高いコストになってします。妥当性とコストを十分に考慮する必要がある。設計者は最終的に部品間の寸法と公差を決定する。

## [7] 組立DTPD

図4.27に基づき、図4.28に示した組立品3DAモデルの組立までの作業をしてきた。この過程の中で作成されたデータとデータの関連が組立DTPDになる。組立DTPDのスキーマは、図4.6に示してあるが、実際に板金加工までの作業をすると、**図4.39**に示したような、組立DTPDが作成された。

図4.28で示した組立品3DAモデルの組立までの作業を振り返る。組立品3DAモデルに含まれている組立要件をビューワで確認し、組立品3DAモデルをデジタルマニュファクチャリングツールに読み込み、設計構成から製造構成へ変更して、組立手順と組立方法を検討しながら指示事項を追加して組立手順書を作成する。組立手順書と製造構成から生産前準備（用品管理による部品入荷確認・棚作り・マーシャリング・生産設備と治具の準備・作業員の確保）と組立をして組立品を生産する。測定器で組立品を測定して設計指定事項に対して合否判定を行う。

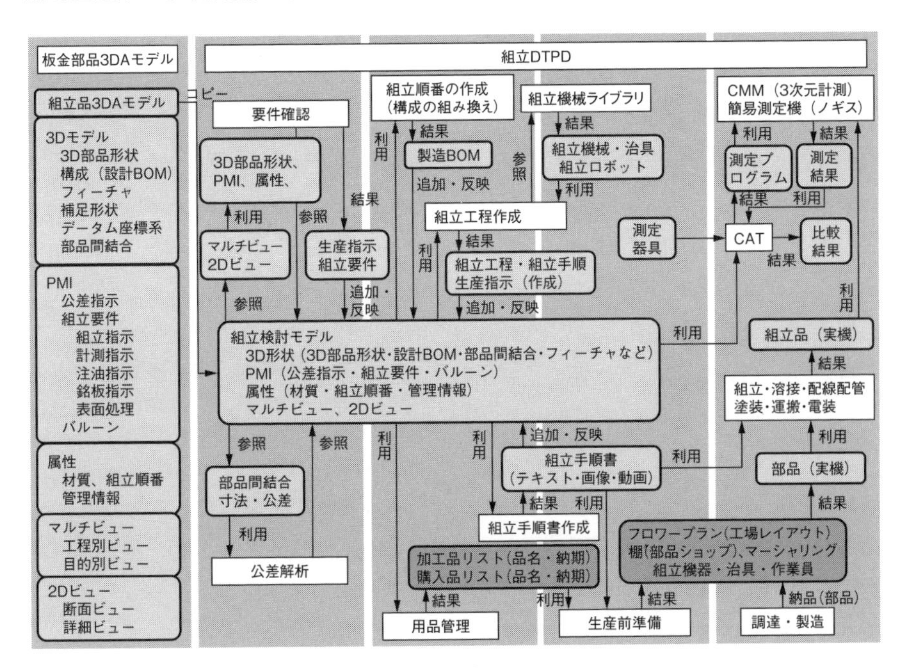


図4.39　組立DTPD

組立品の組立性を向上するために、組立品3DAモデルを使って公差解析を行い、組立品3DAモデルの公差値を評価する。

組立DTPD（情報の所有権者は生産・組立部門）では、組立品3DAモデル（情報の所有権者は設計開発部門）と情報の所有権者が異なるので、組立品3DAモデルから完全コピーをした組立検討モデルを使用する。

組立DTPDに含まれるデータは、組立品3DAモデルのデータを利用・参照して作る、組立品3DAモデルのデータを確認して追加・補足する、組立品3DAモデルのデータをデータ処理（シミュレーション・二元表からデータ算出など）して追加・反映する、更に、組立DTPDデータから新たな組立DTPDデータを作る。これらのデータは計算式などによって一義的に決まるとは限らず、生産・組立の専門知識や経験から決まるものもある。組立品3DAモデルから組立DTPDを作り、組立品3DAモデルから組立DTPDの関係を明確にしておくことで、設計変更の反映を効率的に行うことができる。

## 4.4　金型加工・樹脂成形

ここでは、樹脂成形部品3DAモデルの3次元設計完了後から金型加工・樹脂成形までの一般的な作業の流れを説明する。**図4.40**に、樹脂成形部品3DAモデルの3次元設計完了後から金型加工・樹脂成形までの一般的な作業の流れを示す。

製品メーカーで、樹脂成形部品3DAモデルを3次元設計する。3次元CADで樹脂成形部品の3D形状（3次元設計成果物である最終形状）を作成する。樹脂成形部品の合否判定となる公差指示を行い、金型加工・樹脂成形に必要な加工要件を加える。生産・製造担当者が設計情報を容易に理解できるようなマルチビューを作成し、樹脂成形部品の管理情報を加える。樹脂成形部品3DAモデルを金型メーカーへ出図する。樹脂成形部品3DAモデルが**図4.41**である。

3DAモデルは製品メーカーと金型メーカーの間で授受され、互いに確認される。両社は異なる3次元CADを使用しているケースも多いので、ビューワ等への変換も必要となる。金型メーカーでは、樹脂成形部品3DAモデルを金型加工・樹脂成形DTPDへ取り込む。金型CAD/CAMを使用して、パーティングラインやスライド配置位置など金型要件の概略案を注釈や属性などの表現手段で指示した金型要件検討中モデル（PM2）を作成する。金型要件検討中モデル（PM2）を使

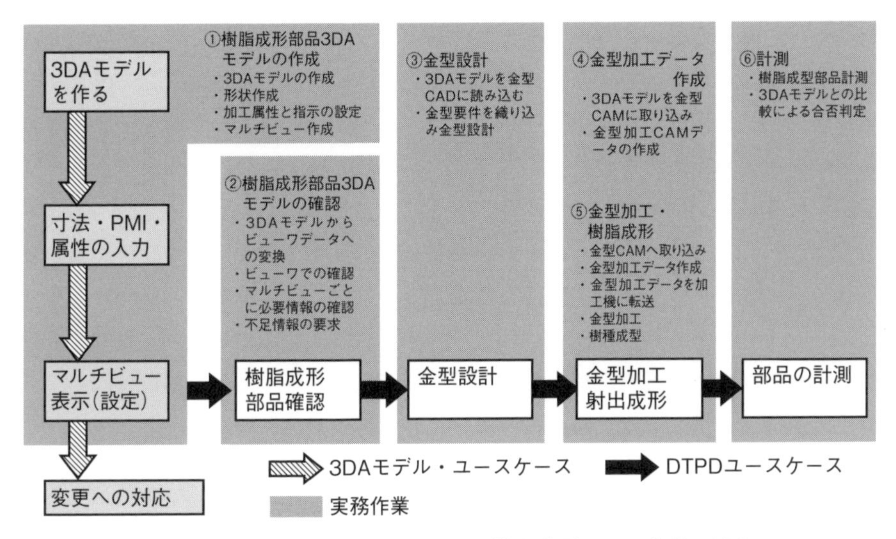


**図 4.40　3 次元設計から金型加工・樹脂成形までの作業の流れ**

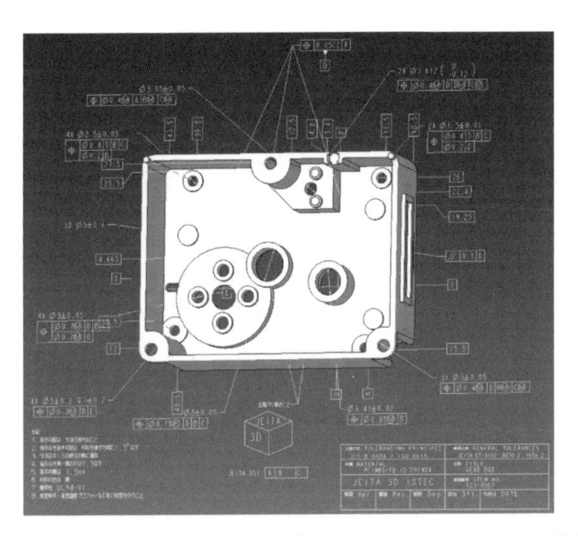

**図 4.41　樹脂成形部品 3DA モデル　Creo Parametric 4.0 使用**

って、金型メーカーからの指摘事項を製品メーカーで樹脂成形部品 3DA モデルに織り込む。樹脂成形部品 3DA モデルを金型要件定義モデル（PM3）として、金型メーカーに出図する。

金型メーカーでは、樹脂成形部品 3DA モデルを金型加工・樹脂成形 DTPD へ取り込み、金型を設計する。目視または専用ツールで金型要件をチェックして、不足する金型要件を追加して、樹脂成形部品3DAモデルから金型製作用製品モデル（TM1）を作成する。金型構想に基づき、キャビとコアに分割して、成形品に現れない金型要件を作り込み、キャビ・コアモデル（TM2）を作成する。金型構造を作り込み、金型完成モデル（TM3）を作成する。

金型メーカーでは、金型CAMで、金型完成モデル（TM3）から機械加工の金型加工CAMデータと作業手順書を作成する。また、作業手順書に基づき、金型加工CAMデータを機械加工機（NC工作機械、マシニングセンタ、放電加工機など）に送り、金属素材を加工して金型を加工する。さらに、金型を組み立て、射出成形機に金型をセットして、樹脂を流して樹脂部品を製造する。

なお、金型メーカーでは、測定機で樹脂部品を測定して公差指示に対して合否判定を行う。計測後に測定結果
記録票に測定結果と合格判定結果が記録される。

以下に、樹脂成形部品3DAモデルが、どのように金型加工・樹脂成形DTPDが作成され、金型と樹脂部品の加工と計測が行われていくか、図表を交えて、具体的に説明する。

### [1]　樹脂成形部品3DAモデルの確認

製品メーカーで、樹脂成形部品3DAモデルを3次元設計する。

金型メーカーで、金型製作用製品モデル（PM1）として受け取る。金型メーカーでは金型の3次元設計を行うので3次元CAD（金型CAD/CAM）を保有する。金型CADで樹脂成形部品3DAモデルを読み込めるのであれば、金型CAD/CAMを使用する。製品メーカーと金型メーカーが異なる3次元CADを使用しているなどの理由で、樹脂成形部品3DAモデルを読み取ることができない時は、ビューワを使用する。3次元CADで、樹脂成形部品3DAモデルをビューワデータにデータ変換する。ビューワでの樹脂成形部品3DAモデルを**図4.42**に示す。金型CAD/CAMまたはビューワを使って、樹脂成形部品3DAモデルの形状・公差指示・金型要件を確認する。

樹脂成形部品の形状は、樹脂成形部品3DAモデルの3Dモデルを様々な方向から見ることで把握でき、距離計測機能を使って大きさを知ることができる。樹脂成形部品の表面積・重量・材料は、樹脂成形部品3DAモデルの属性と管理情報

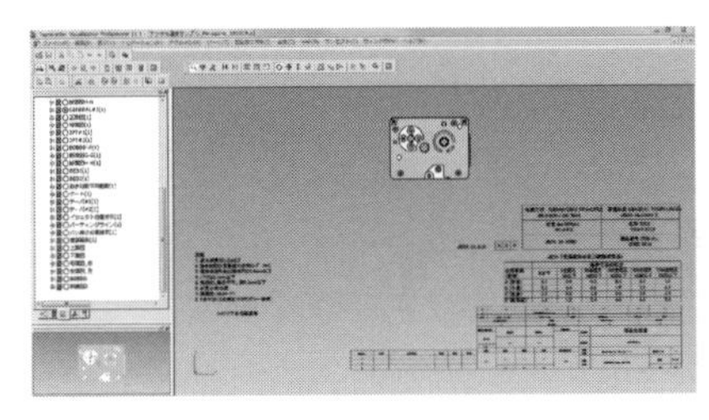
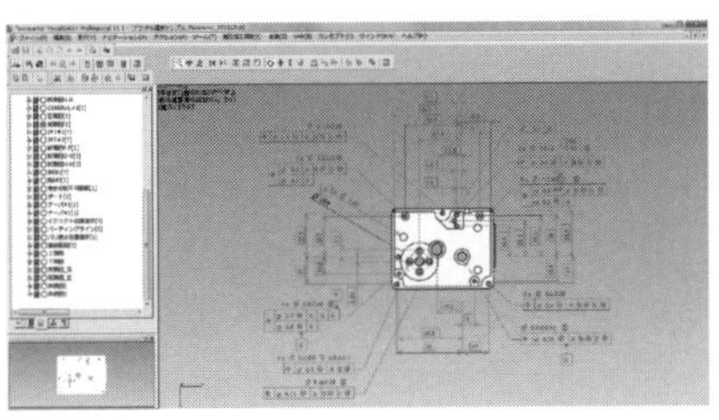
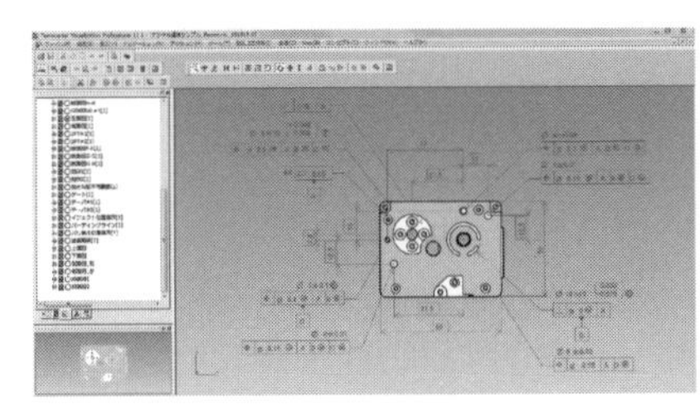
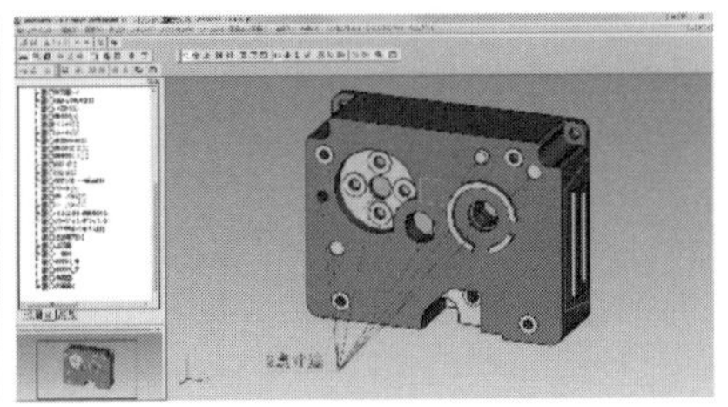

**図4.42　樹脂成形部品3DAモデルの確認　CADmeister V13.0使用**

を見ることで知ることができる。

樹脂成形部品に対する公差指示は、樹脂成形部品3DAモデルのPMIを見ることで確認できる。

金型加工・樹脂成形に必要な金型要件は、樹脂成形部品3DAモデルの3DモデルとPMIを見ることで確認できる。例えば、**図4.43**に示すように、樹脂成形部品3DAモデルのゲート位置のPMIを見ることで、ゲート不可の箇所を確認することができる。この場合、金型要件の理解に関して、製品メーカーと金型メーカーで事前に金型加工・樹脂成形に関するルール（例えば、3Dモデルと金型要件の関係、3Dモデルで表現できない箇所に対する金型工要件の解釈）などを確認し

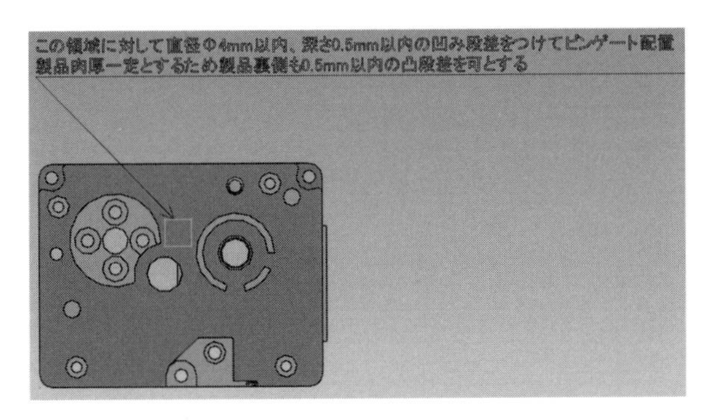


**図4.43　金型要件の確認（ゲート不可指定）CADmeister V13.0使用**

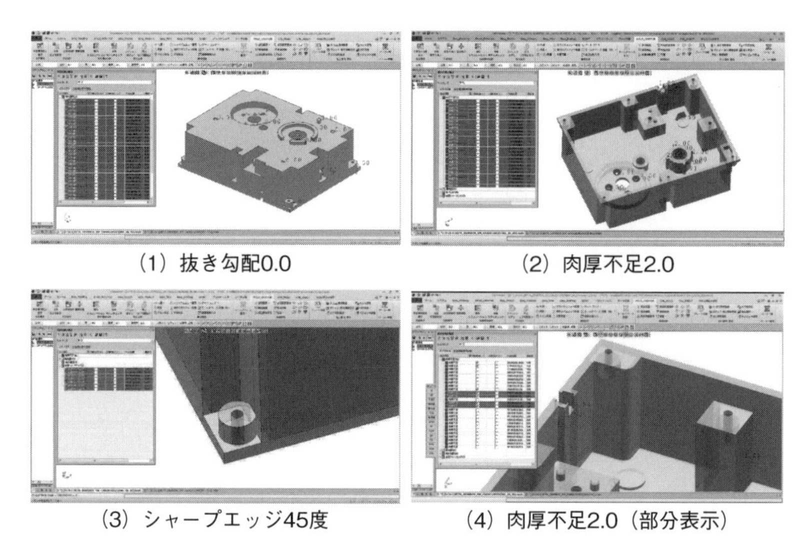

（1）抜き勾配0.0　（2）肉厚不足2.0
（3）シャープエッジ45度　（4）肉厚不足2.0（部分表示）

**図 4.44　金型要件チェッカーの結果　CADmeister V13.0 使用**

ておくことが必要である。

金型要件の確認は、ビューワによる定性的確認と専用ツールによる定量的な確認が可能である。金型 CAD/CAM の金型要件チェッカーを使用すれば、金型要件を定量的に確認することができる。**図 4.44** に、専用ツールによる定量的な確認の事例を示した。この例では、金型 CAD/CAM に樹脂成形部品 3DA モデルを読み込み、金型材料と樹脂材料と許容値を指定して、金型要件チェッカーで 3DA モデルのデータが検査される。検査結果からは、抜き勾配が付いていない箇所、肉厚が 2.0 以下で肉厚不足の箇所、角度が 45 度以上のシャープエッジの箇所など、カラー表示で的確に把握できる。

樹脂成形部品 3DA モデルをビューワで表示すると、PMI が重なり、金型要件の内容と 3D モデルの指定箇所がわかり難いことがある。樹脂成形部品 3DA モデルのマルチビューを使い、金型加工・樹脂成形の工程や種類に応じたビューを、ビューワで切り換えることで、金型メーカーの加工者が樹脂成形部品 3DA モデルの設計情報の理解を早めることができる。

金型メーカーでは、金型 CAD/CAM を使用して、パーティングラインやスライド配置位置など金型要件の概略案を注釈や属性などの表現手段で指示した金型要件検討中モデル（PM2）を作成する。金型要件検討中モデル（PM2）を使って、金型メーカーからの指摘事項を製品メーカーで樹脂成形部品3DAモデルに織り込む。樹脂成形部品3DAモデルを金型要件定義モデル（PM3）として、金型メーカーに出図する。

## ［2］ 金型設計

金型メーカーでは、樹脂成形部品3DAモデル［金型要件定義モデル（PM3）］を金型加工・樹脂成形DTPDへ金型製作用製品モデル（TM1）に取り込む。初期の金型製作用製品モデル（TM1）で金型要件を確認して、金型構造、コア・キャビ分割、スライド構造、ゲートおよびランナの構造と配置、水管などの金型設計の仕様を決定した。幾何公差を形状へ反映し、抜き勾配を掛け、樹脂成型のゲートを指定し、パーティングラインを加えて、**図4.45**に示すように金型製作用製品モデル（TM1）を仕上げる。

金型製作用製品モデル（TM1）で樹脂成形部品の最終形状が決定したので、樹脂成形の生産性を確認する。樹脂流動解析ソフトウェアを使って、ゲート配置や抜き勾配設置などの金型要件を織り込み、樹脂流動解析を行う。**図4.46**に示すように、圧力分布、樹脂温度、充填時間の樹脂流動解析結果により、樹脂成型における樹脂流動性が良好であることを確認できる。

金型CADによる金型製作用製品モデル（TM1）からキャビコアモデル（TM2）までの金型設計では、金型製作用製品モデル（TM1）に、キャビとコア

**図4.45　金型製作用製品モデル（TM1）CADmeister V13.0使用**

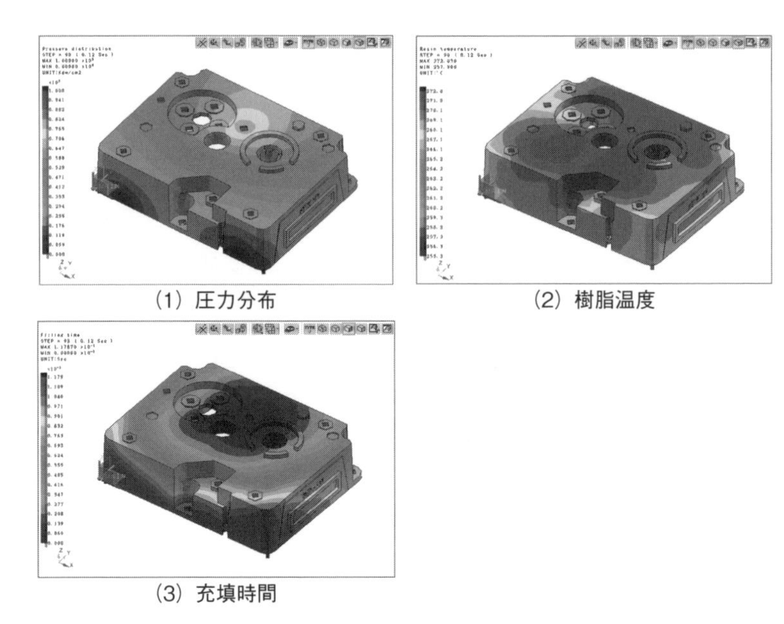

（1）圧力分布　（2）樹脂温度　（3）充填時間

図 4.46　樹脂流動解析結果（TM1）CADmeister V13.0 使用

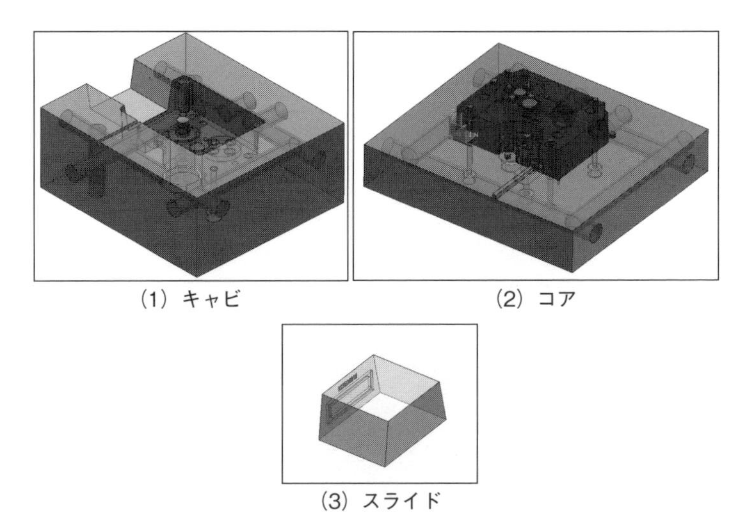

（1）キャビ　（2）コア　（3）スライド

図 4.47　キャビ・コアモデル（TM2）CADmeister V13.0 使用

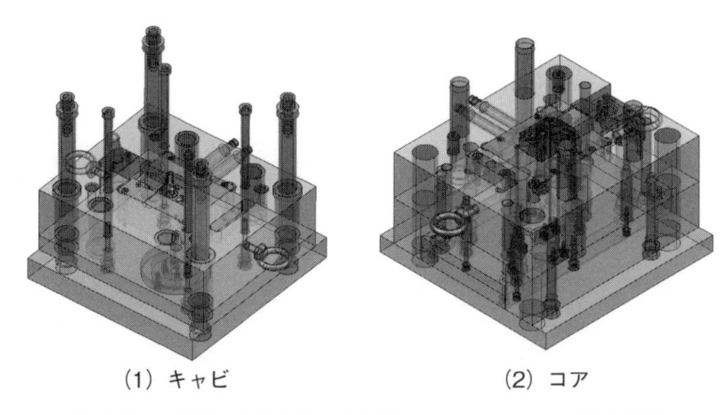


図 4.48　金型完成モデル（TM3）CADmeister V13.0 使用

への分割、入れ子割、金型材料指定、冷却のための水管位置の検討、金型のメンテナンス性、ガス抜き、ゲートとランナーの設置を加えて、**図 4.47** に示すようにキャビコアモデル（TM2）を仕上げる。

金型 CAD によるキャビコアモデル（TM2）から金型完成モデル（TM3）までの金型設計では、キャビコアモデル（TM2）に、モールドベースの取り込み、ロケートリングの設定、スプルーブッシュの設定、冷却のための水管部品の配置、エジェクタスペース部品の追加をして、**図 4.48** に示すように金型完成モデル（TM3）を仕上げる。

## [3]　金型加工データの作成

金型完成モデル（TM3）を構成する金型部品に対して、金型 CAM で、金型加工 CAM データと加工指示書を作成する。一般的に、金型は、形状加工・構造部加工・プロファイル加工・電極加工により製作される。金型の主要部品は、コア、キャビ、スライド、エジェクタプレート（成形品を金型から押出すためにエジェクタピンやリターンピンを固定して作動させる板）、スペーサブロック（可動側型板と可動側取付板の間に取付けられ、突出し作動をするための空間を保つための板）、ランナーストリッパプレート（3 プレート構造の金型で樹脂の流れを自動でカットするための板）、固定側型板（成形品の表面部分を形作る主要部品で、キャビティプレートと呼ばれる）と取付板（成形機の固定板に固定側型板を取り付ける板）、可動側型板（成形品の内面を作るための主要部品で、コアプレートとも呼ばれる）と取付板（成形機の可動板に可動側型板を取り付ける板）となる。金型部品の形状を確認しながら、加工方法と工具と治具を検討する。

スイッチギアボックス筐体の樹脂成形部品のコア（**図 4.49** 参照）の場合、加工手順は、**図 4.50** に示すように、製品面加工の荒加工、製品面加工の中仕上げ、製品面加工の部分加工、製品面加工の仕上げ加工、表面の穴加工、裏面の穴加工と

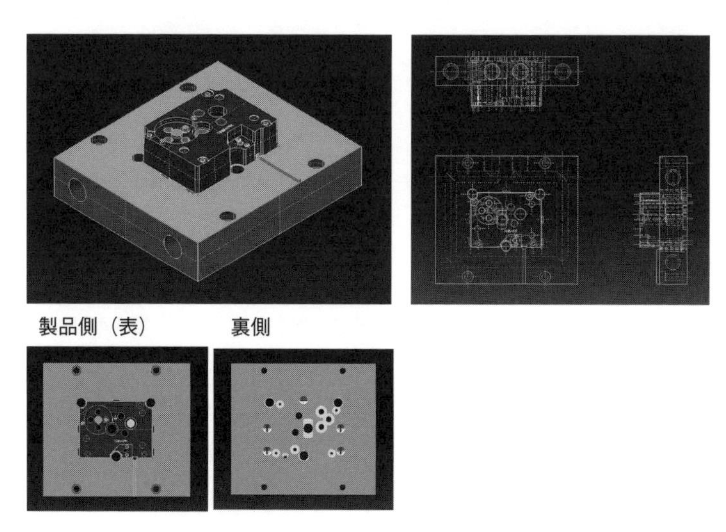


図 4.49　金型部品（コア）CADmeister V13.0 使用

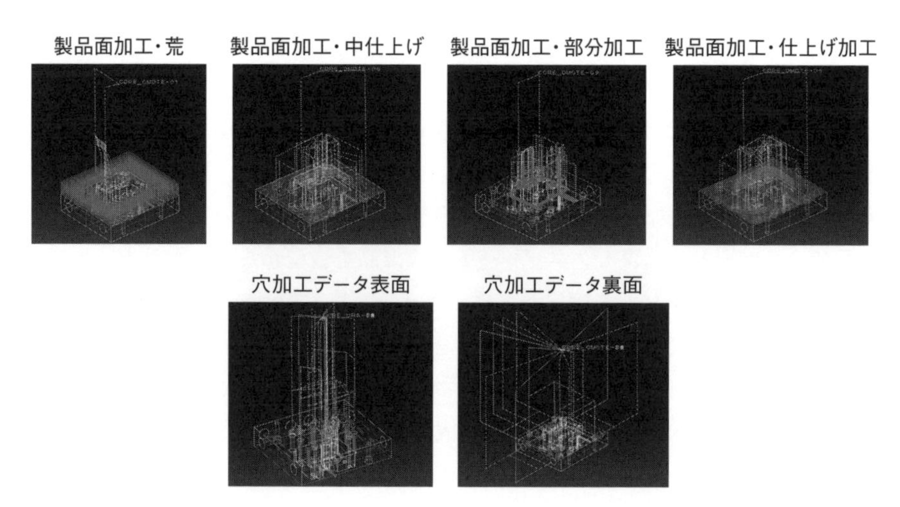


図 4.50　金型部品の NC データとシミュレーション（コア）CADmeister V13.0 使用

| 作成者 | | 承認 | 確認 | 作成 |
| --- | --- | --- | --- | --- |
| 作成日 | 2019/1/22 | | | |
| | | | | |
| OBJ名 | TM2CORE | | | |
| 型番名 | TM2CORE | 日付 | 日付 | 日付 |
| 工作機械名 | FANUCATT | | | |
| 製品名 | | 材質名 | SKD | |
| | | 工具基準位置 | 先端 | |
| | | 座標系 | OMOTE | |
| 備考 | | 工具原点X | 0 | |
| | | 工具原点Y | 0 | |
| | | 工具原点Z | 200 | |

| No | NCデータ名 | 経路名 | 加工タイプ | T番号 | 工具タイプ | 工具径 | 区分 | 残し量 | 回転数 | 送り速度 | 加工時間 |
| --- | --- | --- | --- | --- | --- | --- | --- | --- | --- | --- | --- |
| 1 | ORE_OMOTE-0 | NOF0006 | 等高オフセット | 1 | ラジアス | 12 | 粗 | 1 | 720 | 88 | 11:22:08 |
| 2 | ORE_OMOTE-0 | HOL0016 | 固定サイクル | 2 | センタドリル | 1.2 | 粗 | – | 3200 | 26 | 00:00:27 |
| 3 | ORE_OMOTE-0 | HOL0013 | 固定サイクル | 3 | センタドリル | 1.2 | 粗 | – | 1900 | 38 | 00:00:20 |
| 4 | ORE_OMOTE-0 | HOL0010 | 固定サイクル | 4 | センタドリル | 10 | 粗 | – | 380 | 31 | 00:00:52 |
| 5 | ORE_OMOTE-0 | NOF0046 | 等高オフセット | 5 | ボール | 0.1 | 粗 | 0 | 720 | 88 | 00:24:52 |
| 6 | ORE_OMOTE-0 | NZN0007 | 等高残 | 6 | ボール | 8 | 中 | 0.5 | 1350 | 90 | 02:46:11 |
| 7 | ORE_OMOTE-0 | HOL0014 | 固定サイクル | 7 | フラット | 1 | 中 | – | 2580 | 104 | 00:00:11 |
| 8 | ORE_OMOTE-0 | NZN0008 | 等高残 | 8 | ボール | 6 | 仕上げ | 0 | 1670 | 100 | 03:04:42 |
| 9 | ORE_OMOTE-0 | ACO0009 | 隅取り | 9 | ボール | 2 | 部分 | 0 | 3190 | 128 | 18:25:20 |
| 10 | ORE_OMOTE-1 | HOL0015 | 固定サイクル | 10 | フラット | 1.2 | 仕上げ | – | 130 | 31 | 00:00:30 |
| 11 | ORE_OMOTE-1 | HOL0018 | 固定サイクル | 11 | リーマ | 3.015 | 仕上げ | – | 316 | 31.88 | 00:00:27 |
| 12 | ORE_OMOTE-1 | HOL0011 | 固定サイクル | 12 | ドリル | 5.5 | 仕上げ | – | 713 | 61.5 | 00:02:07 |
| 13 | ORE_OMOTE-1 | HOL0012 | 穴輪郭 | 13 | フラット | 6 | 仕上げ | 0 | 1490 | 89 | 00:16:24 |
| 14 | ORE_OMOTE-1 | HOL0034 | 固定サイクル | 4 | センタドリル | 10 | 粗 | – | 380 | 31 | 00:00:16 |
| 15 | ORE_OMOTE-1 | HOL0035 | 固定サイクル | 14 | ドリル | 10 | 仕上げ | – | 380 | 48 | 00:01:25 |
| 16 | ORE_OMOTE-1 | OL0036 HOL003 | 固定サイクル | 15 | フラット | 11 | 仕上げ | – | 905 | 72.5 | 00:00:28 |
| 17 | ORE_OMOTE-1 | OL0040 HOL004 | 固定サイクル | 4 | センタドリル | 10 | 粗 | – | 380 | 31 | 00:00:52 |
| 18 | ORE_OMOTE-1 | HOL0044 | 固定サイクル | 14 | ドリル | 10 | 粗 | – | 380 | 48 | 00:01:10 |
| 19 | ORE_OMOTE-1 | HOL0045 | 固定サイクル | 16 | フラット | 13 | 粗 | – | 645 | 82 | 00:00:31 |
| 20 | ORE_OMOTE-2 | HOL0041 | 固定サイクル | 14 | ドリル | 10 | 仕上げ | – | 380 | 48 | 00:04:14 |
| 21 | ORE_OMOTE-2 | HOL0042 | 固定サイクル | 15 | フラット | 11 | 仕上げ | – | 905 | 72.5 | 00:00:28 |
| 22 | ORE_OMOTE-2 | OL0019 HOL003 | 固定サイクル | 4 | センタドリル | 10 | 粗 | – | 380 | 31 | 00:00:28 |
| 23 | ORE_OMOTE-2 | OL0020 HOL003 | 固定サイクル | 14 | ドリル | 10 | 仕上げ | – | 380 | 48 | 00:04:11 |
| 24 | ORE_OMOTE-2 | OL0021 HOL003 | 固定サイクル | 15 | フラット | 11 | 仕上げ | – | 905 | 72.5 | 00:00:28 |
| | | | | | | | | | | 加工時間計 | 36:39:02 |

図 4.51　金型部品の加工指示書（コア）CADmeister V13.0 使用

なる。加工に応じて加工量、工具の種類、治具の利用を検討する。加工シミュレーションを行い、加工手順の確認、工具と治具と部品が干渉しないことを確認する。加工ごとに NC データと加工指示書（**図 4.51** 参照）を作成する。

## [ 4 ]　金型加工と樹脂成形

**図 4.52** に示すように金型部品加工データ（NC データと加工指示書）を金型加工の工作機械（形状加工・構造部加工・プロファイル加工・電極加工）に転送して金型部品加工を行い、金型部品から金型を組み立てて、金型を射出成形機に取り付けて、射出成形により樹脂成形部品を製造する。

## [ 5 ]　計測

樹脂成型部品 3DA モデルを使って、測定箇所と設計値（寸法・公差のサイズで指定した基準値・合格値）を把握し、測定方法と測定器具を検討して、CMM（三次元測定機）の測定プログラムを作成し、CMM 測定結果の取り込みと設計値

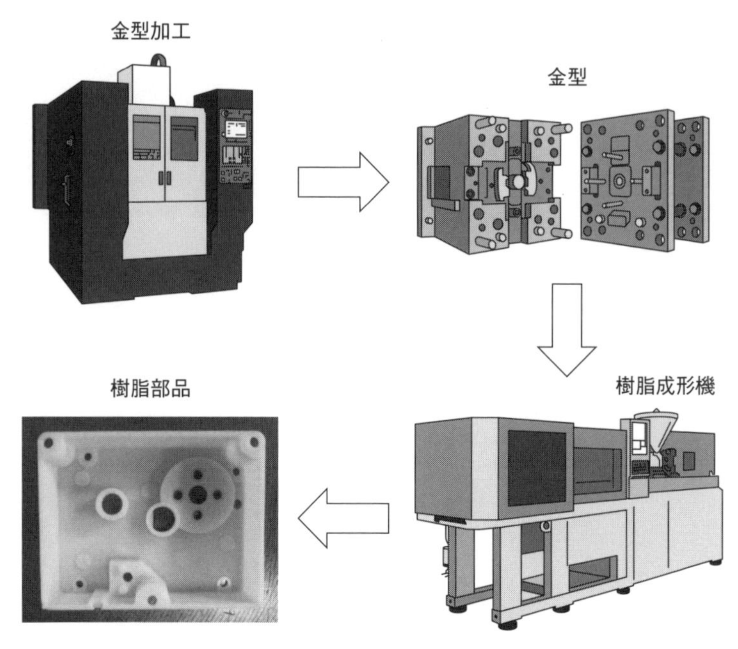


**図 4.52　金型加工と樹脂成形**

を比較して合否判定を行う。

樹脂成形部品 3DA モデルの 3D モデル・PMI・属性から測定箇所と設計値（寸法・公差のサイズで指定した基準値・合格値）を獲得する。測定箇所と設計値の把握を目視で行う場合、樹脂成形部品 3DA モデルのマルチビュー・2D ビューは、工程や目的を達成するのに見やすいビューを構成しており、これを利用して測定箇所と設計値の把握を効率的に行う。

測定方法と測定器具を検討して CMM の測定プログラムを作成する。樹脂成形部品を定盤に置いて、必要に応じて治具を使い、樹脂成形部品を固定して測定を行う。そのために、CAT（計測支援システム）を使って、樹脂成形部品 3DA モデルを用いて、測定器具の動きと測定の実行を、**図 4.53** に示すように計測シミュレーションを行い、樹脂成形部品と測定器具との干渉を回避する。CMM の測定プログラムと作業手順書を作成する。

オペレータが作業手順書に従い、樹脂成形部品を CMM にセットして、測定プログラムを実行して、CMM のプローブを動かし、測定箇所で測定を行う。測定結果は記録紙に記録して、予め記録してある設計値との比較を行う。測定結果が

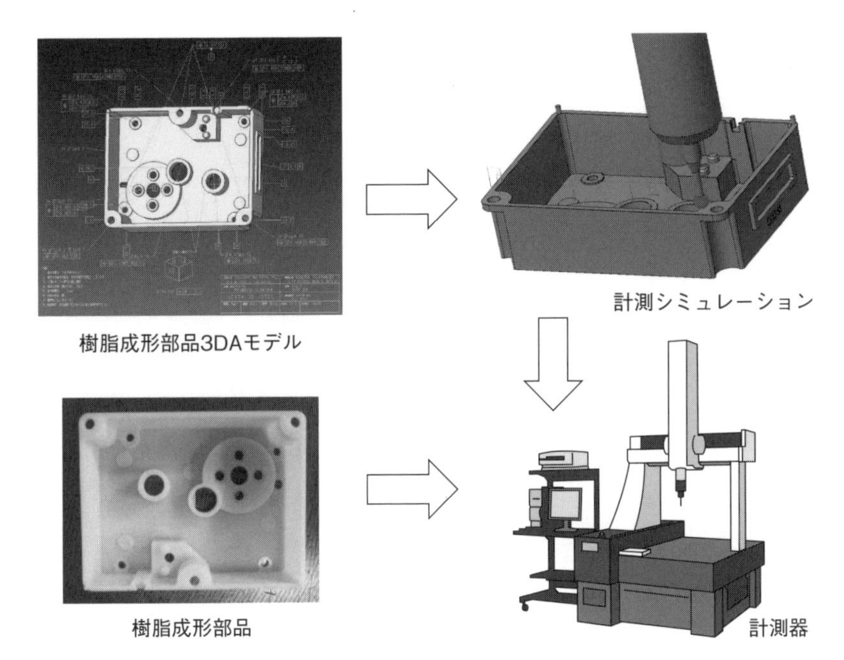


図4.53　樹脂成形部品の計測　Creo Parametric 5.0 使用

CATに取り込まれて、樹脂成形部品3DAモデルの設計値と比較結果を色分けで表示することもできる。

## [6]　金型加工・樹脂成形DTPD

図4.40に基づき、図4.41に示した樹脂成形部品3DAモデルを金型加工・樹脂成形までの作業をしてきた。この過程でできたデータとデータの関連が金型加工・樹脂成形DTPDになる。金型加工・樹脂成形DTPDのスキーマは、図4.9に示してあるが、実際に金型加工・樹脂成形までの作業をすると、**図4.54**に示したような、金型加工・樹脂成形DTPDが作成される。

図4.9に示した樹脂成形部品3DAモデルを金型加工・樹脂成形までの作業を振り返る。金型メーカーで、樹脂成形部品3DAモデルを機能設計モデル（PM1）として受け取る。金型製作用製品モデル（PM1）に含まれている金型要件をビューワまたは金型CADで確認し、金型要件の概略案を注釈や属性などの表現手段で指示した金型要件検討中モデル（PM2）を作成する。金型要件検討中モデル（PM2）を使って、金型メーカーからの指摘事項を製品メーカーで樹脂成形部品

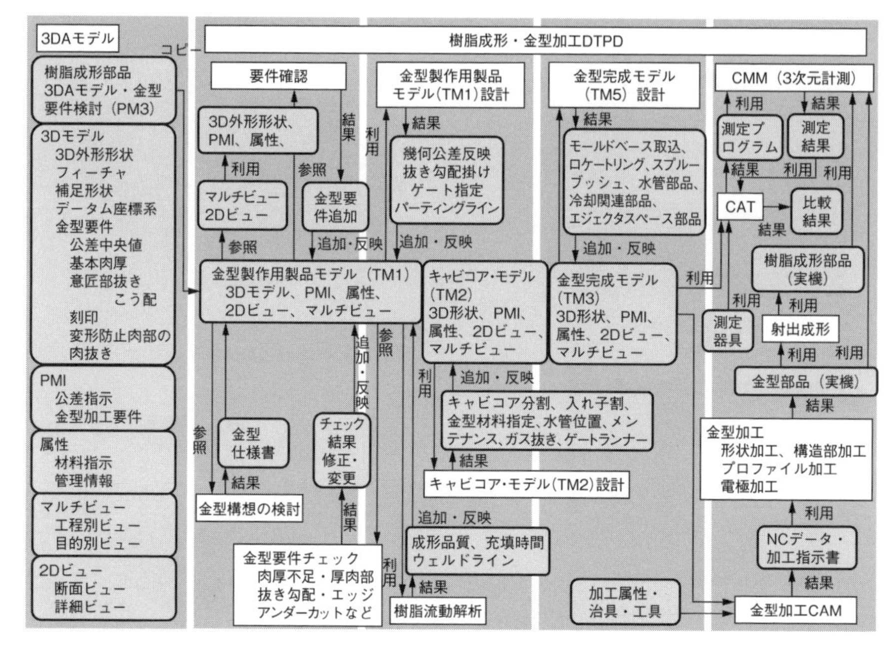


**図 4.54　金型加工・樹脂成形 DTPD**

3DA モデルに織り込む。金型要件定義モデル（PM3）として、金型メーカーに出図する。金型メーカーでは、不足する金型要件を追加して金型製作用製品モデル（TM1）を作成する。金型構想に基づき、キャビとコアに分割して、成形品に現れない金型要件を作り込み、キャビ・コアモデル（TM2）を作成する。金型構造を作り込み、金型完成モデル（TM3）を作成する。金型 CAM で加工要件を織り込み金型加工 CAM データを作成し、機械加工機（NC 工作機械、マニシングセンタ、放電加工機など）に送り、金属素材を加工して金型を加工する。金型を組み立て、射出成形機に金型をセットして、樹脂を流して樹脂部品を製造する。測定機で樹脂成形部品を測定して設計指定事項に対して合否判定を行う。

金型加工・樹脂成形 DTPD に含まれるデータは、樹脂成形部品 3DA モデルのデータから、それらの直接利用・参照、不足情報の追加・補足、データ処理（シミュレーション・二元表からデータ算出など）結果の追加・反映などにより作られる。更に、過去の金型加工・樹脂成形 DTPD データから新たな金型加工・樹脂成形 DTPD データを作るケースもある。これらのデータは計算式などによって一義的に決まるとは限らず、金型加工・樹脂成形の専門知識や経験から決まるものもある。樹脂成形部品3DAモデルから金型加工・樹脂成形DTPDを作り、樹脂成形部品3DAモデルから金型加工・樹脂成形DTPDの関係を明確にしておくことで、設計変更の反映を効率的に行うことができる。

〈コラム4　デジタル連携〉

3次元CADの導入と利用が進んだ理由のいくつかに、フィーチャーベースモデリングとヒストリーベースの3次元CADのリリースがある。それ以前の3次元CADは製図の方法（図学）をベースとしたものであった。座標系を定義して、点を作成して、点と点を線で結び、線と線を組み合わせて面を張り、面と面を組み合わせて立体を作り、3Dモデルを作成する。この方法では、3Dモデルの作成に多くの時間が掛かる。複雑な自由曲面を組み合わせた3Dモデルは作成できない場合もある。

フィーチャー（feature）とは、直方体、回転体、穴、ボス、リブなどの特定の形状のことで、フィーチャーベースモデリングとは、特定の形状に対してあらかじめ決めておいた操作手順、またはその手順によってモデルを作成することを指す。フィーチャーベースモデリングを利用して、頻繁に使う部位のモデリング時間を削減できる。

ヒストリーとは、3Dモデルを作成する時の履歴のことで、ヒストリーベースとは履歴を戻る、履歴を進めることができる3次元CADの機能である。3Dモデル作成の初期段階で決めた寸法を変更する場合、3Dモデルを最初から作り直すのではなく、その寸法を決定した履歴まで戻り、寸法を変更して、それ以降の履歴を自動的に繰り返す。このようにして、モデリング時間を削減できる。

JEITA三次元CAD情報標準化専門委員会の会員会社では、更なるデジタル連携の強化に期待している。

- フィーチャーベースモデリングとヒストリーベースは、3Dモデルの要素データ（デジタルデータ）が連携していることが基本になる。
- 3次元CADでの3Dモデル作成は、フィーチャーベースモデリングだけでなく、製図の方法（図学）を利用する。その際に補助形状（点・線・面・立体）を利用する場合もある。補助形状もデジタル連携で関連付けられるようにしたい。

- 初めて見る部品の3Dモデルは複雑なヒストリーを持っており、不用意に寸法を変更すると、変わって欲しくない部位まで変わってしまうことがある。部品の機能を検討する時に、幾何公差や部品の拘束関係がどのようになっているか把握したい。デジタル連携を利用して、3Dモデル内の要素をハイライトですするなど、3Dモデル内の定義関係や影響範囲を可視化したい。
- 機械設計では、設計標準、要素開発仕様書、設計ノウハウなどの技術資料も利用する。部品の寸法を決める時に参照した技術資料もデジタル連携にしたい。

# 第５章　DTPD の作成と運用

３章では、3DA モデルによる３次元設計はどのようなものか、従来の 3D モデルと 2D 図面のセットによる設計とはどこが違うのか、電機精密製品産業界でよく使われる板金部品、組立品、樹脂成形部品を使って具体的に説明した。４章では、3DA モデルを利用することで、どのように製造・組立・計測の作業が変わるのか、3DA モデルから DTPD をどのように作成するのか、電機精密製品産業界でよく行われている板金加工（板金部品 3DA モデルから DTPD を作る）、組立（組立品 3DA モデルから DTPD を作る）、金型加工・樹脂成形（樹脂部品 3DA モデルから DTPD を作る）を使って具体的に説明した。３章と４章では、**図 5.1** に示すように、3D 形状を中心に 3DA モデルと DTPD の関係を見てきた。

① 金型設計・加工連携：金型設計では、3DA モデルのデータ群に含まれる筐体形状（3D モデル）と金型要件（PMI・属性）から金型構造を検討して金型 CAD データ（DTPD）を作成する。3DA モデルのデータ群の仕上げ

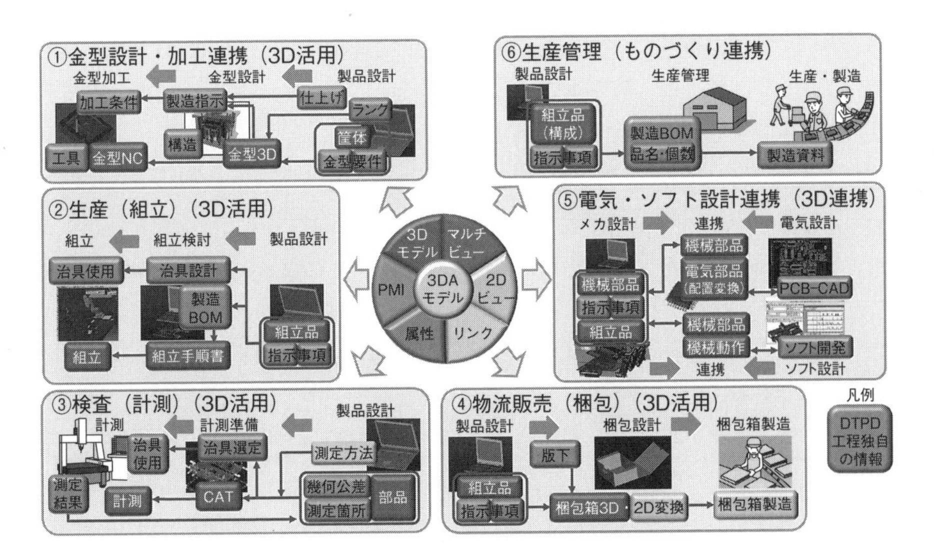


**図 5.1　3DA モデルと DTPD の関係**

（PMI）を参照して金型加工の製造指示（DTPD）を作成する。金型加工では、金型CADデータ（DTPD）から金型加工CAMデータ（DTPD）と使用工具（DTPD）を決定し、製造指示（DTPD）から加工条件（DTPD）を決定し、これらを工作機械に入力して金型を加工する。

② 生産（組立）：生産前準備では、組立品（3Dモデル）と組立の指示事項（PMI・属性）から製造BOM［製品の製造・組立に応じた部品構成で、製造構成ともいう］（DTPD）を作成する。製造BOM（DTPD）と生産設備から組立手順書（DTPD）を作成する。組立に治具が必要な場合、組立品（3Dモデル）から治具設計を行い、治具モデル（DTPD）を作成する。治具モデル（DTPD）から治具を加工する。生産（組立）では、組立手順書（DTPD）と治具を使って製品の組み立てをする。

③ 検査（計測）：計測前準備では、部品（3Dモデル）と幾何公差（PMI）と測定箇所（PMI）を参考にして測定方法を決定して、CATデータ（測定プログラム）（DTPD）を作成する。計測に治具が必要な場合、部品（3Dモデル）から治具設計を行い、治具モデル（DTPD）を作成する。治具モデル（DTPD）から治具を加工する。計測では、部品を測定器に設置して、CATデータ（測定プログラム）（DTPD）と治具を使って部品の計測をして、測定結果（DTPD）を算出して部品の合否判定をする。

3DAモデルとDTPDの関係は、金型設計・金型加工、生産（組立）、検査（計測）以外にも、例えば、物流販売（梱包）、電気・ソフトウェア設計連携、生産管理でも同様である。

④ 物流販売（梱包）：梱包設計では、組立品（3Dモデル）と物流および梱包の指示事項（PMI・属性）から梱包箱モデル（DTPD）を作成する。梱包箱製造では3Dデータを受け取ることができないので、3Dモデルの梱包箱モデル（DTPD）を2D図面に変換して、梱包箱製造に送る（出図する、出モデルすると同意）。2D図面表現の梱包箱モデル（DTPD）から梱包箱を製造する。

⑤ 電気・ソフトウェア設計連携：デジタル製品の製品開発では機械設計と電気電子設計とソフトウェア設計が配置調整・動力伝達・機能実現・部品干渉回避など協調して設計を進める。機械設計では、機械部品（3Dモデル）と組立品（3Dモデル）と電気電子部品の高さ制限や機構部品動作などの

指示事項（PMI・属性）が電気電子設計とソフトウェア設計に提示される。電気電子設計では、データ変換によりプリント基板CADに機械部品の配置情報（DTPD）が取り込まれ、指示事項に従いプリント基板上に電気電子部品配置（DTPD）をする。機械設計では、データ変換により3次元CADに3次元形状の電気電子部品（DTPD）を取り込み部品干渉確認しながら設計を継続する。ソフトウェア設計では、データ変換により制御設計ツールに機構部品動作（DTPD）が取り込まれ、機構部品制御ソフトウェア（DTPD）が製作される。機械設計では、データ変換により3次元CADに機構部品制御による動作（DTPD）を取り込み部品干渉確認しながら設計を継続する。

⑥ 生産管理：生産管理では、組立品（3Dモデル）の設計BOM［製品の機能に応じた部品構成で、設計構成ともいう］と組立の指示事項（PMI・属性）から製造BOM（DTPD）を作成する。生産部門では、製造BOM（DTPD）から部品の品名と個数から工程設計を行う。

これまで、3Dデータを中心として、3DAモデルからDTPDを作成する過程を説明してきた。製品開発やものづくりは、3Dデータだけでなく様々な形態の情報を使用する。**図5.2**を使って説明する。

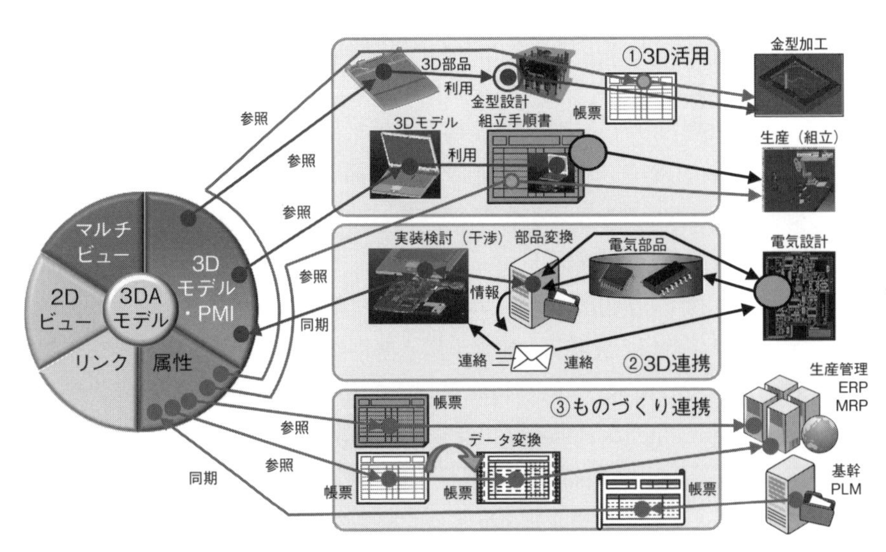


**図5.2　3DAモデルからDTPDの作成（様々なDTPD）**

### ① 3D 活用（金型加工・樹脂成形、組立）

製品の筐体（3DA モデルの 3D モデル）は金型設計で金型の構造と部品（DTPD の 3D モデル）に利用される。製品メーカーから金型メーカーへ金型設計・金型加工を依頼する帳票（ドキュメント）も送られる。帳票には希望納期や個数などの情報（3DA モデルの属性・リンク）が使用される。組立品（3DA モデルの 3D モデル）は組立手順書（DTPD）での組立状態の説明（3D モデル）に利用され、管理情報（3DA モデルの属性・リンク）が組立手順書に組み込まれる。組立工程の担当者には組立手順と作業帳票（ドキュメント）も送られる。作業帳票には、作業実施日時や担当者の他に、部品払出個数や機材番号も記載される。これらには、製品設計の管理情報（3DA モデルの属性・リンク）が使用される。

### ② 3D 連携（電気・ソフトウェア設計連携）

3D 活用で説明したように、デジタル製品の製品開発では機械設計と電気電子設計とソフトウェア設計が配置調整・動力伝達・機能実現・部品干渉回避など協調して設計を進める。電気電子設計からプリント基板 CAD の電気電子部品の名称と配置情報が出力されれば、電気電子部品の 3 次元形状ライブラリを利用したデータ変換により、電気電子部品実装プリント板の 3D モデルを作成する。電気電子設計側で設計変更が発生した場合、電気電子設計者が電子メールで、機械設計者に、電気電子部品実装プリント板の 3D モデルの更新情報を送る。機械設計の 3DA モデルの電気電子部品実装プリント板の 3D モデルが自動更新したのでは、機械設計者が変更に気付かず混乱するからである。機械設計者が電子メールを受け取り、機械設計者が自分で電気電子部品実装プリント板の 3D モデルを更新すれば混乱しない。電子メールには電気電子部品実装ブリンと板の名称や箇所（3DA モデルの属性・リンク）が使用される。

### ③ ものづくり連携（生産管理）

生産・組立部門では、用品管理による部品入荷確認、棚作り、マーシャリング、生産設備と治具の準備、作業員の確保、組立準備の生産前準備を円滑に行うために、ERP（Enterprise Resource Planning：企業資源計画システム）・MRP（Materials Requirements Planning：資材所要量計画システム）・PLM（Product Lifecycle Management：製品ライフサイクル管理システム）を利用する。入力情報は製造 BOM と組立手順書から生成する。製品の筐体（3DA モデルの 3D モデル）を直接使うことは少なく、品名・個数・希望納期・重量・表面積などの属性

（3DAモデルの属性・リンク）を、生産管理・ERP・MRP・PLMの帳票（ドキュメント）に直接的に利用する。あるいは属性データを加工する、属性データからデータ変換をするなどの利用形態がある。

5章では、**表5.1**と**図5.3**に示した標準な製品開発プロセスで、3Dデータだけでなく様々な形態の情報を含めて、3DAモデルからDTPDの作成とDTPDの利用を説明する。

**表5.1　製品開発に必要な21のユースケース**

| 番号 | ユースケース | 番号 | ユースケース |
|---|---|---|---|
| 1 | 設計→検図 | 12 | 設計→製造（金型加工・樹脂成形） |
| 2 | 設計→デザインレビュー（DR） | 13 | 設計→製造（板金加工） |
| 3 | 機械設計→電気設計 | 14 | 設計→製造（機械加工） |
| 4 | 機械設計→ソフトウェア設計 | 15 | 設計→部品測定 |
| 5 | 機械設計→機械CAE | 16 | 設計→生産管理 |
| 6 | 機械設計→公差解析 | 17 | 設計→生産（組立） |
| 7 | 機械設計→生産製造CAE | 18 | 設計→治具 |
| 8 | CADデータ管理（設計仕掛り） | 19 | 設計→検査 |
| 9 | CADデータ管理（出図） | 20 | 設計→物流（梱包） |
| 10 | 設計→見積り | 21 | 設計→保守 |
| 11 | 設計→発注 | | |

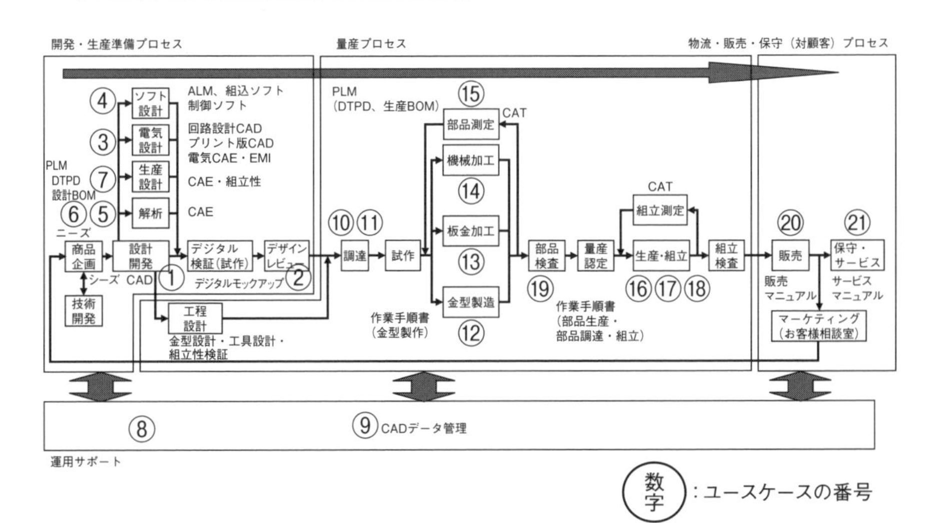


**図5.3　製品開発に必要な21のユースケース**

## 5.1 機械設計→検図

検図とは、設計開発の中の作業で、図面又は図を検査する行為（JISZ8114：1999）で、作成した図面における寸法や公差、注記などのチェックをする。検図に対して、3DA モデルをどのように適用するかについて説明する。

### [1] 従来の検図プロセス

従来の検図プロセスを**図 5.4** に示す。検図には、設計途中での技術的内容を検討するケースと、出図前の最終確認をするケースの２つに分かれている。

● **設計途中での技術的内容を検討するケース**

設計者は事前に 3D データを利用してチェックを行い、設計品質を上げる。チェックの多くは手動式で、設計者スキルに依るところが大きい。チェックの中に

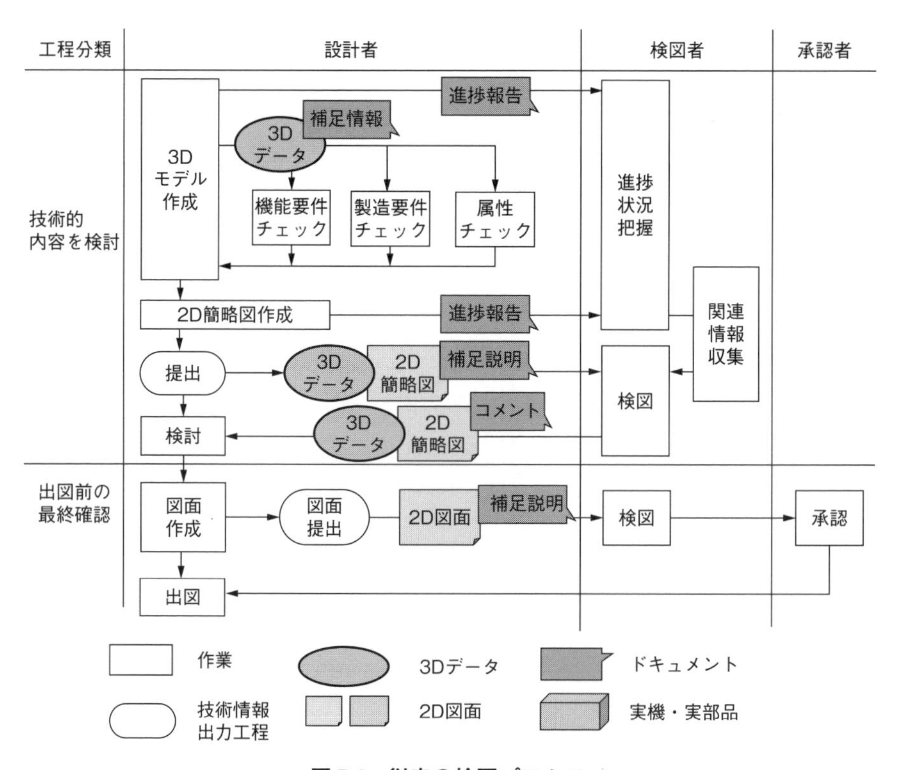


図 5.4 従来の検図プロセス

は、機能要件チェック（部品間干渉・隙間・組立方法など）、製造要件チェック（基本的な金型要件・板金加工要件・機械加工要件など）、属性チェック（設計者名・部品名・部品番号・日付など管理表に使われる属性値の有無など）といった自動チェックもある。その場合、3Dデータのほかにチェックに必要な情報を追加することが多い。検図は、3Dモデルと2D簡略図で実施される。2D簡略図は、3Dモデルと対で利用される2D図面で、主に後工程の加工、組立、検査等で参照される情報を記載し、形状のサイズや寸法は基本的に含まれない。設計リーダおよび管理者は設計者との日常会話の中で3Dモデルと2D簡略図により技術的な問題点の有無、過去機種および同時設計機種での指摘事項の遵守、試作評価時の指摘事項の反映、設計基準の遵守などを確認する。3Dモデルの確認は3次元CADまたはビューワを使用する。2D簡略図の確認は紙またはビューワを使用する。

● **出図前の最終確認をするケース**

設計リーダおよび管理者は2D図面により製図の規定順守、技術的な問題点の有無、過去機種および同時設計機種での指摘事項の遵守、試作評価時の指摘事項の反映、設計基準の遵守、リリースレベル（製造要件および金型要件のレベル）、出図データ管理表（出図データの一覧）、自動チェックの実施などを確認する。2D図面で実施されており、3Dモデルは参考として利用されている。2D図面で実施されている利用は、3次元CADの情報作成に手間が掛かる効率的な問題だけでなく、契約や法律の遵守から2D図面が必要で運用されている事由もある。

### [2]　検図の設計情報の置き換え

まず、従来の検図に関する設計情報を3DAモデルに置き換える。3Dデータおよび2D図面の設計情報は、3DAモデルの3Dモデル・PMI・属性・マルチビュー・2Dビューにコンテンツを置き換えられる。リリースレベル（製造要件および金型要件のレベル）、出図データ管理表（出図データの一覧）、自動チェックの実施記録など出図向け事前ドキュメントおよび事前打合せで伝わる情報は管理情報または別文書へのリンクを3DAモデルに保存する。設計リーダおよび管理者が設計者との日常会話の中で獲得した3Dモデルと2D図面により技術的な問題点の有無、過去機種および同時設計機種での指摘事項の遵守、試作評価時の指摘事項の反映、設計基準の遵守などの確認事項、出図前の最終確認の結果などは技術ノウハウにもつながることから別文書管理とし、別文書へのリンクを3DAモデルで管理する。

### [3] 3D正運用の検図プロセス

次に、3DAモデルを使った検図プロセスを説明する。**図5.5**に、3DAモデルを使った3D正運用の検図プロセスを示す。

3DAモデルに3Dモデルに関連する補足情報を含めて設計情報が集約される。設計情報間に関連性も持たせることができる。設計のチェックも自動化される割合が増えてきて、設計品質がより向上する。また、設計者スキルに依る手動チェックが減り、設計品質が安定する。検図における設計チェックの実施報告をルール化できる。検図時に設計チェックの結果も合わせて確認できる。例えば、工具や治具との部品干渉チェック、チェック結果を可視化した状態で保存などがある。

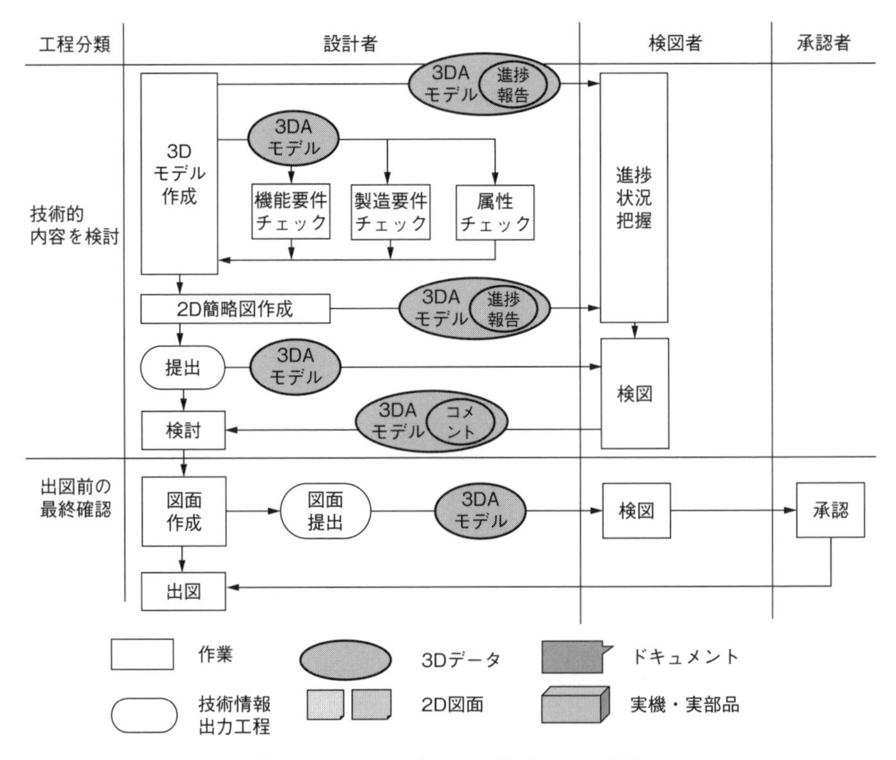


図5.5 3DAモデルでの新プロセス構築

従来は3Dモデルとは別にやり取りされていた設計者から検図者への進捗報告、設計者から検図者への補足説明、検図者から設計者へのコメントも、3DAモデルの属性情報かリンク情報として集約できる。設計者と検図者は3DAモデルで全ての設計情報が確認できるので、関連情報収集作業を削減できる。3DAモデルへの設計情報集約で、PMIや属性の重なりで設計情報が見えにくくなることが懸念されるが、マルチビューによる必要に応じた分離が可能になる。また、従来の検図プロセスで検証資料や検討図と2D図面を比較する作業があるが、これもビューを複数同時表示させることで代替できる。3DAモデルを確認するビューワは、マルチビューに対応し、3DAアセンブリモデルのような大容量データでも高いレスポンスが得られる機能が必要になる。設計情報が3DAモデルで一元管理されることでデータ変換での設計情報の欠落は前にも増して重要な課題となる。PMI・属性チェックの中でデータ変換前後の3DAモデルに設計情報に違いないことを確認する、すなわち同一性検証機能が必要になる。

## 5.2　機械設計→DR（デザインレビュー）

DRとは、デザインレビュー（Design Review）の略である（以降DRとする）。DRは製品開発プロセスにおける節目管理として、進捗に応じて段階的に設計開発部門と関連部門の間で開催され、設計進捗および設計決定事項を設計情報により伝え議論する場である。専門性が高く設計情報の読み取りには知識と時間が必要となる2D図面より、リアリティがあり設計進捗状況を誰にでもわかりやすく伝えられる3Dデータを利用するケースが多い。2D図面と3Dデータだけでは正確に設計情報を伝えることは困難であり、様々な種類の関連資料を用意する必要がある。DRに対して、3DAモデルをどのように適用するかについて説明する。

### [1]　従来のDRプロセス

従来のDRプロセスを**図5.6**に示す。DRは各社がISO9001の設計・開発のレビューなどに基づいた社内規定を設定して運用している。ここでは共通的な内容を説明する。DRは製品設計部門が主催となり、基本設計完了時、部品設計完了時、（組立前の）最終設計完了時に関連部門（品質部門、製造部門、製造技術部門、調達購買部門）を集めて開催する。

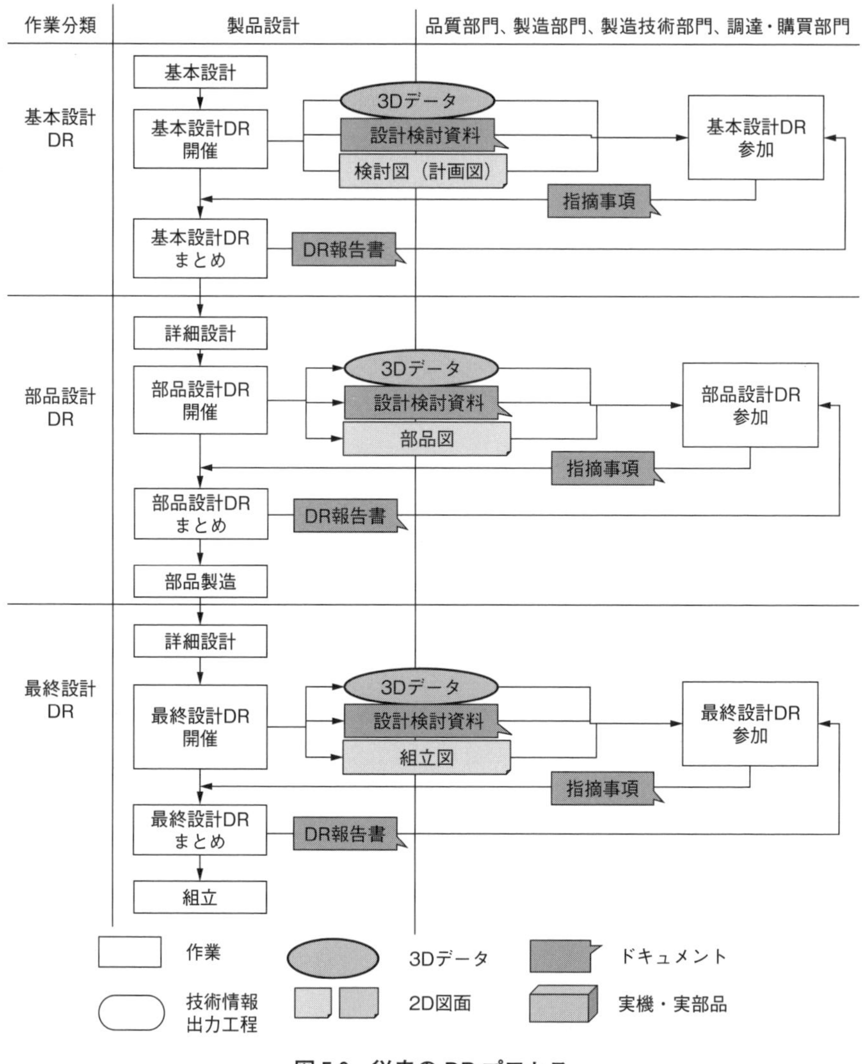


**図 5.6　従来の DR プロセス**

- 基本設計 DR では、会議室の PC で大型ディスプレイに検討図（計画図）、3D データ（基本検討）、設計検討資料（設計仕様書・設計計算書・FMEA [Failure Mode and Effect Analysis：製品不具合の解析・防止を目的とした手法]・解析結果・検証結果など）を表示して DR を実施する。指摘事項は、関連部門から設計開発部門へドキュメントとして送られる。設計開発部門では、基本設計DRの議事録、関連部門からの指摘事項、設計開発部門からの回答をまとめてDR報告書を作成し配布する。

- 部品設計DRでは、部品の製作合否の判断を目的とし、部品図（2D図面）、3Dデータ（完成）、設計検討資料（設計仕様書・設計計算書・FMEA・解析結果・検証結果など）を表示してDRを実施する。指摘事項は、関連部門から設計開発部門へドキュメントとして送られる。設計開発部門では、部品設計DRの議事録、関連部門からの指摘事項、設計開発部門からの回答をまとめてDR報告書を作成し配布する。
- 最終設計DRでは、組立の合否の判断を目的とし、組立図（2D図面）、3Dデータ（完成）、設計検討資料（設計仕様書・設計計算書・FMEA・解析結果・検証結果など）を表示してDRを実施する。指摘事項は、関連部門から設計開発部門へドキュメントとして送られる。設計開発部門では、最終設計DRの議事録、関連部門からの指摘事項、設計開発部門からの回答をまとめてDR報告書を作成し配布する。

### ［2］　DRの設計情報の置き換え

まず、従来のDRに関する設計情報を3DAモデルに置き換える。

設計検討資料は設計仕様書・設計計算書・FMEA・解析結果・検証結果など多種多様に渡る。3DAモデルへ直接に記載可能であれば管理情報（属性）として記載できる。設計検討資料が基幹PDM（業務内容と直接に関わる販売や在庫管理、財務などを扱う企業情報システムのデータ管理、PDMはProduct Data Managementの略）または情報オーナー部門の管理システムで管理されいる場合は、別文書管理として3DAモデルにリンク情報を記載する。設計検討資料には3Dモデルやマルチビューや2Dビューを併用しており、3DAモデルと設計検討資料（別文書）との連携には注意が必要である。

PMIや属性の重なりで設計情報が見えにくくなることが懸念されるがマルチビューによる必要に応じた分離が可能になる。また、現状のDRでは説明箇所に応じた検討図（2D図面）も多用されるが、これもビューを複数同時表示させることで代替可能と考える。

関連部門からの指摘事項が3DAモデルへ直接に記載可能であれば管理情報（属性）として記載できる。指摘事項が基幹PDMまたは関連部門の管理システムで管理されいる場合は、別文書管理として3DAモデルにリンク情報を記載する。

DR報告書が3DAモデルへ直接に記載可能であれば管理情報（属性）として記載できる。設計開発部門の別システムで管理している場合には、3DAモデルにはリンク情報を記載することで対応できる。

## [3] 3D正運用のDRプロセス

次に、3DAモデルを使ったDRプロセスを説明する。**図5.7**に、3DAモデルを使った3D正運用のDRプロセスを示す。

3DAモデルにDRに必要となる設計検討資料を含めて設計情報が集約される。DR開催時に、設計者が関連部門に多種多様にわたる設計情報を説明する時も、表示アプリケーションの切り換えや設計情報を検索する必要がなくなる。例えば、設計者が3Dモデルを使って機能を説明する時に、画面上で3Dモデルの部品をマウスで指示すると、設計仕様書、機能を実現するための根拠となる設計計算書、故障や障害の発生を事前に検討したことを示すFMEA、性能を満足することを示す解析結果、それ以前のDRでの指摘事項を順次示すことができる。

DR対象製品がマイナーチェンジなど既存製品で、関連部門が製品知識を保有している場合には、DR前に3DAモデルを送り、関連部門で事前検討をして、DRを含めた製品開発期間短縮と設計品質向上に結び付けることができる。

対象となる検討資料は、既存製品・検証結果など多種多様に渡る。3DAモデルへ直接に記載可能であれば管理情報（属性）として記載できる。設計検討資料が基幹PDMまたは情報オーナー部門の管理システムで管理されいる場合は、別文書管理として3DAモデルにリンク情報を記載する。設計検討資料には3Dモデルやマルチビューや2Dビューを併用しており、3DAモデルと設計検討資料（別文書）との連携には注意が必要である。

PMIや属性の重なりで設計情報が見えにくくなることが懸念されるがマルチビューによる必要に応じた分離が可能になる。また、DRプロセスで検証資料や検討図と2D図面を比較する作業があるが、これもビューを複数同時表示させることで代替可能できる。

3DAモデルを確認するビューワは、マルチビューに対応し、3DAアセンブリモデルのような大容量データでも高いレスポンスが得られることが要求される。指摘事項は別文書（DR報告書）管理になり、3DAモデルにリンク情報を記載す

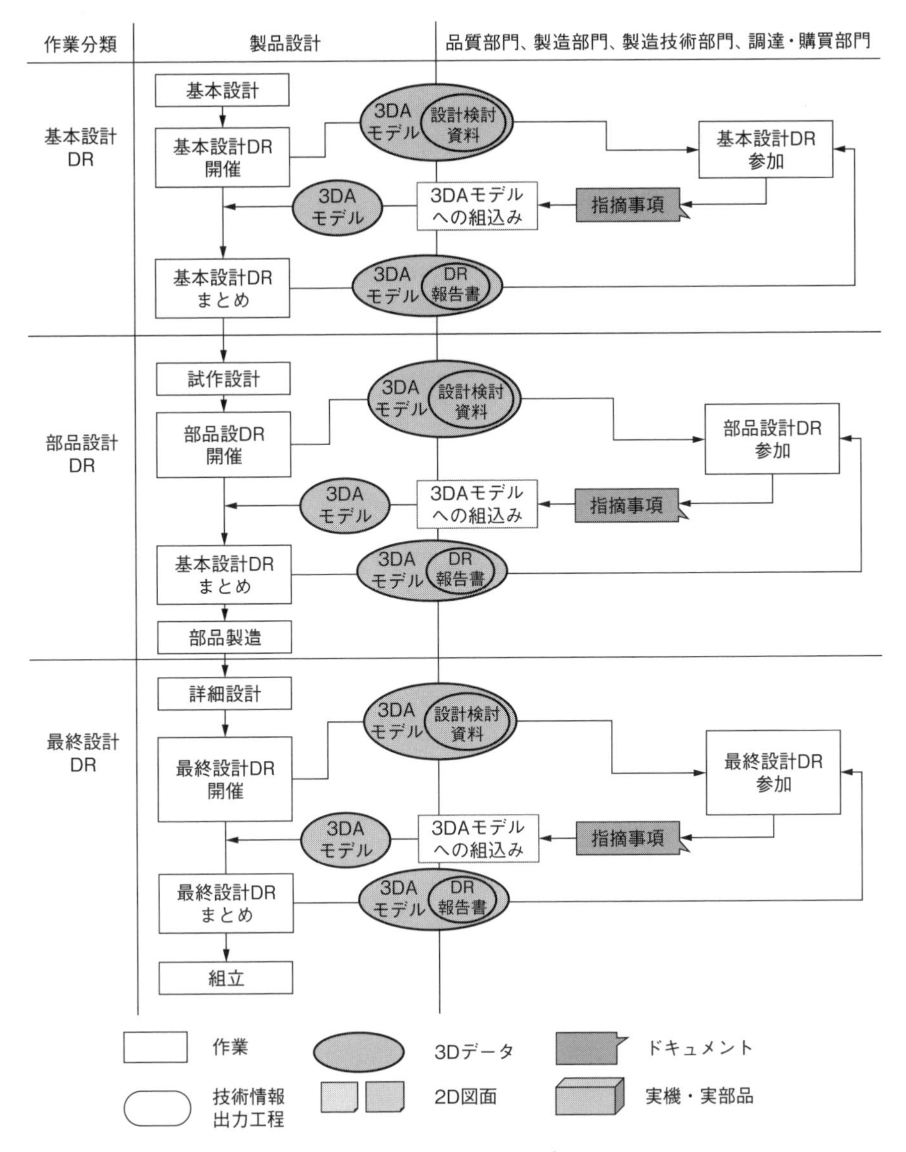


**図5.7　3D正運用のDRプロセス**

る機能が3次元CADまたはビューワまたはPLMなどに必要である。設計情報が3DAモデルで一元管理されることでデータ変換での設計情報の欠落は前にも増して重要な課題となる。PMI・属性チェックの中でデータ変換前後の3DAモデルに設計情報に違いないことを確認する、すなわち同一性検証機能が必要になる。

DR で関連部門から 3DA モデルに対して問題事項・懸念事項が指摘される。3DA モデルへ直接に記載可能であれば管理情報（属性）として記載する。指摘事項が基幹 PDM または関連部門の管理システムで管理されている場合は、別文書管理として 3DA モデルにリンク情報を記載する。これにより、指摘事項の記録と指摘事項に対する回答の管理を行うことができる。指摘事項の記録と指摘事項に対する回答の管理を関連部門が行う場合、関連部門の管理システムと 3DA モデルが連携する仕組みが必要であり、これによって、設計管理部門が 3DA モデルを通して、指摘事項の記録と指摘事項に対する回答の管理を確認することができる。

## 5.3　機械設計→電気設計

高密度、高精度、高性能な電機精密製品は、いずれも機械・電気・ソフトウェア技術が融合された製品であり、高機能と低コストの両立が求められる。例えば、ノートパソコン、スマートフォン、デジタルカメラでは、軽薄短小な筐体に、機械部品と電気電子部品を実装するために、3 次元 CAD と PCB-CAD（プリント板 CAD）を使って、基板形状確認・部品配置・干渉判定・接続を検討する。機械設計と電気設計の連携プロセスに対して、3DA モデルをどのように適用するかについて説明する。

### [1]　従来の機械設計・電気設計連携プロセス

従来の機械設計・電気設計連携プロセスを、**図 5.8** に示す。機械設計・電気設計連携プロセスには、基本設計、詳細設計、試作、試験の 4 工程がある。

#### ●　基本設計

機械設計で意匠デザインと主要機器で大雑把に部品配置を検討して、プリント配線板（PWB：Printed Wired Board）の形状を決定する。3 次元 CAD で 2 次元平面に投影した形状を 2D データまたは EDIF 中間データ（電子設計データ交換用のフォーマット；Electronic Design Interchange Format）で電気設計へ渡す。

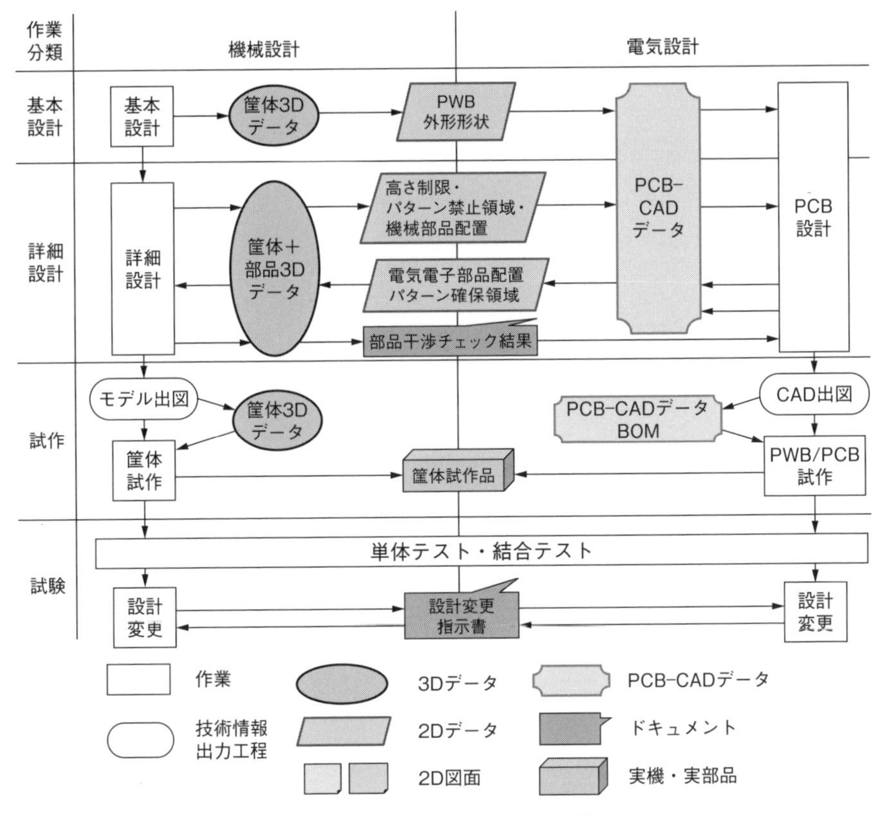


**図5.8　従来の機械設計・電気設計連携プロセス**

## ● 詳細設計

機械設計でプリント配線板形状には、電気電子部品配置の高さ制限と回路設計パターン配置の禁止領域を記載して電気設計へ渡す。電気設計では禁止領域に回路設計パターンが配置されないように調整する。詳細設計で、電気設計で電気電子部品配置と最大高さを記載、外部端子形状と配置、回路設計パターン配置を含めたプリント実装基板（PCB：Printed Circuit Board）の設計情報を2Dデータまたは EDF 中間データで機械設計へ渡す。機械設計では電気電子部品の高さ、外部端子形状と配置、回路設計パターン配置を3次元CADで3Dモデルに反映して、部品間の干渉チェックを行う。機械設計と電気設計で、干渉チェック結果を共有する。電気電子部品が完全な3Dモデルではなく、2.5Dモデル（フットプリントに部品の高さを加えたもの）のため正確な干渉チェックができず、試作での最終組立評価が必要となってしまう。機械設計と電気設計で、機械部品と電子電子部品の配置調整を繰り返す。

● **試作**

機械部品の試作品とプリント実装基板の試作品を双方で持ち寄って、試作品を組み立てる。機械設計と電気設計が具体的に製品イメージを共有する。機械部品とプリント実装基板が干渉した場合、機械部品の配置と形状、プリント実装基板の形状を変更する。

● **試験**

試作品で冷却通風孔の位置、グランドの位置、ハーネス引き回しを共有することができ、ここから熱・電波などの機能評価が開始される。品質管理・検査部門で単体テストおよび総合テストが実施される。機能、熱、電波などで基準が守られているかどうか、評価を行う。単体テストおよび総合テストの結果、機能、熱、電波の問題個所が提示される。機械設計および電気設計に対して設計変更指示書が発行され、設計変更をして対策する。

### [2] 機械設計と電気設計で連携する設計情報の置き換え

まず、従来の機械設計と電気設計で連携する設計情報を3DAモデルに置き換える。

基本的には、3Dデータおよび製品図面の設計情報は、3DAモデルの3Dモデル・PMI・属性・マルチビュー・2Dビューに置き換えられる。ここでのデータの置き換えは、従来情報（2D＋3D）の仕様書を、3DAモデルの管理情報として内部に取り込むか、リンク（関連ドキュメントへのリンク先）で別データとして連携を取る。

3DAモデルでは、形状および位置は3Dモデルに集約される。本来の機械部品形状、プリント配線板の形状、機械部品配置（位置）、電気電子部品配置の高さ制限領域、回路設計パターン配置の禁止領域、絶縁箇所（位置）、部品干渉判定結果（干渉箇所と領域）は3Dモデルに含まれる。電気電子部品配置の高さ制限領域と回路設計パターン配置の禁止領域は補助形状として作成する。プリント配線板の形状、電気電子部品配置の高さ制限領域、回路設計パターン配置の禁止領域をPCB-CADに受け渡す場合、マルチビューまたは2Dビューの平面に投影するなど2Dデータへの変換をして受け渡す。

機械設計・電気設計連携プロセスでは、3次元CADとPCB-CADとのインターフェイスによるデータ交換でデータを連携する。電気設計者が機械設計の状況を確認する場合、電気設計者はビューワを利用する。ビューワでの情報把握を容易にするために、機械部品名称、絶縁箇所、機械設計者コメントをPMIで作成しておく。

設計変更管理は品質管理に関わることが多く、別システムで設計変更指示書の管理を行っていることが多いので、3DAモデルにリンク情報を記載する。3DAモデルだけで設計変更情報を確認することもできるように、3DAモデルの管理情報にも記録する。

### [3]　3D正運用の機械設計・電気設計連携プロセス

従来の機械設計・電気設計連携の問題は、機械部品と電子電子部品の配置調整に関する機械設計と電気設計の設計情報のやり取りが多く煩雑になること、詳細設計で部品干渉問題を完全に解決できずに試作時に組立不具合が発生することである。3DAモデルを使った機械設計・電気設計連携プロセスでは、これらの問題を解決する。**図5.9**に、3DAモデルを使った3D正運用の機械設計・電気設計連携プロセスを示す。

#### ●　機械設計・電気設計連携モデルの構築

機械設計・電気設計連携モデルは、機械設計の設計情報と電気設計の設計情報を融合した製品のデジタルモックアップである。加工物（機械部品・電気電子部品のプリント実装基板の試作品や実機）を使用しないで、設計開発で作成された3DモデルとPCBモデルを仮想的に組み立て設計評価する。機械設計者と電気設計者が自由に、最新の設計情報の確認、自身の設計案の検証を行うことができる。3DAモデル上に、機械設計・電気設計連携モデルを設けることは可能であるが、電気設計者が自由に3DAモデルを編集できてしまい、機械設計者が管理できない。そこで、機械設計・電気設計連携モデルをDTPDとして作成し運用する。3DAモデルからDTPDへの一方通行にはならず、DTPDから3DAモデルへの反映する手段も必要となる。

#### ●　機械設計・電気設計連携モデルの運用

機械設計・電気設計連携モデルには、最新の設計情報が保存される。機械設計

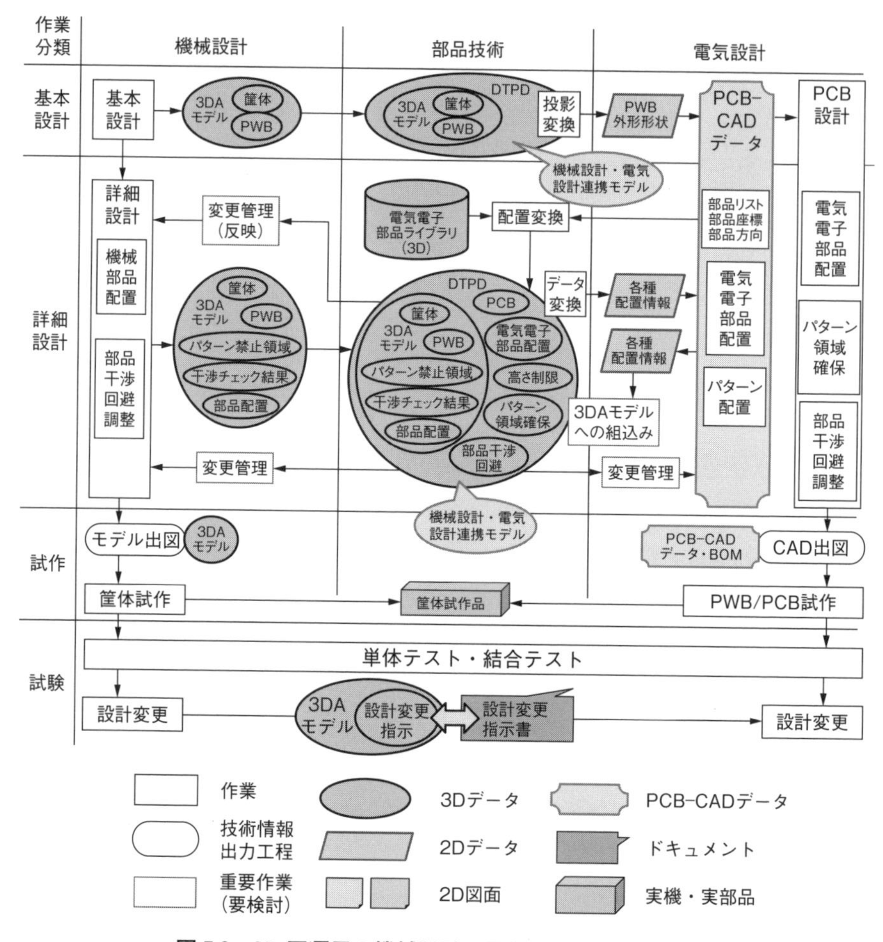


**図 5.9　3D 正運用の機械設計・電気設計連携プロセス**

者と電気設計者から設計進捗情報を頻繁に更新する。機械設計と電気設計で変更があった場合、変更情報を受け取ると同時に、相手方へ変更情報を連絡する仕掛けが必要である。マルチビューや 2D ビューと組み合わせて変更箇所を可視化することもできる。機械設計の 3DA モデルと機械設計・電気設計連携モデルは常に同一性を保つ必要がある。同じ 3D モデルで排他制御により複数人が操作できるようにするか、操作権限と範囲を設定するか、自動反映のような機能が必要となる。

● **電気電子部品の3D化**

機械設計・電気設計連携モデルにより、最新の設計情報での部品干渉判定を行うことができる。部品干渉判定の精度を上げるためには、全部品を3D化する必要がある。部品技術部門がサプライヤーから新規の電気電子部品形状を入手して、電気電子部品の3Dモデルを作成して電気電子部品ライブラリに予め登録する。電気設計から実装部品リストと部品座標から座標変換により電気電子部品（3Dモデル）が配置されたPCBモデル（3Dモデル）が作成できる。これにより、製品の全部品が3D化されて、部品干渉判定の精度を向上でき、詳細設計終了までに部品干渉問題を全て解決できる。

● **機械設計・電気設計連携モデルのデータ変換**

機械設計・電気設計連携モデルでは、3DAモデルと同様に、形状および位置は3Dモデルに集約される。プリント配線板の形状、電気電子部品配置の高さ制限領域、回路設計パターン配置の禁止領域をPCB-CADに受け渡す場合、マルチビューまたは2Dビューの平面に投影するなど2Dデータへの変換をして受け渡す。

● **機械設計・電気設計連携モデルを利用したテスト評価の効率化**

品質管理・検査部門で単体テストおよび総合テストの項目の一部、機械設計および電気設計における機能、熱、電波の設計ルールのチェックツールがある。機械設計・電気設計連携モデルには全ての設計情報が入っているので、これにチェックツールを適用し、そのチェック結果を機械設計・電気設計連携モデルに保存する。試験の実施と確認を効率化できる。

● **ドキュメント情報の統合管理による効率化**

設計変更管理は品質管理に関わることが多く、別システムで設計変更指示書の管理を行っていることが多いので、3DAモデルにリンク情報を記載する。3DAモデルから設計変更情報を確認することもできるので業務効率が向上する。

## 5.4　機械設計→ソフトウェア設計

高密度、高精度、高性能な電機精密製品は、いずれも機械・電気・ソフトウェア技術が融合された製品であり、高機能と低コストの両立が求められる。5.3の機械設計→電気設計では、機械設計と電気設計の連携事例（機械部品と電気電子部品の実装配置調整）を説明した。ここでは、機械設計と電気設計に、ソフトウェア設計を加えた事例を説明する。例えば、複合機、プリンタ、AV機器、白物家電では、意匠デザインで決まった筐体に機械部品と電気電子部品を実装すると同時に、ソフトウェアにより機械を制御して、複雑な機能や操作を実現する。3次元CADとPCB-CAD（プリント板CAD）とソフトウェア設計ツールを使って、部品配置・動的干渉判定・制御を検討する。機械設計と電気設計とソフトウェア設計の連携プロセスの中で、機械設計とソフトウェア設計の連携に対して、3DAモデルをどのように適用するかについて説明する。

### [1]　従来の機械設計・ソフトウェア設計連携プロセス

従来の機械設計・ソフトウェア設計連携プロセスを、**図5.10**で説明する。ソフトウェア設計は、機械設計と電気設計で設計開発されるハードウェアと対をなして機能を実現するもので、電気設計も加えている。機械設計・電気設計・ソフトウェア連携プロセスには、基本設計、詳細設計、試作、試験の4工程がある。

#### ●　基本設計

機械設計が主体的に製品機能を実現するための主要機器の配置を作成して、電気設計およびソフトウェア設計に決定事項を伝え、依頼事項の回答（主要機器処理・主要機器の電気電子機器による制御・センシングの遅延など詳細検討結果・駆動方法と駆動系配置）を受け取る。基本設計の最終成果物は、製品機能を実現する主要機器の仕様と配置、全体的なタイムチャート［主要機能の動作手順（入出力信号）を時間軸に合わせて提示した図］である。

#### ●　詳細設計

機械設計と電気設計とソフトウェア設計が個別に分かれて詳細設計をして、試作品の出図およびリリースを行う。機械設計では、主要機器を構成する機器機能実現の検討と部品取り（3Dモデルの作成）を行う。電気設計では、主要機器の仕様から、電気電子機器の回路設計とプリント板設計を進める。ソフトウェア設計では、全体的なタイムチャートから、機器制御ソフトウェアの基本設計・詳細設計・コーディングを進める。それぞれの設計での主要機器から機器へ検討結果や仕様変更が発生した時は、その内容を他の設計に伝える。詳細設計では、基本設計で決定した機器の設計仕様から試作品の設計をする。基本設計および詳細設計の最終成果物は、製品機能を実現する機器の仕様と配置、全体的な機器レベルの

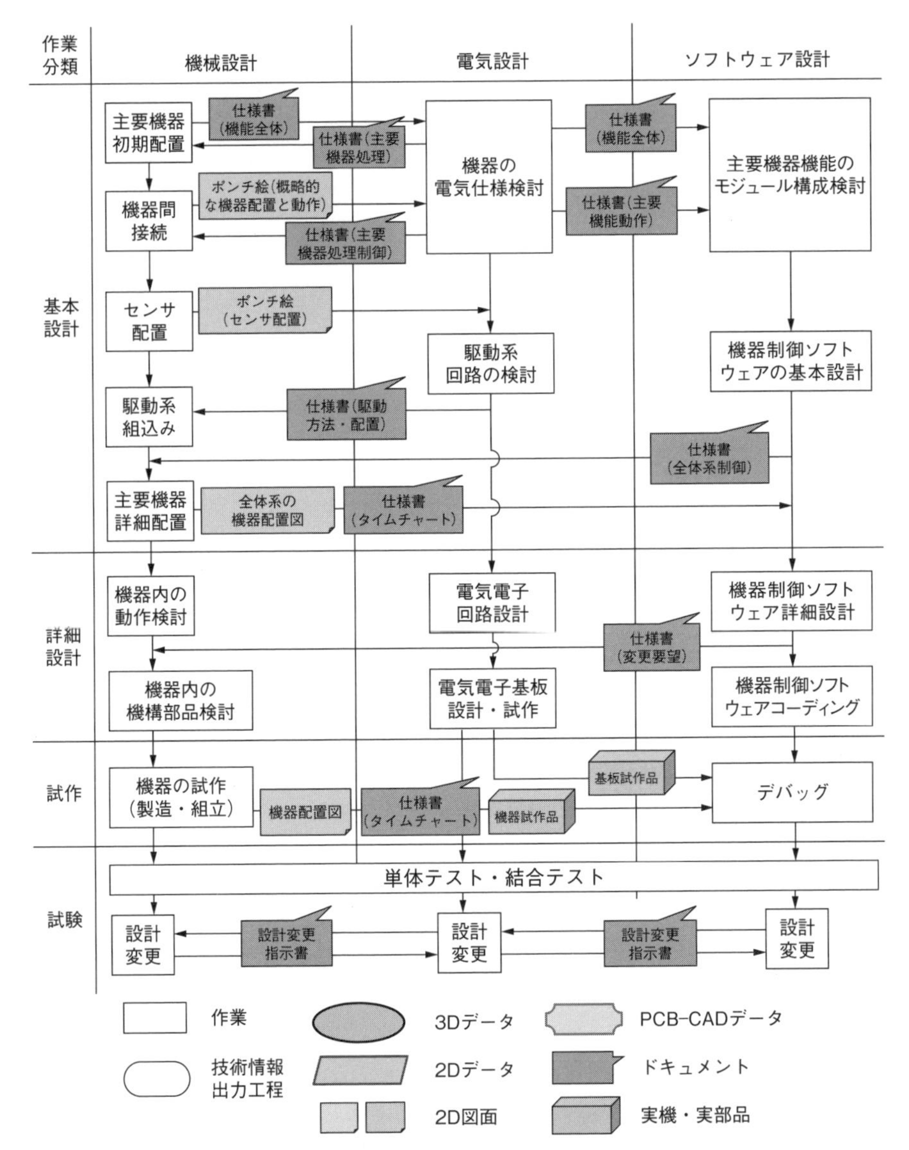


図5.10　従来の機械設計・電気設計・ソフトウェア設計連携プロセス

タイムチャート、機械部品および電気電子部品の試作品である。

● **試作**

機械部品および電気電子部品の試作品を組み立てて試作機を作る。試作前に部品間干渉問題（特に稼動部品）を十分に解決できず、組立調整作業が増大する。

● **試験**

試作機を使って、ソフトウェアのデバッグを行う。試作前にソフトウェアのデバッグが十分にできず、ソフトウェアのデバッグを行うために、調整作業が増大する。

## [2] 機械設計とソフトウェア設計で連携する設計情報の置き換え

まず、従来の機械設計とソフトウェア設計で連携する設計情報を3DAモデルに置き換える。

基本的には、3Dデータおよび製品図面の設計情報は、3DAモデルの3Dモデル・PMI・属性・マルチビュー・2Dビューに置き換えられる。ここでのデータの置き換えは、従来情報（2D＋3D）の仕様書を、3DAモデルの管理情報として内部に取り込むか、リンク（関連ドキュメントへのリンク先）で別データとして連携を取る。

機械設計・ソフトウェア設計連携プロセスでは、イメージ図とドキュメントによる情報交換が主体で、3次元CADとソフトウェア設計ツール間のインターフェイスによるデータ交換はまれである。ソフトウェア設計者が機械設計の状況を確認する場合、イメージ図とドキュメントを利用するほか、機械設計者との打合せによるところが大きい。

従来の設計連携では、概略的な機器配置と動作、機器間接続、センサ配置、全体系の機器配置の設計情報は、2D–CADで作成するか、手書きでポンチ絵（概略図、構想図、製図の下書きとして作成するものや、イラストや図を使って概要をまとめた企画書などのこと）を作成している。これらの設計情報は、3Dモデル、PMI、属性、マルチビュー、2Dビューに分散して3DAモデルに含める。

例えば、マルチビューまたは2Dビューで平面を設定して、2次元イメージによる設計情報を補助形状として作成する。機械設計の進捗に応じて、2次元イメージの概略形状から3Dの部品形状を作成することも可能である（部品取り、部品起こしなどと呼ばれる）。テキストによる設計情報は、3Dモデルとの関係が強い設計情報はPMIとして、3Dモデルとの関係が弱い全般的な設計情報は属性として3DAモデルに含める。

概略的な機器配置と動作、機器間接続、センサ配置、全体系の機器配置、部品形状、アセンブリの部品構成の設計情報をソフトウェア設計に受け渡す場合、ビューワを利用し、直接かつ直感的に3DAモデルの設計情報を可視化して受け渡す。稼動部品の動作は、機構解析結果と3Dモデルを組み合わせて、ビューワの中で稼動部品のアニメーションにより伝えることができる。機構解析とは、複数の機械要素が、ジョイント・ギヤ・カム等の位置を拘束する構造あるいはバネやダンパーやアクチュエータなど力を伝達する機構により相互に接続され、機械として運動する動的な挙動を評価するために使用される解析手法である。機構解析モデルを3DAモデルのリンク情報として持っていれば、機構解析モデルを使った機構解析結果を3DAモデルに取り込むことができる。ソフトウェア設計でビューワが利用できない場合、マルチビューまたは2Dビューの平面に投影するなど2Dデータへ変換して、2Dデータまたは画像データとして受け渡す。

タイムチャートは、機械設計とソフトウェア設計で連携する設計情報として重要である。従来設計では、タイムチャートはイメージ図、ドキュメントまたは表形式のスプレッドシートである。機械設計が作成する、または変更する設計情報なので、3DAモデルの属性またはリンク情報とする。

機械設計とソフトウェア設計との打合せで、機械設計側から提示されるイメージ図とドキュメントは3DAモデルを元にして、3DAモデル内の設計情報に合わせて媒体を選んだ設計情報である。打合せにおいて決定した議事録は、別システムで管理するために3DAモデルにリンク情報を記載する。

ソフトウェア設計から機械設計への指摘事項は、ドキュメントが主体である。ソフトウェア設計の管理システムで管理するために3DAモデルにリンク情報を記載する。ソフトウェア設計者がビューワを利用して直接かつ直感的に3DAモデルの可視化された設計情報に対して指摘する場合、ビューワを介して3DAモデルのPMIとして指摘事項を共有することもできる。

設計変更管理は品質管理に関わることが多く、別システムで設計変更指示書の管理を行っていることが多いので、3DAモデルにリンク情報を記載する。3DAモデルだけで設計変更情報を確認することもできるように、3DAモデルの管理情報にも記録する。

### [3]　3D正運用の機械設計・ソフトウェア設計連携プロセス

従来の機械設計・ソフトウェア設計連携の問題は、ソフトウェアの本格的なデバッグは試作機を利用するために、機械設計と電気設計が完了して試作機が完成するまで、ソフトウェア設計の品質を上げられず、調整作業が増大することである。3DA モデルを使った機械設計・ソフトウェア設計連携プロセスで、これらの問題を解決する。**図 5.11** に、3DA モデルを使った 3D 正運用の機械設計・ソフトウェア設計連携プロセスを示す。

● **機械設計・ソフトウェア設計連携モデルの構築**

機械設計・ソフトウェア設計連携モデルは、機械設計の設計情報とソフトウェア設計の設計情報を融合した製品のデジタルモックアップである。5.3 の機械設計→電気設計で、機械設計・電気設計連携モデルを説明した。電機精密製品は機械部品と電気電子部品とソフトウェアが融合しているので、機械設計・電気設計・ソフトウェア設計連携モデルでもある。試作機を使用しないで、設計開発で作成された 3D モデルと PCB モデルと制御プログラムを仮想的に組み立て設計評価する。機械設計者と電気設計者とソフトウェア設計者が自由に、最新の設計情報の確認、自身の設計案の検証を行うことができる。機械設計・ソフトウェア設計連携モデルでは、主として、試作前に、機械設計者が機械動作をソフトウェア設計者に伝えること、ソフトウェア設計者が機械動作に基づく制御プログラム検証結果を機械設計者に伝えることを目的としている。3DA モデル上に、機械設計・ソフトウェア設計連携モデルを設けることは可能であるが、ソフトウェア設計者が自由に 3DA モデルを編集できてしまい、機械設計者が管理できない。そこで、機械設計・ソフトウェア設計連携モデルを DTPD として作成し運用する。3DA モデルから DTPD への一方通行にはならず、DTPD から 3DA モデルへの反映する手段も必要となる。

● **機械設計・ソフトウェア設計連携モデルの運用**

機械設計・ソフトウェア設計連携モデルには、最新の設計情報が保存される。機械設計者とソフトウェア設計者から設計進捗情報を頻繁に更新する。機械設計とソフトウェア設計で変更があった場合、変更情報を受け取ると同時に、相手方へ変更情報を連絡する仕掛けが必要である。マルチビューや 2D ビューと組み合わせて変更箇所を可視化することもできる。機械設計の 3DA モデルと機械設計・ソフトウェア設計連携モデルは常に同一性を保つ必要がある。同じ 3D モデルで排他制御により複数人が操作できるようにするか、操作権限と範囲を設定す

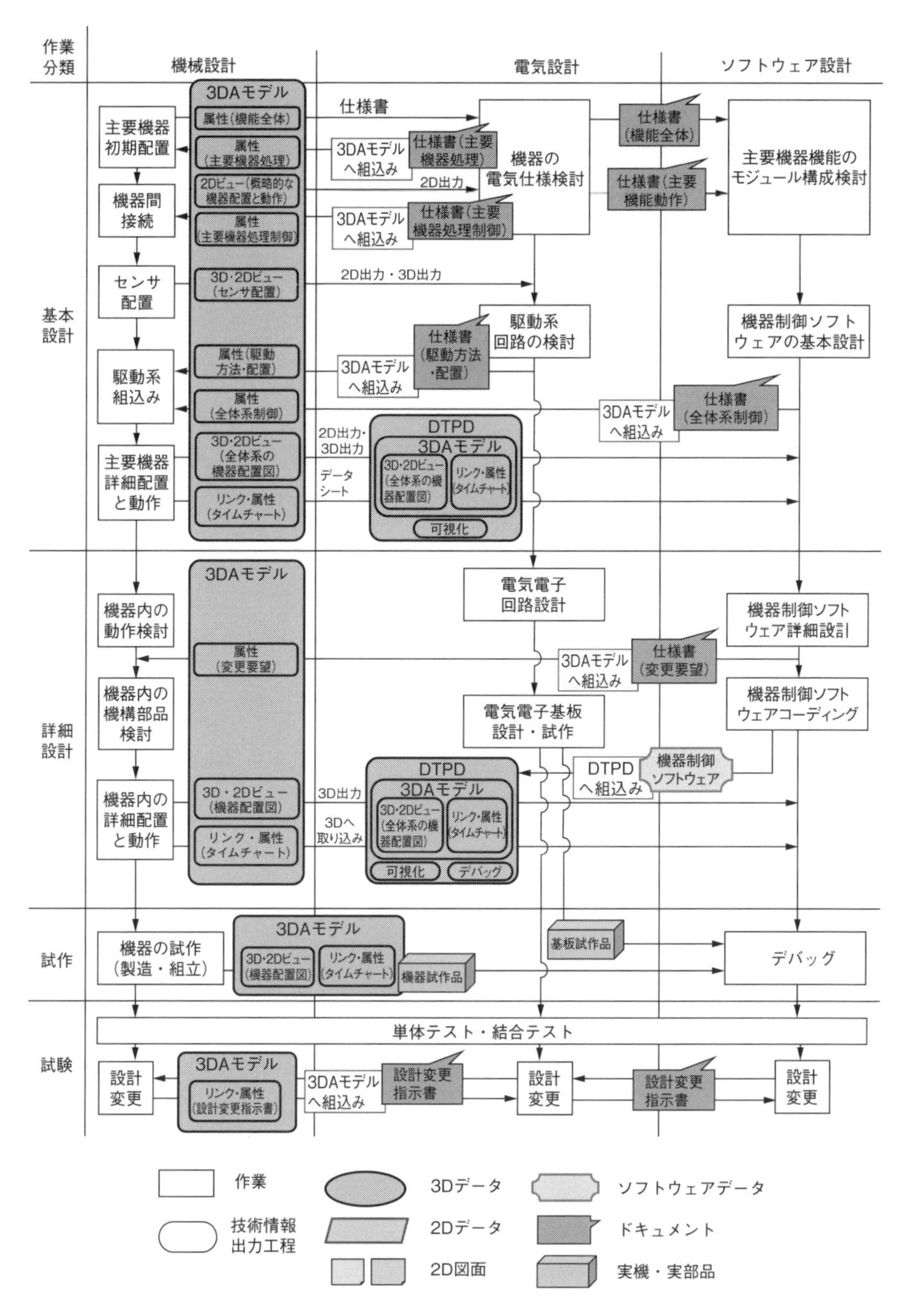


図5.11 3D正運用の機械設計・ソフトウェア設計連携プロセス

るか、自動反映のような機能が必要となる。

● **機械動作の共有**

機械設計の設計情報において、3D モデル、PMI、属性、マルチビュー、2D ビュー、リンクは 3 次元 CAD で作成できる。機械動作に関しては、機構解析によるシミュレーション結果を利用する。機構解析ソフトウェアまたは 3 次元 CAD 機構解析機能により、機構解析モデル作成と機構解析と機構解析結果作成が行われる。機構解析結果は機械要素、すなわち、機械を構成する部品の位置と方向の情報を時間ごとに示したものであり、タイムチャートとなる。機構解析結果と 3D モデルを組み合わせれば、機械動作をアニメーションとして表示することができる。ソフトウェア設計者はタイムチャートと機械動作アニメーションにより、より多くの設計情報を試作前の早い時期に知ることができる。

● **機械設計・ソフトウェア設計連携モデルのデータ変換**

機械設計・ソフトウェア設計連携モデルでは、3DA モデルと同様に、部品の形状および位置と方向は 3D モデルに集約される。タイムチャートは 3DA モデルの属性または機構解析ソフトウェアで管理される機構解析モデルのリンク情報として保存されている。主要部品およびセンサの配置、タイムチャートをソフトウェア設計ツールに受け渡す場合、マルチビューまたは 2D ビューの平面に投影するなど 2D データへの変換、数値処理を目的とした表データへの変換をして受け渡す。ソフトウェア設計からの設計情報（タイムチャート変更案、主要部品およびセンサの配置へのコメント、制御ソフトウェア開発の進捗情報）は表データまたはドキュメントデータであり、データ変換およびインターフェイスを経由して、3DA モデルまたは機械設計・ソフトウェア設計連携モデルへ取り込まれる。

● **機械設計・電気設計連携モデルを利用したテスト評価の効率化**

品質管理・検査部門で単体テストおよび総合テストの項目の一部、機械設計およびソフトウェア設計における設計ルールのチェックツールがある。機械設計・ソフトウェア設計連携モデルには全ての設計情報が入っているので、これにチェックツールを適用し、そのチェック結果を機械設計・電気設計連携モデルに保存する。試験の実施と確認を効率化できる。

● **ドキュメント情報の統合管理による効率化**

設計変更管理は品質管理に関わることが多く、別システムで設計変更指示書の管理を行っていることが多いので、3DA モデルにリンク情報を記載する。3DA

モデルから設計変更情報を確認することもできるので業務効率が向上する。

## 5.5　機械設計→機械 CAE

解析とは、試作前に、製品の機能と性能が製品仕様を満足しているかどうかをシミュレーションによって検証することである。機械CAEは解析の一種で、基本設計・詳細設計における機械工学分野の設計検証で、構造・材料・熱・流体・騒音振動・音響・落下衝撃・疲労などFEA（有限要素解析；Finite Element Analysis）を利用した解析である。FEAは3Dモデルから解析モデルを作成するため、機械設計と同時並行で進める必要がある。機械設計者が機械CAEを使って設計検証をする場合もあるが、ここでは、機械設計部門からCAE部門（機械CAE解析者）へ機械系CAEを依頼する場合とする。機械設計と機械CAEの連携プロセスに対して、3DAモデルをどのように適用するかについて説明する。

### [1]　従来の機械設計・機械 CAE 連携プロセス

従来の機械設計・機械CAE連携プロセスを、**図5.12**に示す。機械設計・機械CAE連携プロセスには、構想設計、基本設計、詳細設計の3工程がある。

● **構想設計**

機械設計部門からCAE部門（機械CAE解析者）へ機械CAEを依頼する方式とする。構想設計開始時に、機械設計部門からCAE部門へ設計仕様書（解析依頼予定込み）を提示する。CAE部門から解析方針（CAEで解決できる課題、CAE適用対象）を提示する。CAE部門は設計部門発行の設計変更などを閲覧し、日頃からCAEで解決できる課題、CAE適用対象を把握しておく。

● **基本設計**

機械設計部門からCAE部門へ機械CAEの解析依頼をする。基本設計では機能の方法、全体の構成、性能の確保などが機械CAEの対象となる。解析対象の3Dモデル・検討図・解析依頼書・材料もしくは物性値などを提出する。機械設計者と機械CAE解析者の打合せで、目的と依頼内容から解析精度・知りたい範囲を確認して形状簡略化・境界条件・負荷条件・結果処理を決定する。機械CAE解析者は、納期までにCAE作業工数が確保できるか確認する。機械CAE解析者は、

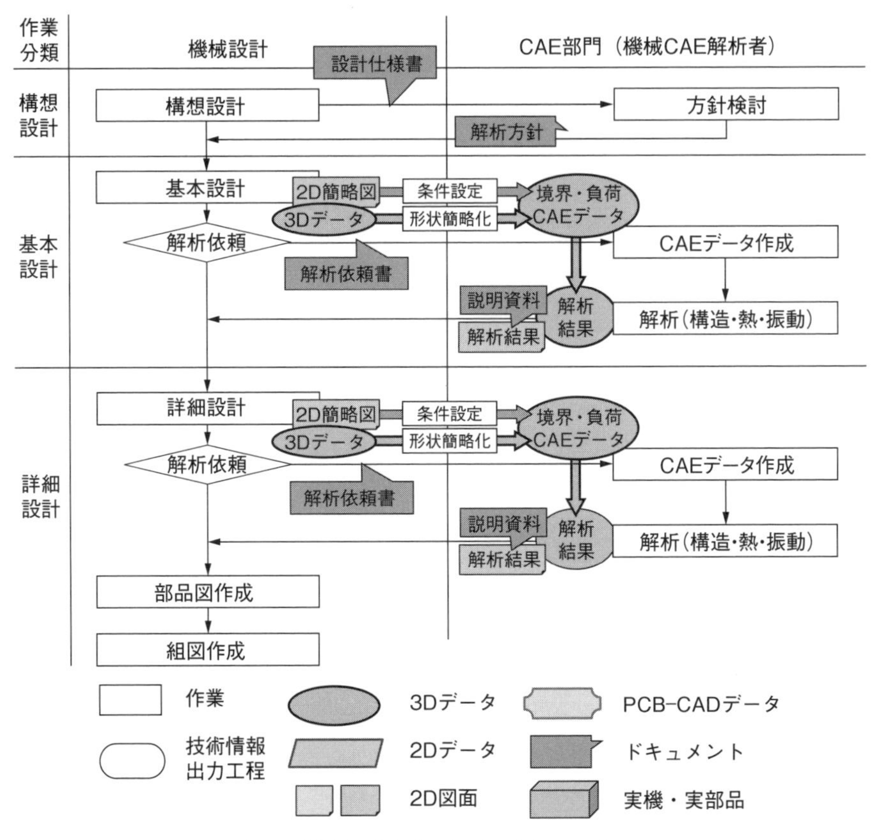


**図 5.12　従来の機械設計・機械 CAE プロセス**

機械 CAE ソフトウェアを使って、3D モデルの形状簡略化、CAE データ作成（FEA メッシュ分割・境界条件と負荷条件の設定）、FEA 解析、解析結果まとめと説明資料の作成となる。機械 CAE 解析者から機械設計者への解析結果報告では、解析結果と説明資料を提示するが、打合せを実施して、設計への反映方法・次の解析依頼などを話し合う。

## ●　詳細設計

機械設計部門から CAE 部門へ機械 CAE の解析依頼をする。詳細設計では部品の形状、配置、固定方法、諸元などが機械 CAE の対象となる。解析対象の 3D モデル・検討図・解析依頼書・材料もしくは物性値などを提出する。機械設計者と機械 CAE 解析者の打合せで、目的と依頼内容から解析精度・知りたい範囲を確認して形状簡略化・境界条件・負荷条件・結果処理を決定する。機械CAE解析者では、納期までにCAE作業工数が確保できるか確認する。機械CAE解析者は、機械CAEソフトウェアを使って、3Dモデルの形状簡略化、CAEデータ作成(FEAメッシュ分割・境界条件と負荷条件の設定)、FEA解析、解析結果まとめと説明資料の作成となる。機械CAE解析者から機械設計者への解析結果報告では、解析結果と説明資料を提示するが、打合せを実施して、設計への反映方法・次の解析依頼などを話し合う。

### [2]　機械設計と機械CAEで連携する設計情報の置き換え

まず、従来の機械設計と機械CAEで連携する設計情報を3DAモデルに置き換える。

機械設計部門からCAE部門への設計情報である解析依頼書および打合せの議事録は、解析依頼書および打合せ議事録のリンク情報として管理する。

解析対象の3Dモデルは、3DAモデルの3Dモデルとして提供される。解析対象範囲および形状簡略箇所は解析依頼書に記載されている。3Dモデルに直接指示するためにPMIを設定し、詳細な説明をするための2Dビューを設けることが可能である。形状簡略は、機械CAEを効率的に行うために解析に大きく影響しない箇所を省略して（例えば、穴やフィレットを省略)、メッシュの密度を細かくしないようにする。

材料もしくは物性値は3DAモデルの属性として提供することで、機械CAEに3DAモデルを取り込む際に一緒に取り込まれる。材料もしくは物性値を別システムで管理している場合、リンク情報により機械CAEに取り込むこともできる。

CAE部門から機械設計部門への情報である解析結果は、3DAモデルの属性として管理する（3Dモデル上に表示する)。同時に解析結果と説明資料も、解析結果と説明資料のリンク情報で管理する。

### [3]　3D正運用の機械設計・機械CAE連携プロセス

従来の機械設計・機械CAE連携の問題は、機械設計者と機械CAE解析者との情報のやり取りが煩雑で間違いが生じやすいことである。機械CAEを行うには3Dモデルだけでなく関連情報が必要になる。3Dモデルと関連情報との結び付きはデジタル的な連携ではなく、人間系で行うことがほとんどである。機械設計では数多くの設計案を検討する必要がある。設計案は3Dモデルの違いだけでなく、材料や物性値、境界条件を変えることもある。3DAモデルを使った機械設計・機械CAE連携プロセスでは、これらの問題を解決する。**図5.13**に、3DAモデルを使った3D正運用の機械設計・機械CAE連携プロセスを示す。

## ● 3DAモデルと機械CAE・DTPDの連携

機械CAEモデルを作るための入力データは、解析の目的（解析により求めたい現象）、3Dモデル、解析対象範囲、形状簡略箇所、材料、物性値、解析対象周

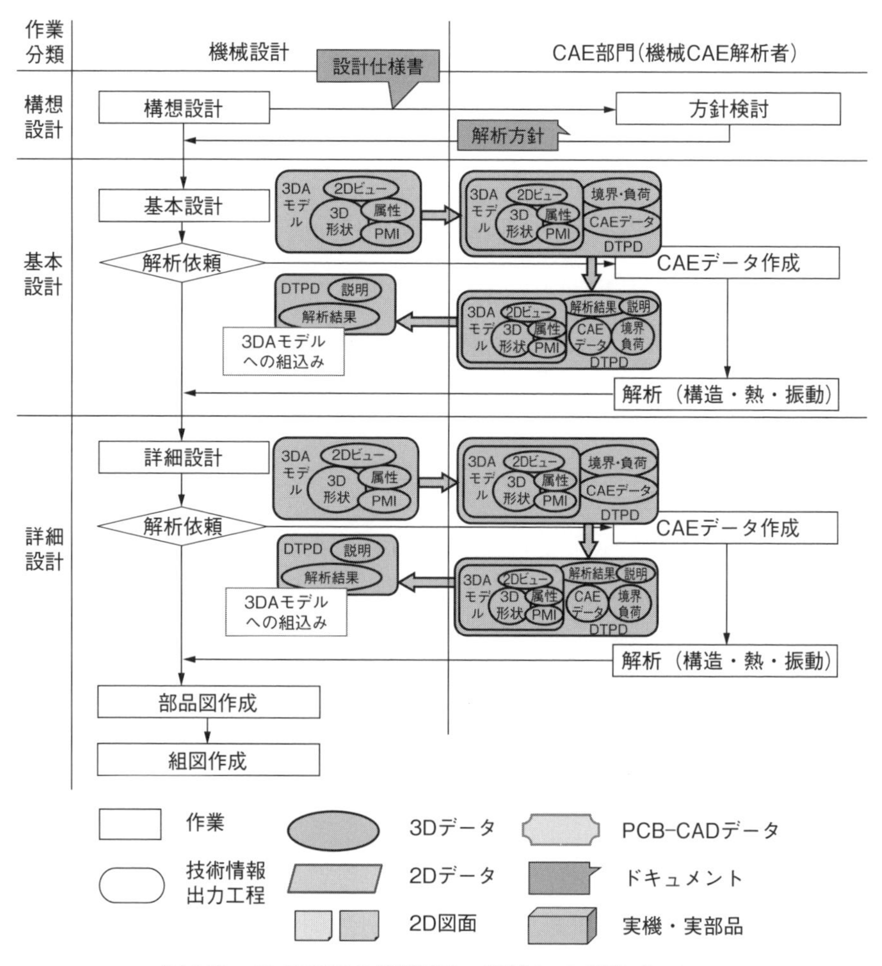


**図5.13　3D正運用の機械設計・機械CAE連携プロセス**

辺環境（境界条件の元になる）であり、これらは3DAモデルに含まれ、かつ関連性も保たれている。機械CAEソフトウェアに3DAモデルを読み込むことで、機械CAEに必要情報をわざわざ探す必要がなくなり、効率的に機械CAEモデルを作成できる。機械CAEソフトウェアでは、機械CAEモデルの作成、機械CAE解析実行、機械CAE解析結果の可視化を行う。機械CAE解析者は、解析の目的に沿って、機械CAE解析結果の分析を行い、説明資料を作成する。機械CAEモデル、機構CAE解析結果の可視化、説明資料は、機械CAE・DTPDに含まれ、かつ関連性も保たれている。機械設計者は機械CAE解析結果と説明資料だけでなく、機械CAEに関連する全ての情報をわざわざ探索せず見られるので、設計案の検証と理解を効率的に行うことができる。

- **ドキュメント情報の統合管理による効率化**

3DAモデルと機械CAE・DTPDが連携したプロセスにより、機械CAEモデルと機械CAE解析結果の直接的な技術情報と機械CAE作業の関連情報が統合的に管理できる。人的な管理による間違いを削減し、コンピュータと人的に作業確認を行うことができる。機械設計者から変更があった場合、変更反映の確認もコンピュータと人的に作業確認を行うことができる。

- **設計過程での様々な判断を根拠とともに書き残すことによる設計知識の形式知化**

製品開発開始時に、機械設計部門からCAE部門へ設計仕様書（解析依頼予定込み）を提示する。CAE部門から解析方針（CAEで解決できる課題、CAE適用対象）を提示する。CAE部門は機械設計部門発行の設計変更などを閲覧し、日頃からCAEで解決できる課題、CAE適用対象を把握しておく。これは製品に関する設計思想と設計検証を体系的にまとめた設計基準書の骨格になりうる。3DAモデルは設計案をコンピュータ上で表現したものであり、機械CAE・DTPDは設計案に対する機械CAEに基づく設計検証結果をコンピュータ上で表現したものであり、機械CAEに関する作業実績も関連付けられている。設計過程での様々な判断を根拠とともに書き残したものであるので、設計知識を形式知化することができる。

## 5.6　機械設計→公差解析

公差解析は、3 次元設計時に設定された寸法と公差によってバラツキのある部品同士を組み立てた際のバラツキを計算することである。2 次元設計時に 2D 図面から 3D モデルを作成し、2D 図面へ記載した公差を公差解析に再入力する必要があった。3 次元設計では 3DA モデルに 3D モデル（寸法）と PMI（公差）と属性（公差）が保存されているので、効率よく公差解析ができる。機械設計者が公差解析ソフトウェアを使って公差解析をする場合もあるが、ここでは、機械設計者が公差解析者へ公差解析を依頼する場合とする。機械設計と公差解析の連携プロセスに対して、3DA モデルをどのように適用するかについて説明する。

### ［1］　従来の機械設計・公差解析連携プロセス

従来の機械設計・公差解析連携プロセスを、**図 5.14** に示す。機械設計・公差設計連携プロセスには、基本設計、詳細設計の 2 工程がある。

● **基本設計**

基本設計では、製品の概略仕様に基づき、製品の構造を具体化させるために、機能の実現方法を考え、部品の具体的な寸法、部品の位置関係、部品のつなぎ方を決めていく。この際に、製品の機能とコストのバランスを取るために、重要な箇所の公差指示の検討も合わせて行う。3D データまたは検討図（ポンチ絵：概略図、構想図、製図の下書きとして作成するものや、イラストや図を使って概要をまとめた企画書などのこと）に検討結果を書き留める。

● **詳細設計**

詳細設計では、安定した生産ができるように、より具体的に部品の形状（サイズ）、配置、固定方法、動作を決めていく。部品の機能と生産性のバランスを取るために公差指示が重要である。検討図を参考に公差指示を決定する。機械の組立性を検討する場合、手計算による公差評価または公差解析を実施する。組立性は、機械の組み立て易さのことで、機能と生産性に影響します。インターフェイスの位置、部品の固定箇所（ねじ止めなど）、筐体の合わせ面がポイントになる。公差解析は、機械設計者が機械設計部門もしくは CAE 部門の公差解析者に実施依頼をする。機械設計者が解析対象の 3D モデル・2D 簡略図・解析依頼書・設計仕様

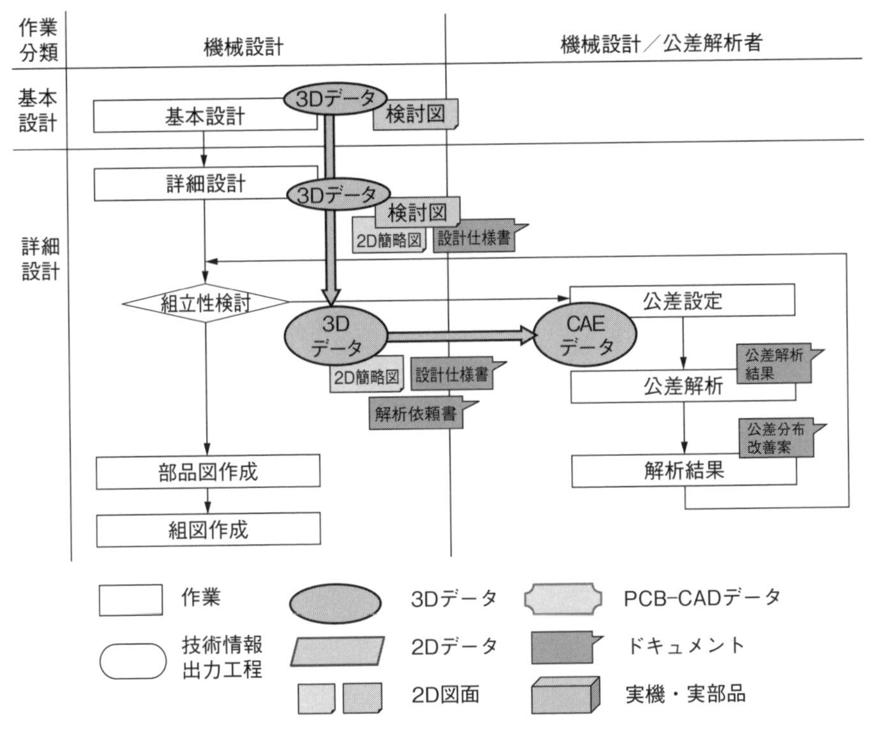


図5.14　従来の機械設計・公差解析プロセス

書を提出し、公差解析の実施個所、評価したい内容、寸法公差・幾何公差の値と種類、部品の位置関係と状態などの設計情報を伝える。具体的な寸法公差・幾何公差の値と種類、部品の位置関係と状態は3Dデータまたは2D簡略図に盛り込まれている。機械設計の途中であることから、公差指示が決まっていない場合もある。機械設計者と公差解析者の打合せで、機械の機能と構造から公差指示を決める。公差解析者は、3Dデータを公差解析ソフトウェアに取り込み公差解析を行う。3Dデータに公差情報が入っていない場合が多く、2D簡略図または打合せで決定した公差値を3Dデータに入力する。公差解析者は、公差解析結果、推奨の公差指示、部品間の位置関係の変更案を機械設計者へ報告する。機械設計者は公差解析結果などを機械設計に反映して公差指示を決定する。

## [2]　機械設計と公差解析で連携する設計情報の置き換え

まず、従来の機械設計と機械CAEで連携する設計情報を3DAモデルに置き換える。

機械設計者から公差解析者への設計情報である解析依頼書および打合せの議事録は、解析依頼書および打合せ議事録のリンク情報として管理する。

解析対象の3Dモデルは、3DAモデルの3Dモデルとして提供される。公差解析の実施個所、評価したい内容、部品の位置関係と状態は、解析依頼書または2D簡略図に記載されている。3Dモデルに直接指示するためにPMIを設定する。詳細な説明をするための2Dビューを設けることができる。

寸法公差・幾何公差の値と種類は3Dモデルまたは2D簡略図に記載されている。公差解析ソフトウェアの公差解析モデルは、3Dデータに公差指示が設定されている必要がある。そのために、3DAモデルの3DモデルとPMIとして設定する。

CAE部門から機械設計部門への情報である解析結果は、3DAモデルの属性として管理する（3Dモデル上に表示する）。同時に解析結果と説明資料も、解析結果と説明資料のリンク情報で管理する。

### [3] 3D正運用の機械設計・公差解析連携プロセス

従来の機械設計・公差解析連携の問題は、3Dデータに公差指示が入っていない場合が多く、2D簡略図または打合せで決定した公差指示を公差解析ソフトウェアで再入力する必要があることである。機械設計では数多くの設計案を検討する必要がある。設計案は3Dモデルの違いだけでなく、公差を変えることもある。機械設計者と公差解析者との情報のやり取りが煩雑で間違いが生じ易いことである。3DAモデルを使った機械設計・公差解析連携プロセスでは、これらの問題を解決する。**図5.15**に、3DAモデルを使った3D正運用の機械設計・公差解析連携プロセスを示す。

#### ● 3DAモデルによる機械設計途中での公差ルールチェック

機械設計途中での公差チェックを利用した正しい公差の付与を説明する。3次元CADで3DAモデルを作成する場合、形状（3Dモデル）と公差指示（PMI）を同時に行う。3次元CADの寸法公差・幾何公差のセマンティック入力機能とオーサリング機能とルールチェック機能を利用すれば、3DAモデルが完成する前に、機械設計者は正しい公差の付与と判定を受けることができる。機械設計者は公差の対応規格（ISO・ASME・JISなど）を決定する。機械設計者は、3次元CAD

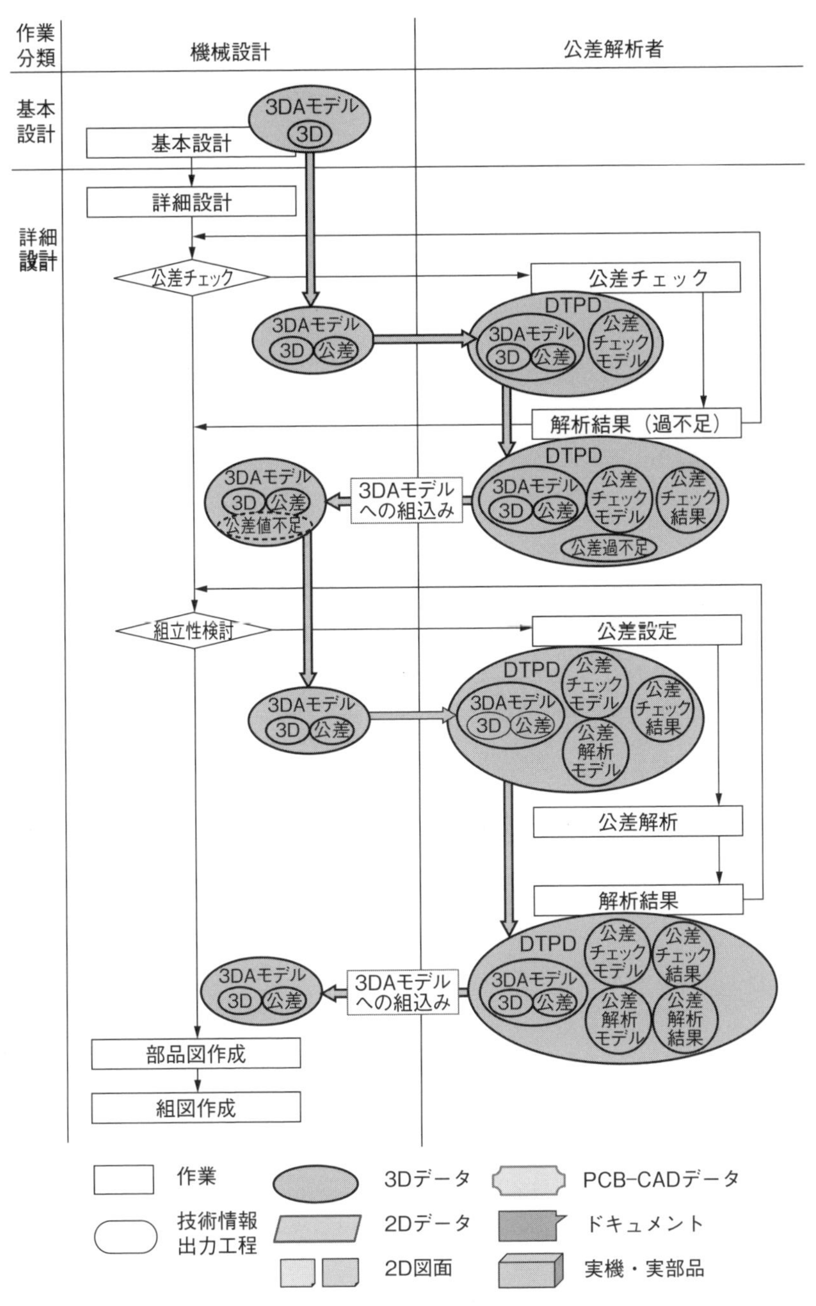


図 5.15　3D 正運用の機械設計・公差解析連携プロセス

で製品設計をしながら専用入力ウィンドで寸法公差と幾何公差を入力して、3DAモデルのPMI・属性に寸法公差と幾何公差を作成する。寸法公差・幾何公差のオーサリングの機能を利用して、設計意図に則した正しい寸法公差・幾何公差を指定することができる。寸法公差・幾何公差ルールチェック機能を利用して、設計意図に即した寸法公差・幾何公差の過不足がないかどうか調べることができる。寸法公差・幾何公差が入った3DAモデルは、そのまま公差解析に利用できる。

- **3DAモデルと公差解析・DTPDの連携**

公差解析モデルを作るための入力データは、公差解析の目的（評価したい内容）、3Dモデル、公差解析の実施個所、寸法公差・幾何公差の値と種類（PMI）、部品の位置関係と状態であり、これらは3DAモデルに含まれ、かつ関連性も保たれている。公差解析ソフトウェアに3DAモデルを読み込むことで、公差解析に必要情報をわざわざ探す、3Dデータに公差情報を再入力する必要がなくなり、効率的に公差解析モデルを作成できる。公差解析ソフトウェアでは、公差解析モデルの作成、公差解析実行、公差解析結果の可視化を行う。公差解析者は、解析の目的に沿って、公差解析結果の分析を行い、説明資料を作成する。公差解析モデル、公差解析結果の可視化、説明資料は、公差解析・DTPDに含まれ、かつ関連性も保たれている。機械設計者は公差解析結果と説明資料だけでなく、公差に関連する全ての情報をわざわざ探索せず見られるので、設計案の検証と理解を効率的に行うことができる。

- **ドキュメント情報の統合管理による効率化**

3DAモデルと公差解析・DTPDが連携したプロセスにより、公差解析モデルと公差解析結果の直接的な技術情報と公差解析作業の関連情報が統合的に管理できる。人的な管理による間違いを削減し、コンピュータと人的に作業確認を行うことができる。機械設計者から変更があった場合、変更反映の確認もコンピュータと人的に作業確認を行うことができる。

- **設計過程での様々な判断を根拠とともに書き残すことによる設計知識の形式知化**

基本設計において、製品の重要な箇所の公差指示の検討が行われている。これは製品に関する設計思想と設計検証を体系的にまとめた設計基準書の骨格になりうる。3DAモデルは設計案をコンピュータ上で表現したものであり、公差解析・DTPDは設計案に対する公差解析に基づく設計検証結果をコンピュータ上で表現したものであり、公差解析に関する作業実績も関連付けられている。設計過程での様々な判断を根拠とともに書き残したものであるので、設計知識を形式知化することができる。

## 5.7　機械設計→生産製造CAE

機械CAEと公差解析は設計開発時に設計検証をする手段であるのに対して、生産製造CAEは製品の生産製造時の製造性や組立性を検証する手段である。生産製造CAEには、樹脂流動解析、溶接加工解析、鋳造加工解析、切削加工解析、鍛造加工解析、メッキ解析、プレス加工解析、積層造形解析、工程設計シミュレーション、製造ラインシミュレーション、ロボットシミュレーション、計測シミュレーションがある。ここでは、樹脂流動解析を対象として、機械設計部門から生産製造CAE部門（樹脂流動解析者）へ樹脂流動シミュレーションを依頼する場合を取り上げる。樹脂流動解析とは、樹脂成形品の成形過程における溶融樹脂の流れを可視化し、樹脂の圧力や温度、収縮量などを定量化する解析手法で、成形時の不良の予測や不良の原因の分析を行うことができる。樹脂流動解析の実施例は、5.4.金型加工・樹脂成形の［2］金型設計で説明した。機械設計と生産製造CAEの連携プロセスに対して、3DAモデルをどのように適用するかについて説明する。

### ［1］　従来の機械設計・生産製造CAE連携プロセス

従来の機械設計・生産製造CAE連携プロセスを、**図5.16**に示す。機械設計・生産製造CAE連携プロセスには、基本設計、詳細設計、試作の3工程がある。

- **基本設計**

基本設計では、製品の概略仕様に基づき、製品の構造を具体化させるために、機能の実現方法を考え、部品の具体的な寸法、部品の位置関係、部品のつなぎ方を決めていく。部品を金型加工・樹脂成形で製造する場合、部品に対する機能から樹脂材料を検討する。

- **詳細設計**

詳細設計では、機械設計部門もしくは生産製造部門で樹脂材質とゲート方式／

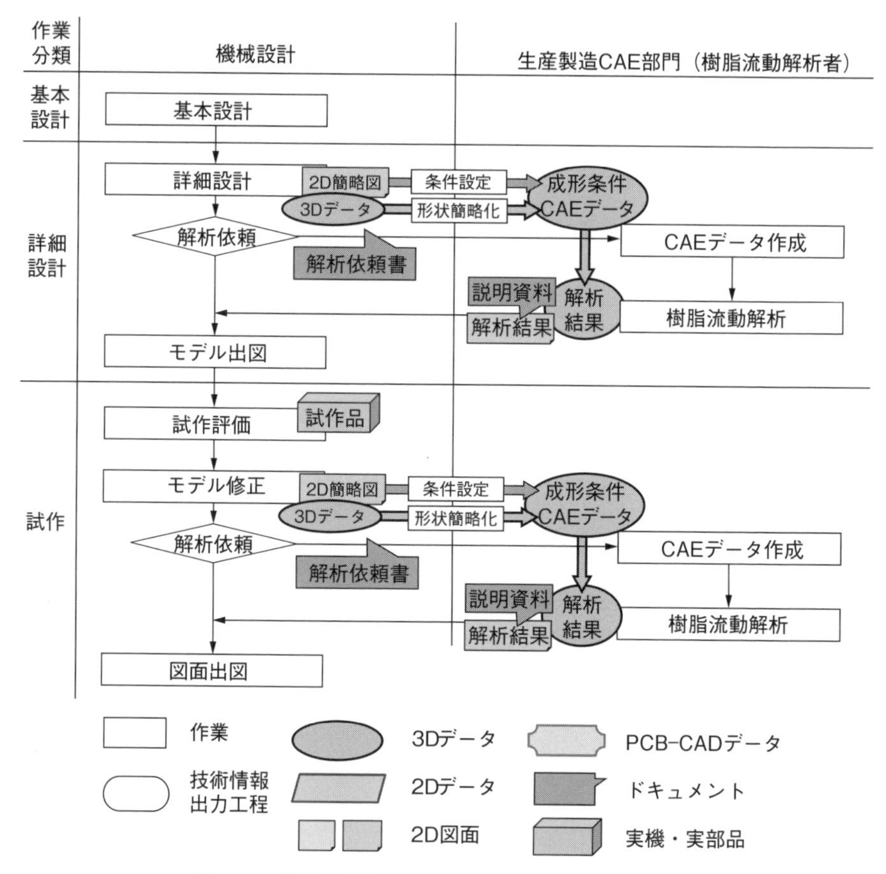


**図 5.16　従来の機械設計・生産製造 CAE プロセス**

位置を決め、詳細形状に対する充填性を確認するために、部品試作のためのモデル出図前に樹脂流動解析を実施する。機械設計部門から樹脂流動解析者へ樹脂流動解析の解析依頼をする。解析対象の 3D モデル・2D 簡略図・解析依頼書・材料もしくは物性値などを提出する。機械設計者と生産製造 CAE 部門（樹脂流動解析者）の打合せで、目的と依頼内容から解析精度・境界条件・負荷条件・結果処理・樹脂材質・ゲート方式／位置を決定する。生産製造 CAE 部門（樹脂流動解析者）は、納期までに樹脂流動解析作業工数が確保できるか確認する。生産製造 CAE 部門（樹脂流動解析者）は、3D モデルから樹脂流動解析データ作成（メッシュ分割・境界条件と負荷条件の設定）、樹脂流動解析、解析結果まとめと説明資料の作成をする。生産製造 CAE 部門（樹脂流動解析者）から機械設計者へ解析結果報告では、解析結果と説明資料を提示するが、打合せを実施して、設計への反映方法・次の解析依頼などを話し合う。機械設計者は樹脂流動解析結果を部品形状、樹脂材質とゲート方式／位置へ反映する。

● **試作**

試作評価後のモデル修正が完了し、金型設計のための図面出図の前に行われる樹脂流動解析は、生産製造部門で樹脂材質とゲート方式／位置、金型構造、冷却方法と水管位置などの金型要件と成形条件を決め、充填時間・成形性・ウェルドライン・冷却時間・ゲート寄与率・変形などの樹脂流動解析結果を求め、機械設計部門へ部品の製造性評価をフィードバックする。機械設計者から生産製造CAE部門（樹脂流動解析者）へ樹脂流動解析の解析依頼をする。解析対象の3Dモデル・検討図・解析依頼書・材料もしくは物性値などを提出する。機械設計者と生産製造CAE部門（樹脂流動解析者）の打合せで、目的と依頼内容から解析精度・境界条件・負荷条件・結果処理・樹脂材質・ゲート方式／位置・金型構造・冷却方法と水管位置を決定する。生産製造CAE部門（樹脂流動解析者）は、納期までに樹脂流動解析作業工数が確保できるか確認する。生産製造CAE部門（樹脂流動解析者）は、3Dモデルから樹脂流動解析データを作成（メッシュ分割・境界条件と負荷条件の設定）し、樹脂流動解析を実行、解析結果をまとめ説明資料を作成する。生産製造CAE部門（樹脂流動解析者）から機械設計者への解析結果報告では、解析結果と説明資料を提示するが、打合せを実施して、設計への反映方法・次の解析依頼などを話し合う。機械設計者と生産製造部門が相談し、樹脂材質とゲート方式／位置、金型構造、冷却方法と水管位置などの金型要件と成形条件を決定する。

### [2]　機械設計と生産製造CAEで連携する設計情報の置き換え

まず、従来の機械設計と生産製造CAEで連携する設計情報を3DAモデルに置き換える。

機械設計部門から生産製造CAE部門（樹脂流動解析者）への設計情報である解析依頼書および打合せの議事録は、解析依頼書および打合せ議事録のリンク情報として管理する。

解析対象の3Dモデルは、3DAモデルの3Dモデルとして提供される。解析対象範囲および形状簡略箇所は解析依頼書に記載されている。樹脂材質とゲート方式／位置、金型構造、冷却方法と水管位置などの金型要件と成形条件は解析依頼書および2D簡略図に記載されている。3.5の樹脂成形部品の［4］金型要件の作り込みで示したように、設計開発部門と金型製造部門で事前に金型加工・射出成形に関するルール（例えば、3Dモデルと金型加工・射出成形要件の関係、3Dモデルで表現できない箇所に対する金型加工・射出成形要件の解釈）が決まっている。このルールに従って、3Dモデル、PMI、属性、リンクに記載する。詳細な説明をするためにマルチビューと2Dビューを設けることが可能である。

材料もしくは物性値は3DAモデルの属性として提供することで、樹脂解析に3DAモデルを取り込む際に一緒に取り込まれる。材料もしくは物性値を別システムで管理している場合、リンク情報により機械CAEに取り込むこともできる。

生産製造CAE部門（樹脂流動解析者）から機械設計部門への情報である解析結果は、3DAモデルの属性として管理する（3Dモデル上に表示する）。同時に解析結果と説明資料も、解析結果と説明資料のリンク情報で管理する。

### ［3］ 3D正運用の機械設計・生産製造CAE連携プロセス

従来の機械設計・生産製造CAE連携の問題は、3Dデータに金型要件と成形要件がどこまで盛り込まれているか判らないために、樹脂解析モデル作成の3Dデータへの金型要件と成形要件を織り込む必要がある。金型要件と成形要件の盛り込みにより樹脂流動解析の精度が変わってくる。機械設計者と樹脂流動解析者との情報のやり取りが煩雑で間違いが生じ易いことである。3DAモデルを使った機械設計・公差解析連携プロセスでは、これらの問題を解決する。**図5.17**に、3DAモデルを使った3D正運用の機械設計・樹脂流動解析連携プロセスを示す。

#### ● 金型加工・射出成形に関するルールに基づく3DAモデルと樹脂流動解析DTPDの連携

3DAモデルは、設計開発部門と金型製造部門で事前に金型加工・射出成形に関するルールに基づき、3Dモデル・PMI・属性に金型要件および成形要件が織り込まれている。機械CAEモデルを作るための入力データは、解析の目的（解析により求めたい現象）、3Dモデル、解析対象範囲、材料、物性値、解析対象周辺環境（境界条件の元になる）であり、これらは3DAモデルに含まれ、かつ関連性も保たれている。樹脂流動解析ソフトウェアに3DAモデルを読み込むことで、

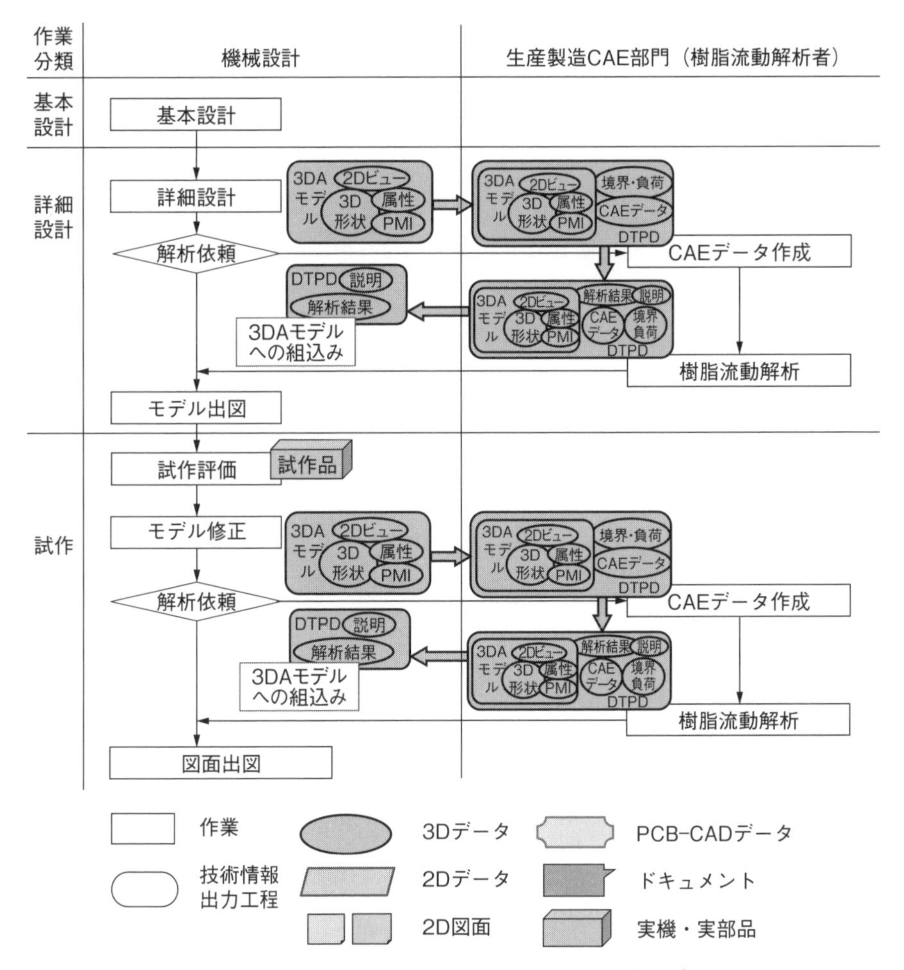


**図 5.17　3D 正運用の機械設計・生産製造 CAE 連携プロセス**

樹脂流動解析に必要情報をわざわざ探す必要がなくなり、金型要件および成形要件が盛り込まれている樹脂流動解析モデルを効率的に作成できる。

### ●　ドキュメント情報の統合管理による効率化

3DA モデルと樹脂流動解析 DTPD が連携したプロセスにより、樹脂流動解析モデルと樹脂流動解析結果の直接的な技術情報と樹脂流動解析作業の関連情報が統合的に管理できる。人的な管理による間違いを削減し、コンピュータと人的に作業確認を行うことができる。機械設計者から変更があった場合、変更反映の確認もコンピュータと人的に作業確認を行うことができる。

● **設計過程での様々な判断を根拠とともに書き残すことによる設計知識の形式知化**

3DA モデルは金型要件および成形要件を加えた部品モデルであり、樹脂流動解析 DTPD は樹脂流動解析モデルと樹脂流動解析結果である。樹脂成形部品における、金型要件および成形要件に基づく樹脂流動の特徴と問題点が全て含まれる。これは樹脂成形部品に関する設計思想と設計検証を体系的にまとめた設計基準書になる。樹脂流動解析に関する作業実績も関連付けられている。設計過程での様々な判断を根拠とともに書き残したものであるので、設計知識を形式知化することができる。

## 5.8 CAD データ管理（設計仕掛り）

CAD データ管理は、直接的に製品開発に関わる工程ではないが、設計開発を円滑に進めるために必要な工程である。CAD データ管理の機能は大きく分けて 6 つある。

● **保管**

CAD データを効率的かつ安全に保存して、CAD データの損失を防ぐ。

● **バージョン管理**

CAD データの増分的な変更を管理する。設計案を枝分かれ的に発生させ、必要に応じて分岐点まで戻ることができ、複数の設計案を管理することができる。

● **変更管理**

不注意または認証のない修正を防止する。製品担当以外の機械設計者が誤って CAD データに変更を加えることを阻止する。同じ CAD データを複数の機械設計者が同時に変更を加えて、同じ部品番号で形が異なる部品の発生を阻止する。

● **設計コンフィギュレーション管理**

組立品に使われている部品と部品のバージョンの組合せを管理する。

● **分散された作業環境**

個人の動作をチームの動作に結び付ける。他の機械設計者が設計している部品が進捗したことを伝える。

● **プロダクトライフサイクル管理**

設計の進行と状態を最初から最後まで追跡する。

CADデータ管理は、設計仕掛かり（出図までの設計開発の途中）と設計開発完了（出図）の状態によって異なる。ここでは、設計仕掛かりのCADデータ管理を説明する。CADデータ管理（設計仕掛かり）に対して、3DAモデルをどのように適用するかを紹介する。

## [1]　従来のCADデータ管理（設計仕掛り）プロセス

従来のCADデータ管理（設計仕掛り）プロセスを、**図5.18**に示す。CADデータ管理（設計仕掛り）プロセスには、基本設計と詳細設計、図面化の2工程がある。

### ●　基本設計と詳細設計

基本設計と詳細設計は、目的と検討内容が異なる工程だが、CADデータ管理

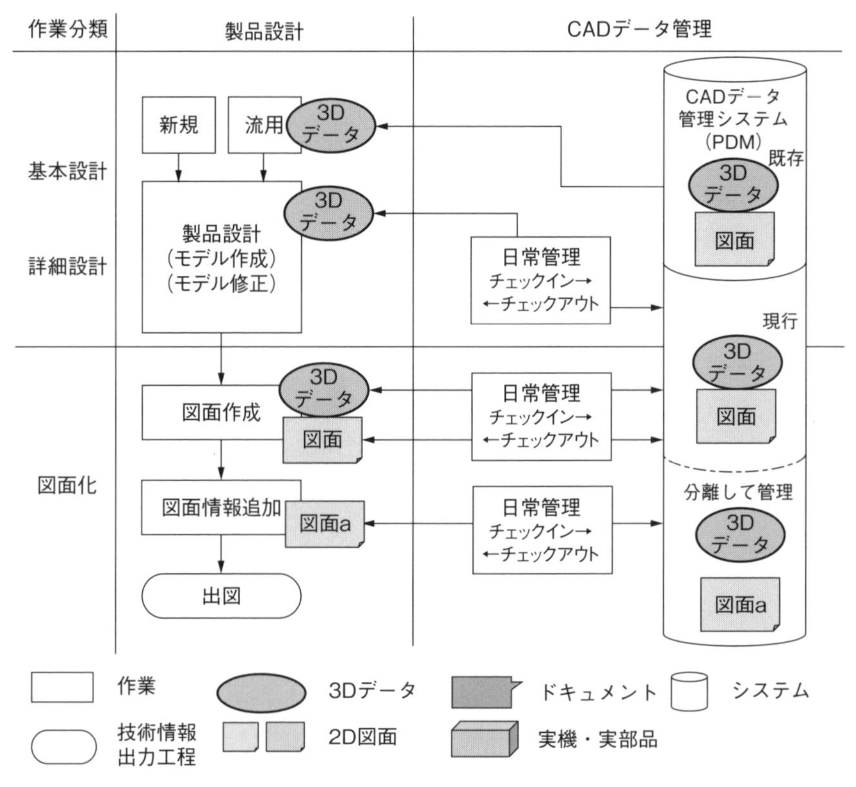


図5.18　従来のCADデータ管理（設計仕掛かり）プロセス

においては同じ働きとなるので一緒に説明する。新規に設計をする場合は、3次元CADでゼロから設計を開始する。部分的に改良する流用設計の場合には、CADデータ管理システム（PDM：Product Data Management）から3Dデータと2D図面データを取り出す。3次元CADから3Dデータと2D図面をPDMに登録することをチェックインといい、PDMから3Dデータと2D図面を3次元CADに取り出すことをチェックアウトという。PDMの変更管理により、3Dモデルと2D図面は占有権取得者のみが編集可能であり、新規作成時およびチェックアウト時に占有権を得る。

● **図面化**

図面化は、詳細設計において、3Dモデルから2D図面を作成する作業である。3Dデータに表示領域と方向を設定して、2D図面上に配置する。図5.18の図面に相当する。寸法線や公差指示を追加して、製図規格に一致しない部分の処理（例えば隠線処理の表記方法）をする。図5.18の図面aに相当する。基本的に3Dデータと2D図面の関係は完全に連想性が保たれており、3Dデータに変更が加わった場合、2D図面にも変更が反映される。2D図面に変更が加わった場合、図面化で加わった情報など、必ずしも3Dデータへ変更が反映しない。3Dデータと2D図面（図面a）は部分的な連想性に変更となり、PDMでは分離した管理となる。2D図面（図面a）が作成された後で、3Dデータに変更があった場合、3Dデータと2D図面は部分的な連想性となっているので、機械設計者が確認をして、図面化で加えた作業を再度行うことになる。

### ［2］ CADデータ管理（設計仕掛り）で連携する設計情報の置き換え

まず、従来のCADデータ管理（設計仕掛り）に関する設計情報を3DAモデルに置き換える。3Dデータおよび2D図面の設計情報は、3DAモデルの3Dモデル・PMI・属性・マルチビュー・2Dビューに置き換えられる。

### ［3］ 3D正運用のCADデータ管理（設計仕掛り）プロセス

次に、3DAモデルを使ったCADデータ管理（設計仕掛り）を説明する。**図5.19**に、3DAモデルを使った3D正運用のCADデータ管理（設計仕掛り）プロセスを示す。

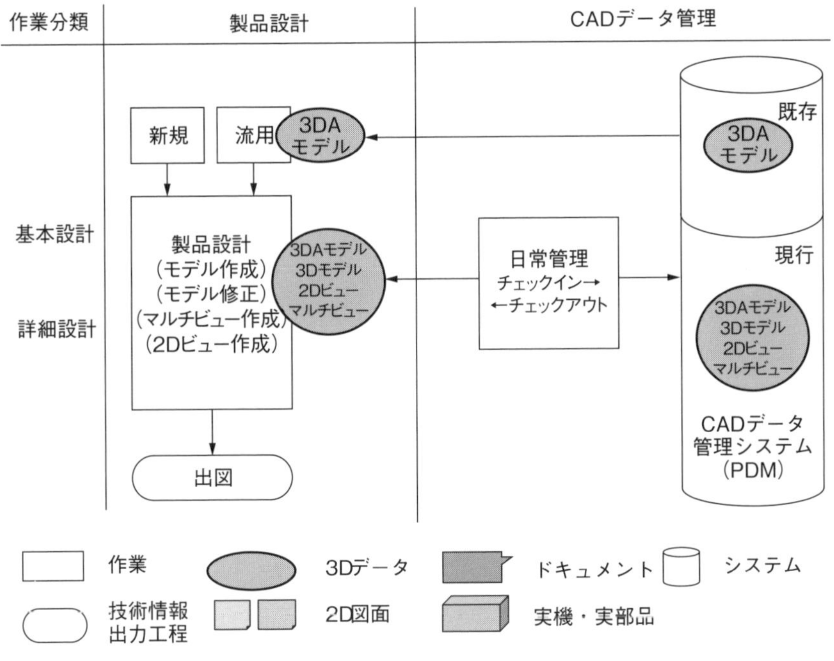


**図 5.19　3D 正運用の CAD データ管理（設計仕掛り）**

## ●　基本設計と詳細設計

3D モデルと 2D 図面の設計情報は全て 3DA モデルに集約されている。新規に設計をする場合は、3 次元CAD でゼロから設計を開始する。部分的に改良する流用設計の場合には、CAD データ管理システム（PDM：Product Data Management）から 3DA モデルを取り出す。設計仕掛かりでは、機械設計者は 3DA モデルと PDM にチェックインし、PDM から 3DA モデルをチェックアウトする。PDM の変更管理により、3DA モデルは占有権取得者のみが編集可能であり、新規作成時およびチェックアウト時に占有権を得る。従来の CAD データ管理（設計仕掛かり）と変わらない。

## ●　図面化の廃止

3DA モデルを使った 3D 正運用の CAD データ管理（設計仕掛り）プロセスで大きく変わる点は、図面化の廃止である。図面化（製図）の廃止は、2.3 の日本と欧米の機械設計の違い、図面レスと製図レスで示したように、3D モデルと 2D 図面の 2 種類の設計情報を管理しなければならない課題を解決するものである。機

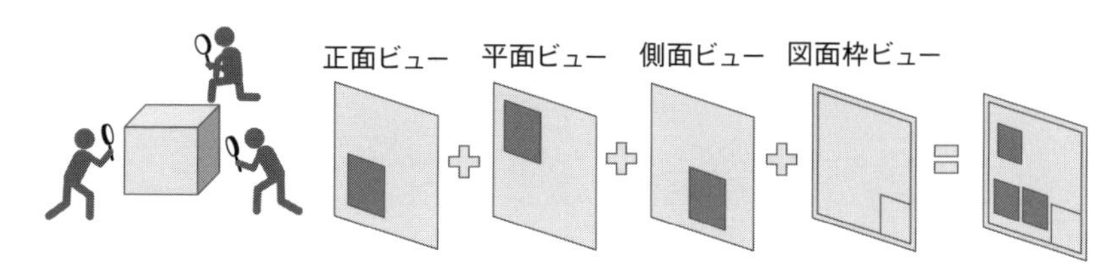


**図 5.20　3DA モデルにおける 2D 投影図**

械設計者が作業性を考えて、3D モデルの表示領域と方向を設定して、3D モデル、PMI、属性、リンクに設計情報を作り込む。従来の 2D 図面と同様な設計情報の表示様式が必要な場合、例えば、**図 5.20** に示したように、三面図を構成する正面図、平面図、側面図で設計情報を表示したい場合、3DA モデルのマルチビューを使い、3D モデルを正面ビュー、平面ビュー、側面ビューに表示して、3D モデル（断面作成や部品の表示／非表示）、PMI、属性、リンクを作り込む。表示領域と表示方向を指定したビューと表示／非表示する 3D モデル、PMI、属性、リンクの組合せを保存する。保存したビューに切り換えれば、正面ビュー、平面ビュー、側面ビューに応じた 3D モデル、PMI、属性、リンクが表示される。マルチビューと 2D ビューは 3DA モデルに含まれている。

## 5.9　CAD データ管理（出図）

設計開発完了（出図）の CAD データ管理を説明する。CAD データ管理の 6 つの機能（保管・バージョン管理・変更管理・設計コンフィギュレーション管理・分散された作業環境・プロダクトライフサイクル管理）が関与する。CAD データ管理（出図）に対して、3DA モデルをどのように適用するかについて説明する。

### [1]　従来の CAD データ管理（出図）プロセス

従来の CAD データ管理（出図）プロセスを、**図 5.21** に示す。CAD データ管理（出図）プロセスには、詳細設計、図面化、出図の 3 工程がある。

● **詳細設計**

CAD データ管理（設計仕掛り）で説明したように、機械設計者は 3 次元 CAD から PDM にチェックインして 3D データと 2D 図面を登録する。PDM からチェ

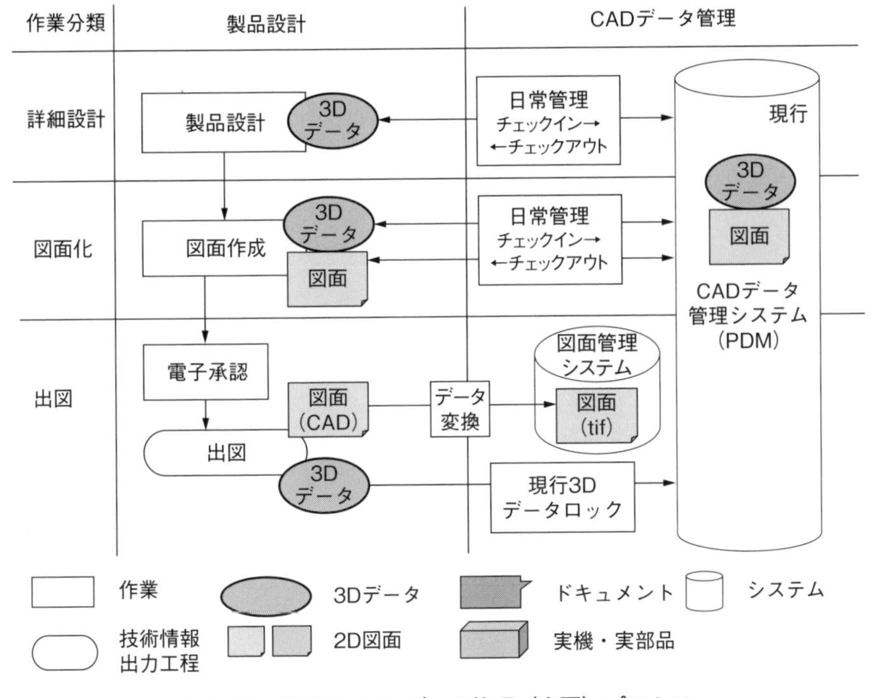


**図 5.21　従来の CAD データ管理（出図）プロセス**

ックアウトして 3D データと 2D 図面を 3 次元 CAD に取り出す。PDM の変更管理により、3D モデルと 2D 図面は占有権取得者のみが編集可能であり、新規作成時およびチェックアウト時に占有権を得る。

● **図面化**

CAD データ管理（設計仕掛り）で説明したように、図面化は、詳細設計において、3D モデルから 2D 図面を作成する作業である。3D データに表示領域と方向を設定して、2D 図面上に配置する。寸法線や公差指示を追加して、製図規格に一致しない部分の処理（例えば隠線処理の表記方法）をする。基本的に 3D データと 2D 図面の関係は完全に連想性が保たれており、3D データに変更が加わった場合、2D 図面にも変更が反映される。2D 図面に変更が加わった場合、図面化で加わった情報など、必ずしも 3D データへ変更が反映しない。3D データと 2D 図面は部分的な連想性に変更となり、PDM では分離した管理となる。2D 図面が作成された後で、3D データに変更があった場合、3D データと 2D 図面は部分的な連想性となっているので、機械設計者が確認をして、図面化で加えた作業を再度することになる。

● **出図**

出図は、機械設計が完了し、調達・生産・製造・検査・品質へ最終確定した設計情報を提出する。図面化のところで説明したように、3Dデータに書き込めない寸法線や公差指示を追加して、製図規格に一致しない部分の処理（例えば隠線処理の表記方法）をするので、設計情報は3Dデータよりも2D図面の方が多い。2D図面と3Dデータの2種類の設計情報がある場合、紙に印刷した2D図面と3Dデータに食い違う部分があるときは2D図面が正しいことになる。従来のCADデータ管理（出図）を含む製品開発プロセスでは2D正の扱いとなる。契約や法律の遵守の観点から出図後に設計情報は勝手に改竄できず、変更が発生する場合は所定の手続きを行い変更があったことを記録する必要がある。3Dデータと2D図面は部分的な連想性となっており、3Dデータと2D図面の電子データでは改竄防止および変更管理が不十分との観点から、3Dデータの確認と2D図面の検図の後に2D図面に対して電子承認を行い、承認者名と承認日付の書き込みを行っている。その後、tifなどの画像データ化する。検図と承認の実施記録が入り画像データ化した2D図面は図面管理システムで管理している。PDMには画像データ管理機能がないものが多い。設計変更が発生した場合、同じように処理した2D図面（画像データ）を図面管理システムでバージョン管理する。3Dデータと2D図面（データ）は、2D図面の承認時に、PDM上の3Dデータと2D図面（データ）をロック（凍結）して、こちらも改竄ができないようになっている。それ以降の設計変更に関してはPDMのバージョン管理・変更管理・設計コンフィギュレーション管理・プロダクトライフサイクル管理により設計変更処理が行われる。

### [2] CADデータ管理（出図）で連携する設計情報の置き換え

従来のCADデータ管理（出図）に関する設計情報を3DAモデルに置き換える。3Dデータおよび2D図面の設計情報は、3DAモデルの3Dモデル・PMI・属性・マルチビュー・2Dビューに置き換えられる。

### [3] 3D正運用のCADデータ管理（出図）プロセス

次に、3DAモデルを使ったCADデータ管理（出図）を説明する。**図5.22**に、

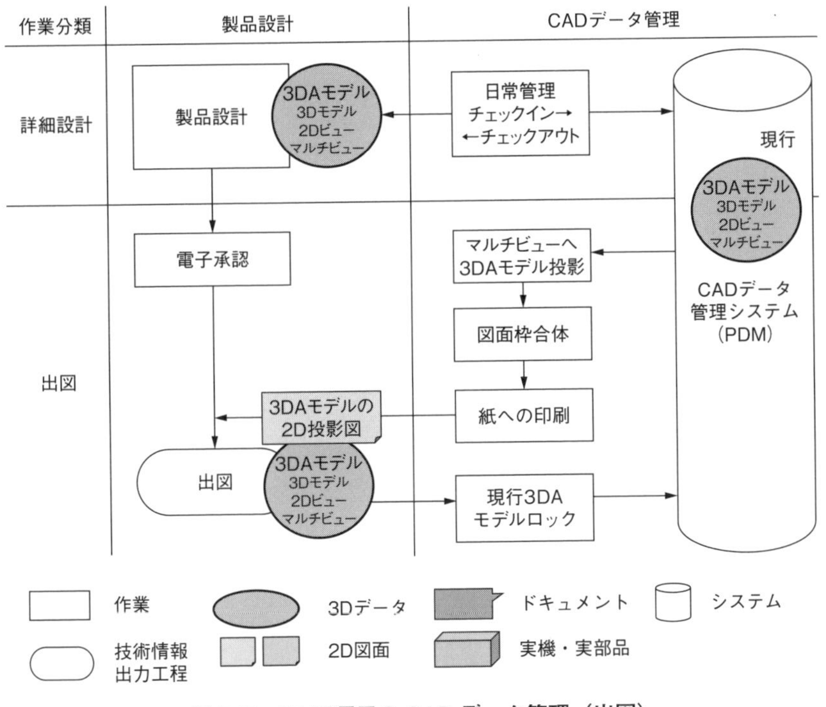


図 5.22　3D 正運用の CAD データ管理（出図）

3DA モデルを使った 3D 正運用の CAD データ管理（出図）プロセスを示す。

## ● 詳細設計

3D 正運用の CAD データ管理（設計仕掛かり）プロセスと同様に、3D モデルと 2D 図面の設計情報は全て 3DA モデルに集約されている。新規に設計をする場合は、3 次元CAD でゼロから設計を開始する。部分的に改良する流用設計の場合には、CAD データ管理システム（PDM：Product Data Management）から 3DA モデルを取り出す。設計仕掛かりでは、機械設計者は 3DA モデルと PDM にチェックインし、PDM から 3DA モデルをチェックアウトする。PDM の変更管理により、3DA モデルは占有権取得者のみが編集可能であり、新規作成時およびチェックアウト時に占有権を得る。従来の CAD データ管理（設計仕掛かり）と変わらない。

● **図面化の廃止**

3DA モデルを使った 3D 正運用の CAD データ管理（設計仕掛り）プロセスで大きく変わる点は、図面化の廃止である。3DA モデルを使った 3D 正運用の CAD データ管理（出図）プロセスでも同様である。出図先の設備（例えば、3DA モデルを受け取るシステムを持っていない、3DA モデルを表示するビューワを持てない）、契約や法律に基づき 2D 図面（紙）が必要な場合がある。3DA モデルを使った 3D 正運用の CAD データ管理（設計仕掛り）プロセスで説明したように、従来の 2D 図面と同様な設計情報の表示様式が必要な場合、例えば、三面図を構成する正面図、平面図、側面図で設計情報を表示したい場合、3DA モデルのマルチビューを使い、3D モデルを正面ビュー、平面ビュー、側面ビューに表示して、3D モデル（断面作成や部品の表示／非表示）、PMI、属性、リンクを作り込む。表示領域と表示方向を指定したビューと表示／非表示する 3D モデル、PMI、属性、リンクの組合せを保存する。図 5.20 に示したように、3DA モデルの正面ビュー、3DA モデルの平面ビュー、3DA モデルの側面ビュー、図面枠ビュー（図面枠・管理表のみを記載したビュー）を合体させて、3AD モデルにおける 2D 投影図を作成して、これを紙の図面に印刷する。

## 5.10　機械設計→見積り

機械設計が完了すると、次に調達が行われる。ここでの調達とは、設計開発からの設計情報と部品所要量計算に基づき、その生産指示・購入注文などの手配を行うことである。購入注文では、ものづくりに必要な原材料、その他の消費財、生産機材などを購入する。内製部品の場合、設計情報から検査仕様書を作成する。外注部品の場合、購入仕様書と検査成績書を作成する。調達を行う前に見積りを行う。発注額だけでなく納期と品質を確認して発注先を確定するので、見積りは重要である。見積りに対して、3DA モデルをどのように適用するか。ここでは、製品メーカーから金型メーカーに金型設計・製造を発注する時の見積りを取り上げる。

### [1]　従来の見積りプロセス

従来の見積りプロセスを**図 5.23** に示す。製品メーカーから金型メーカーに金型

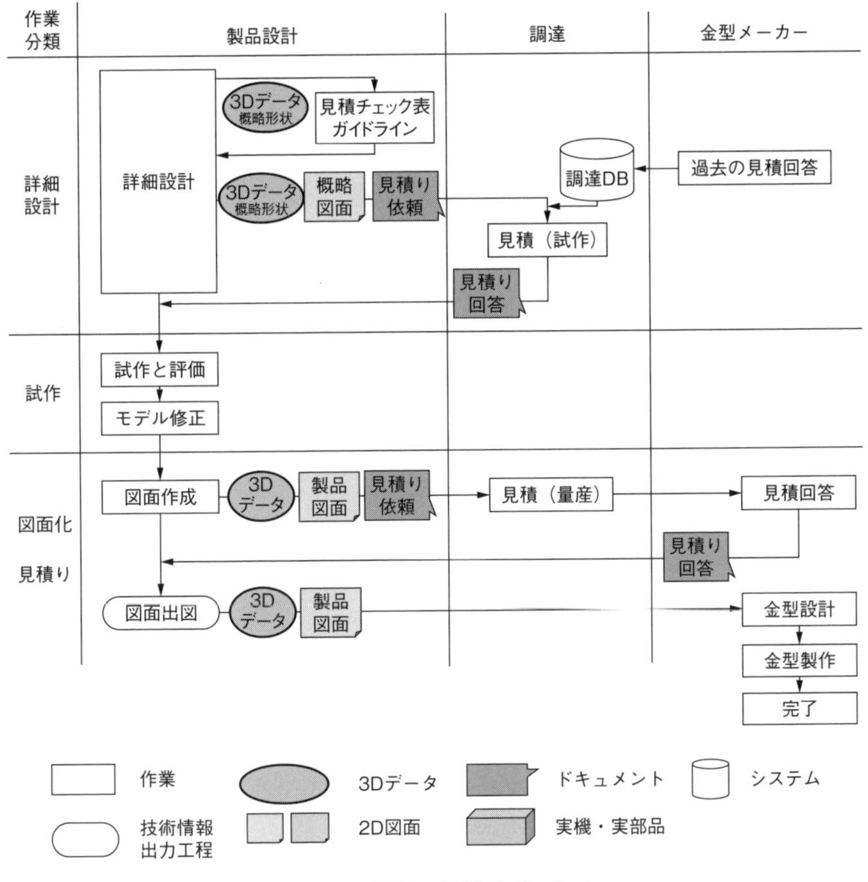


**図 5.23　従来の見積りプロセス**

設計・製造を発注する時の見積りには、①設計者が行う開発時の見積り、②見積り専任者が実施する試作時の見積り、③見積り専任者が実施する発注時の３段階の見積りがある。

**①　開発時の見積り**

初期コスト目標の作成、コスト目標達成に対する事前把握、既存機種を参照としたコスト試算を目的としており、機械設計者が3Dデータ概略形状から加工要件・加工箇所数・外形形状を算出して、見積りチェック表やガイドラインに照らし合わせて、概算コストを算出する。

### ② 見積り者が実施する試作時の見積り

主に新機種の製品開発におけるコスト目標算出および確認のために行われる。機械設計部門から調達部門へ見積り依頼書、2D概略図面、3Dデータ概略形状が送られて、調達部門でコスト算出が行われる。調達部門の見積り者は部品形状から全体の大きさ・加工箇所と加工方法を抽出し、調達要件（業者・参考単価・経験）と製造用件（工場機器稼働状況・材料単価・製造工程）と照らし合わせてコストを算出する。過去の既存機種との仕様差分も参考にする。部品形状から加工箇所と加工方法を抽出することに力点が置かれているので、主に2D概略図面が利用され、3Dデータは参考とされる。

### ③ 見積り専任者が実施する発注時の見積り

発注前のコスト確認および金型メーカー選定のために行われる。機械設計部門から調達部門へ見積り依頼書（ドキュメント）、2D図面（最終図面）、3Dデータが送られて、調達部門でコスト算出（基準値）が行われる。その後で金型メーカーへ見積り依頼を行い、金型メーカーから見積り回答を集める。試作時の見積りと同様に、見積り者は部品形状から全体の大きさ・加工箇所と加工方法を抽出し、調達要件（業者・参考単価・経験）と製造用件（工場機器稼働状況・材料単価・製造工程）と照らし合わせてコストを算出する。試作前との仕様差分も参考にする。部品形状から加工箇所と加工方法を抽出することに力点が置かれているので、主に2D図面が利用され、3Dデータは参考とされる。また、見積り者は製品設計情報だけで見積りを実施するのではなく、調達要件（業者・参考単価・経験）と製造用件（工場機器稼働状況・材料単価・製造工程）などと連携をする。前機種との仕様差分も参考にする。これらの参考情報は、必ずしもシステム的に管理されている訳ではなく、見積り者の業務経験による差異が発生することもある。

## [2] 見積りで連携する設計情報の置き換え

まず、従来の見積りに関する設計情報を3DAモデルに置き換える。

3Dデータおよび2D図面の設計情報は、3DAモデルの3Dモデル・PMI・属性・マルチビュー・2Dビューに置き換えられる。

見積り者は、部品の全体的な大きさから素材の大きさを算出する。これは3DAモデルの3Dモデルの外形形状や質量特性から算出できる。

見積り者は、部品の加工箇所と加工方法から加工コスト（加工方法に応じた単価×箇所＝合計）を算出する。3DAモデルの3Dモデルは、幾何形状と同時にフィーチャとよばれる形状特徴に分類される要素を持っている。加工方法に応じたフィーチャ（例えば穴、ボス、リブなど）を用意しておき、3Dモデルからフィーチャの種類と個数を属性に加えておけば、加工箇所と加工方法を算出できる。

見積り者が、加工箇所と加工方法を視覚的に確認するために、従来通りの2D図面が必要とされる場合には、図5.20で示したように、3DAモデルのマルチビューを使い、3DAモデルの正面ビュー、3DAモデルの平面ビュー、3DAモデルの側面ビュー、図面枠ビュー（図面枠・管理表のみを記載したビュー）を合体させて、3DAモデルにおける2D投影図を作成することができる。

機械設計部門から調達部門への設計情報である見積り依頼書および調達部門から機械設計部門へのフィードバック情報となる見積り回答書は、別システムで管理していることから、見積り依頼書および見積り回答書のリンク情報として管理する。

### [3]　3D正運用の見積りプロセス

次に、3DAモデルを使った見積りを説明する。**図5.24**に、3DAモデルを使った3D正運用の見積りプロセスを示す。

#### ●　3DAモデルへ見積り情報が集約

3DAモデルには見積りに必要な情報が集約している。見積り者は、3DAモデルの3Dモデルの外形形状や質量特性から、部品の全体的な大きさを算出して、素材の大きさを求めることができる。3DAモデルの3Dモデルまたは属性から、加工方法に応じたフィーチャの種類と個数を算出して、加工コストを計算できる。3DAモデルの属性から材質を求める。3DAモデルのPMIまたは属性を見れば、問い合わせをしなくても、機械設計者から指示事項を知ることができる。機械設計で変更が発生した場合、設計情報間の関連性を通して、直ちに3DAモデル全体に変更を反映され、見積り者は最新の情報を知ることができる。見積り結果となる見積り回答書は見積りDTPDとして管理している。見積りDTPDと3DAモデルとは連携しており、機械設計者は3DAモデルを確認するだけで見積り対象の部品と見積り回答を同時に知ることができる。情報を探す手間がなくなる。

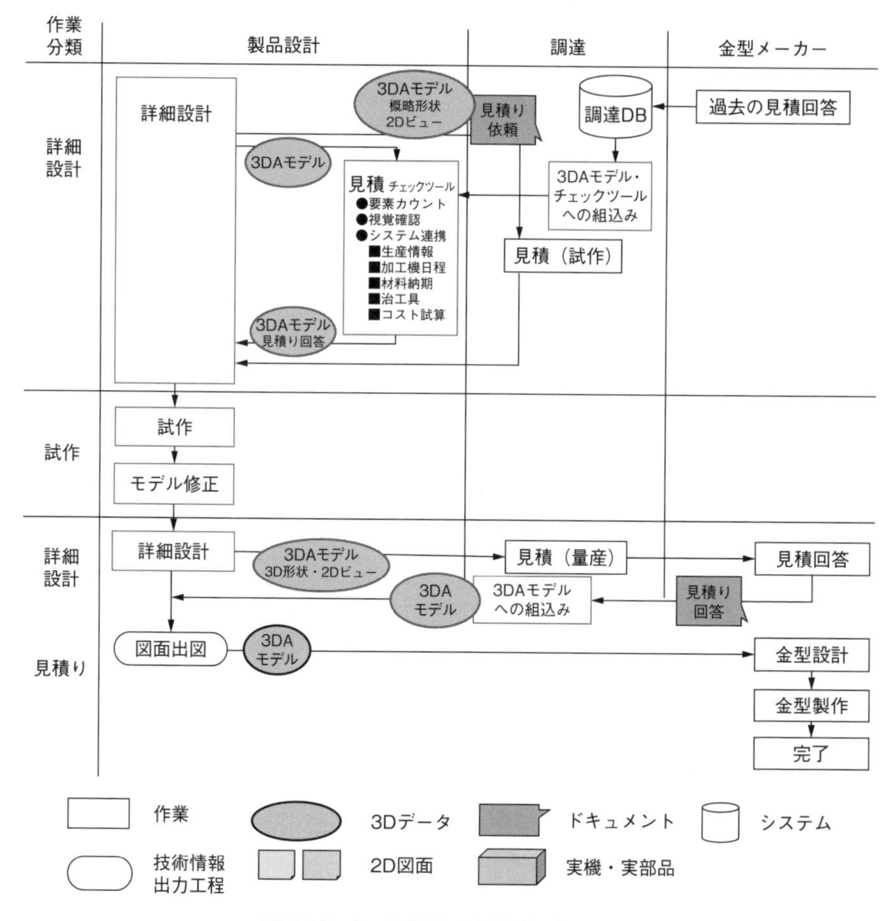


**図 5.24　3D 正運用の見積りプロセス**

## ● 見積チェックツール

3DA モデルには見積りに必要な情報が集約している。見積り DTPD には調達要件（業者・参考単価・経験）と製造用件（工場機器稼働状況・材料単価・製造工程）の情報が集約している。これらの情報を使用した見積りプロセスを検討して、3DA モデルと連携した見積りチェックツールを構築する。機械設計者は自分で見積りチェックツールを利用して見積りを調べることができる。

## ● 3DA モデルと見積り DTPD の連携による見積りの高度化と効率化

見積り者は、設計情報以外に、既存部品との仕様差分、調達要件（業者・参考単価・経験）と製造用件（工場機器稼働状況・材料単価・製造工程）と連携をする。既存部品との仕様差分は、既存部品の3DAモデルと現在の部品の3DAモデルとを比較して求めることができる。調達要件と製造要件の情報は、俗人化した業務経験ノウハウを形式知化したドキュメントと合わせて、見積りDTPDに情報を集約し、活用プロセスを構築する。3DAモデルと見積りDTPDの連携により、散在した情報を集約する手間と見積り者の経験スキルによる差異を削減することができる。見積り者が、加工箇所と加工方法を視覚的に確認するために、従来通りの2D図面が必要とされる場合には、3DAモデルから2D投影図を作成することができる。3DAモデルと見積りDTPDの連携により、見積りが高度化かつ効率化できる。

## 5.11　機械設計→発注

ここでは、調達における発注を説明する。繰り返しになるが、調達とは、設計開発からの設計情報と部品所要量計算に基づき、その生産指示・購入注文などの手配を行うことである。購入注文では、ものづくりに必要な原材料、その他の消費財、生産機材などを購入する。機械設計完了時の設計情報から様々な帳票を作成する。内製部品の場合、設計情報から検査仕様書を作成する。外注部品の場合、購入仕様書と検査成績書と注文書を作成する。発注には、金型加工・板金加工・機械加工・生産組立などの加工品、カタログ販売の購入品などが考えられるが、ここでは見積りとの関連を考えて、金型加工品の発注を取り上げる。

### [1]　従来の発注プロセス

従来の発注プロセスを**図5.25**に示す。機械設計の設計情報の活用を中心に作業内容を示す。見積り完了後に、製品設計部門が調達部門に購入仕様書と検査成績書と2D図面を提出して発注を依頼する。

3Dモデルではなく2D図面で発注する主な理由を説明する。

- **見積りが2D図面で行われ、同じ条件で発注する。**

見積りでは設計情報から部品全体の大きさと加工箇所と加工方法を抽出することが中心になるので、2D図面で行われ、3Dデータは参考扱いである。

- **設計情報が2D正で取り扱われる。**

設計情報は3Dデータよりも2D図面の方が多く、2D図面と3Dデータの2種

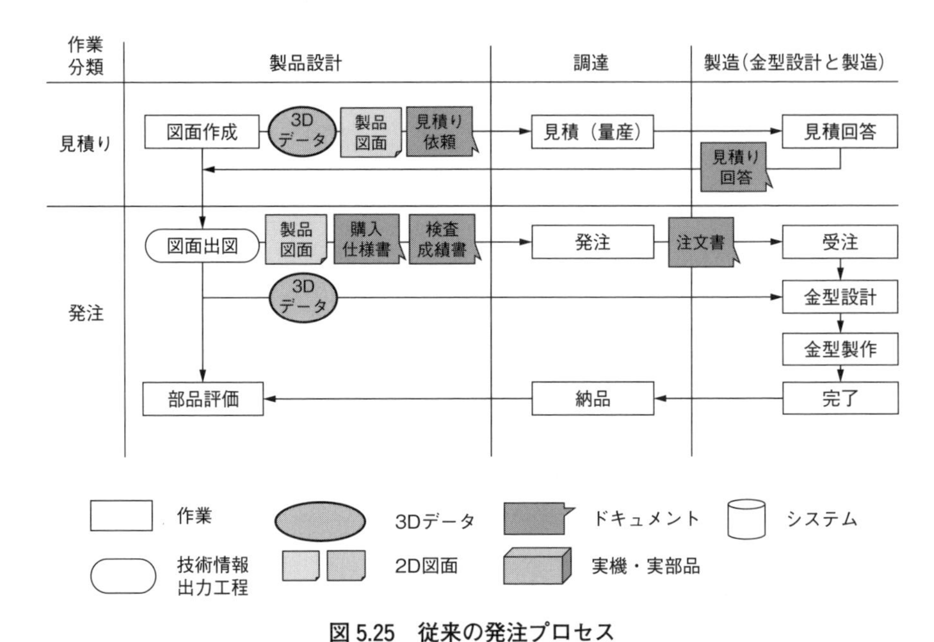


**図 5.25　従来の発注プロセス**

類の設計情報がある場合、紙に印刷した2D図面と3Dデータに食い違う部分があるときは2D図面が正しいことになる。

● **必ずしも、金型メーカーが3Dデータを受け取れる環境を持っていない。**

金型メーカーが3次元CADを所有していない。ビューワで3Dデータを目視で確認することできるが、詳細部分の検討が難しい。

購入仕様書には、品名、用途、納期、納入場所、仕様、付属品一覧、支給品、受入条件、検査方法、梱包方法などが書かれている。検査成績書は、部品の納品時における、数量チェック、外観検査結果、電気検査結果、機能検査結果などの結果が問題なかったことを証明する書類である。詳しくは、5.19の機械設計→検査（受入検査）で説明する。購入仕様書と検査成績表は、3Dデータと2D図面とは別に作成する。調達部門では、機械設計部門からの購入仕様書に支払条件、保証など書き込む。発注を管理するために、注文書を作成する。注文書には、タイトル、送付先、発注日、作成者名、発注内容、発注金額、納期・支払い条件・有効期限などを書き込む。2D図面、購入仕様書、検査成績書、発注書を金型メーカーに送付する。金型メーカーから3Dデータを要求された場合、調達部門の了解を得た上で、機械設計部門から金型メーカーに3Dデータを送る。

### ［2］　発注で連携する設計情報の置き換え

従来の機械設計と発注で連携する設計情報を3DAモデルに置き換える。

3Dデータおよび2D図面の設計情報は、3DAモデルの3Dモデル・PMI・属性・マルチビュー・2Dビューに置き換えられる。図5.20で示したように、3DAモデルのマルチビューを使い、3DAモデルの正面ビュー、3DAモデルの平面ビュー、3DAモデルの側面ビュー、図面枠ビュー（図面枠・管理表のみを記載したビュー）を合体させて、3DAモデルにおける2D投影図を作成することができる。3DAモデルであれば3Dデータと2D図面の両方の出力に対応できる。

購入仕様書は、見積り依頼書と同様に、別システムで管理していることから、見積り依頼書および見積り回答書のリンク情報として管理する。ただし、購入仕様書に書かれる設計情報は、3DAモデルの属性とPMIに基づく場合が多く、大本の3DAモデルの所在と関連をリンク情報として含めておく。

検査成績書は、表形式の測定結果のほかに、測定箇所や測定方法を示すために3Dデータや2D図面を利用していることが多く、これらは3Dデータとマルチビューと2Dビューから作成できる。検査成績書は3DAモデルから作成すると同時に、大本の3DAモデルの所在と関連をリンク情報として含めておく。調達以降は、別システムで管理して、リンク情報として管理する。

発注書は、調達部門で作成し管理する。発注書に書き込む情報は、購入仕様書と検査成績書から転記する情報も多い。大本の購入仕様書と検査成績書の所在、更には大本の3DAモデルの所在と関連をリンク情報として含めておく。

### ［3］　3D正運用の発注プロセス

従来の発注プロセスの問題は、発注に必要な資料（3Dモデル、2D図面、帳票などを総称して資料と称した）ごとに情報を作成していた。機械設計者は設計情報をユニークに持ち、発注者は発注情報をユニークに持っているが、共有が不十分なために個人差があり、転記の手間や間違いがあった。これらの課題を3DAモデルと発注DTPDの連携によって解決する。3DAモデルを使った発注を説明する。**図5.26**に、3DAモデルを使った3D正運用の発注プロセスを示す。

#### ●　3DAモデルに発注に必要な情報が集約

3DAモデルに発注に必要な情報が集約している。3Dデータは3DAモデルの

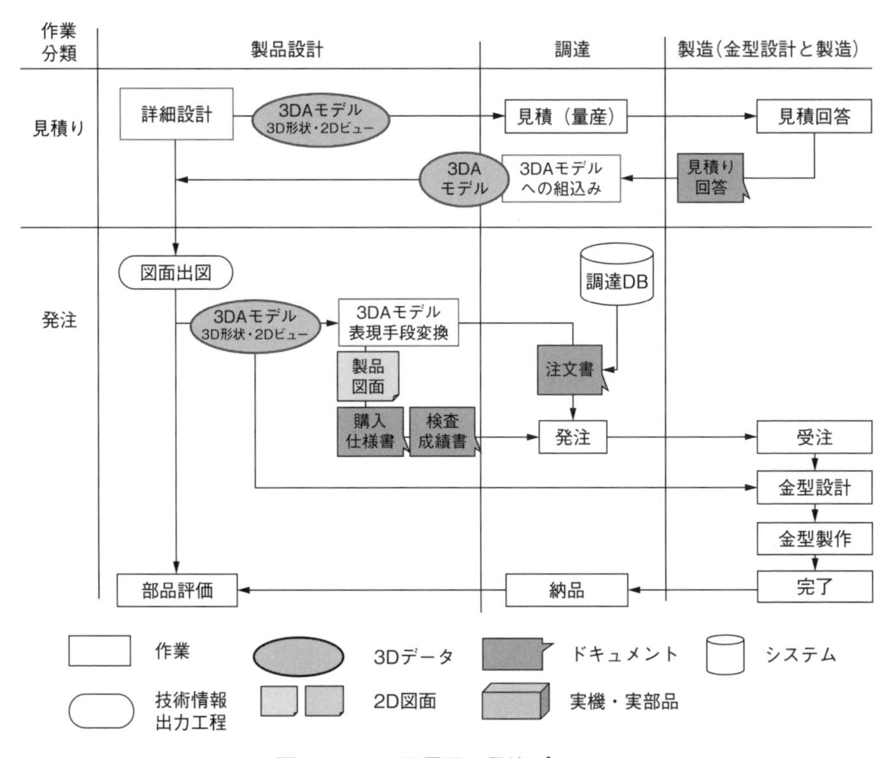


図 5.26　3D 正運用の発注プロセス

3D データ、PMI、属性、マルチビュー、2D ビューを金型メーカーが受け取れる 3D データ形式にデータ変換をする。2D 図面は、図 5.20 に示したように、3DA モデルの正面ビューと平面ビューと側面ビューと図面枠ビューを合体させて紙に印刷する。購買仕様書は 3DA モデルから設計情報を購買仕様書テンプレートに送って作成する。検査成績書は 3DA モデルから設計情報を検査成績書テンプレートに送って作成する。設計情報を 3DA モデルで一元管理して、それぞれの発注に必要な書類に合わせたテンプレートと設計情報の送信の仕組みを構築することで、資料作成と内容確認の手間を削減して、個人差のない平準化、転記によるミスの削減ができる。設計変更が発生した場合も、3DA モデルで設計変更をすることで、発注までの準備と手続きを大幅に削減できる。

● 3DA モデルと発注 DTPD の連携

発注書の設計情報は、購入仕様書と検査成績書を通して 3DA モデルから設計情報を直接取り込むことができる。発注書の発注情報は、発注者の経験とスキルを形式知化して、最新の調達要件（業者・参考単価・経験）と製造用件（工場機器稼働状況・材料単価・製造工程）を合わせて調達DBとして統合的に管理する。発注書は3DAモデルからの設計情報と調達DBからの発注情報を発注書テンプレートに送って作成する。資料作成と内容確認の手間を削減して、個人差のない平準化、転記によるミスの削減ができる。設計変更が発生した場合も、設計変更の通知を受け取り、設計変更が発生した3DAモデルから同じように資料を作成できるので、発注までの準備と手続きを大幅に削減できる。

## 5.12　機械設計→製造（金型加工・樹脂成形）

金型加工・樹脂成形は、樹脂金型製造（射出成形）によってプラスチック材料を加工して部品を製造する。設計開発の設計情報に、樹脂金型製造に必要な情報を加えて樹脂金型製造情報を作り、樹脂金型製造情報と鋼材から金型を作る。金型と素材から部品を作る。金型加工・樹脂成形に関しては、4.5で樹脂成形部品3DAモデルを説明し、5.4で、樹脂成形部品3DAモデルと金型加工・樹脂成形DTDPの連携を説明した。ここでは、金型加工・樹脂成形に関わる3Dデータ関連以外の情報（資料）を加えて、機械設計と金型加工・樹脂成形の連携プロセスを説明する。

### [1]　従来の製造（金型加工・樹脂成形）プロセス

従来の機械設計と金型加工・樹脂成形の連携プロセスを、**図5.27**に示す。開発期間短縮のために機械設計と金型設計・製造がコンカレントエンジニアリングで行われている。機械設計は3次元CADを使って部品の3Dモデルを作成し、その後で図面化をして2D図面を作成する。製品メーカーから金型メーカーへの見積りと発注は、2D正の考えから2D図面で行われる。2D図面の完成を待ってから、金型設計と金型加工をしたのでは、金型完成が遅れる。部品の3Dデータを利用して金型設計を開始して、金型完成を前倒しにする。機械設計と金型設計・製造を同時並行で行うことをコンカレントエンジニアリングと呼んでいる。機械設計と金型加工・樹脂成形の連携プロセスには、詳細設計、試作と試作評価、図面化、金型設計と金型加工と金型評価の4工程がある。

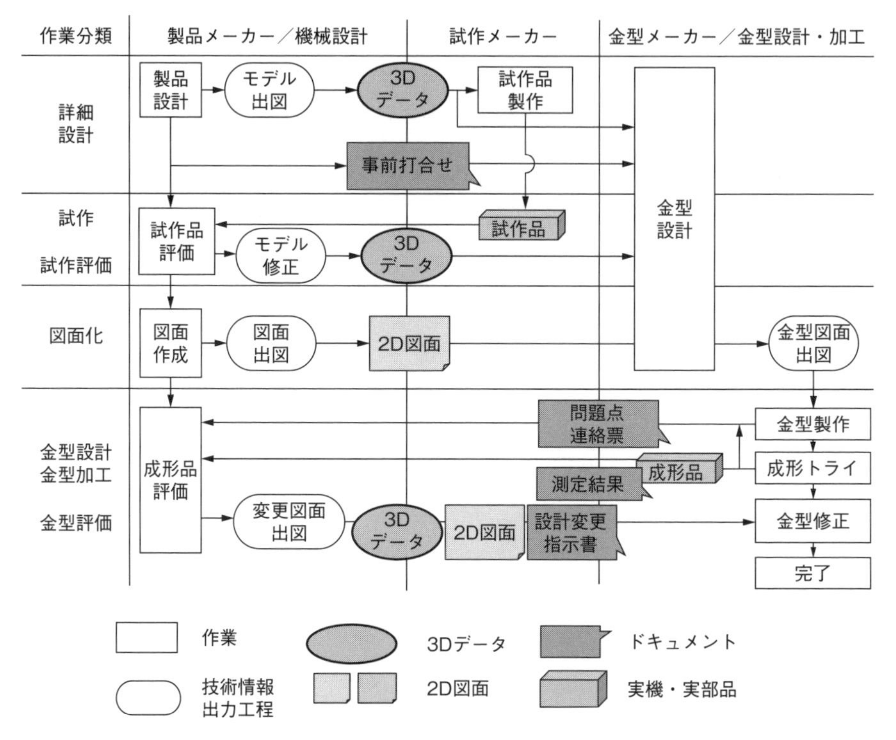


**図 5.27　従来の金型加工・樹脂成形プロセス**

## ● 詳細設計

部品の 3D データが完成した時に、製品メーカーから試作メーカーと金型メーカーに 3D データを送る。試作は部品の 3D データから直接試作品を作るので、金型加工・樹脂成形による部品製造よりも先に実際の部品形状を確認できる。金型メーカーは、部品全体の大きさから素材手配、金型構想検討など実現可能な作業から早期に着手する。部品の 3D データを送る時に合わせて、製品メーカーと金型メーカーは事前打ち合わせをする。部品の 3D データに盛り込まれている金型要件・製品要件・3D データの内訳を確認する。

## ● 試作と試作評価

試作メーカーから製品メーカーへ試作品が納入される。製品メーカーでは試作品による組立検証を行い、3D データの問題箇所を修正する。修正された 3D データは金型メーカーに送られ、金型メーカーが金型の 3D データに修正箇所を反映する。

● **図面化**

製品メーカーでは、3Dデータが完成してから2D図面を作成する。製品メーカーから金型メーカーに2D図面を送る。金型メーカーでは2D図面を見ながら金型の3Dデータに反映し、不足している金型要件を加えて、金型の3Dデータを完成する。金型メーカーと製品メーカーの間で、2D図面に関する質問（例えば、公差指示・具体的な指示がない箇所の判断・曖昧な金型要件の判断など）と回答のやり取りをする。

● **金型設計と金型加工と金型評価**

金型メーカーでは、金型の3Dデータから金型CAMデータを作成し、金型加工を行い、金型を製作する。金型の検査箇所を測定する。金型を射出成形機に取り付けて、樹脂成形部品を試作する（成形トライと呼ばれる）。金型メーカーから製品メーカーへ、金型の測定結果、成形品と成形品の測定結果、問題点連絡票を提出する。問題点連絡票は、金型設計・金型加工・成形トライにおいて問題が発生した場合、金型メーカーで問題箇所と内容（例えば、金型加工ができない・樹脂流動が悪いなど）をまとめた資料である。製品メーカーでは、金型の測定結果、成形品の外観、成形品の測定結果、問題点連絡票を確認する。問題点連絡票に書かれている問題箇所の内容を解決して、3Dデータと2D図面を変更する。変更内容は設計変更指示書に書かれ、変更された3Dデータと2D図面と合わせて、金型メーカーに送られる。金型メーカーでは、設計変更指示書と3Dデータと2D図面の変更内容を金型の3Dデータに反映して、金型CAMデータを変更して、金型加工により金型を修正する。再び、金型メーカーから製品メーカーへ、金型の測定結果、成形品と成形品の測定結果、問題点連絡票を提出する。問題点が全て解決し、測定結果が合格となるまで、繰り返される。

### [2]　製造（金型加工・樹脂成形）で連携する設計情報の置き換え

従来の機械設計と金型加工・樹脂成形で連携する設計情報を3DAモデルに置き換える。

3Dデータおよび2D図面の設計情報は、3DAモデルの3Dモデル・PMI・属性・マルチビュー・2Dビューに置き換えられる。樹脂成形部品3DAモデルは、3.5の樹脂成形部品で詳しく説明した。金型加工・樹脂成形に関わる3Dデータ関連以外の情報の置き換えを説明する。

部品の3Dモデルを送る時に合わせて、製品メーカーと金型メーカーで行われる事前打ち合わせの情報は、3DAモデルの3DモデルとPMIと属性に置き換えられる。3Dモデルの内訳は属性の管理情報を利用できる。製品要件は3DAモデルの属性を利用できる。金型要件も3DAモデルの属性を利用できるが、ここではもう一歩進めた利用を考えた。3.5の樹脂成形部品の［4］金型要件の作り込みで説明したように、製品メーカーと金型メーカーで事前に金型加工・射出成形に関するルール（例えば、3Dモデルと金型加工・射出成形要件の関係、3Dモデルで表現できない箇所に対する金型加工・射出成形要件の解釈）などを確認して、製品メーカーと金型メーカーで金型要件の定義を共有化できる。更に、4.1のDTPDの定義とスキーマの（3）金型加工・樹脂成形DTPDの3DAモデルへの金型要件の盛り込みランクを利用することで、機械設計と金型設計の連携プロセスと金型要件の盛り込みも共有できる。製品メーカーと金型メーカーで事前に金型加工・射出成形に関するルールと機械設計と金型設計の連携プロセスと金型要件の盛り込みを決めておけば、ここでは3DAモデルの属性に盛り込みランクを入れておくだけで済む。事前打ち合わせの議事録は、議事録を別システムで管理して、3DAモデルでは、そのリンク情報を管理する。

金型の測定結果と成形品の測定結果は、別システムで管理して、3DAモデルでは、そのリンク情報を管理する。

問題点連絡票は、別システムで管理して、そのリンク情報を管理する。問題点連絡票には、問題箇所と内容が含まれている。3DAモデル内の関連性を利用して、3DAモデルの3DモデルとPMIに置き換えることができる。

設計変更指示書は、変更内容の記述の他に、変更箇所を示すために3Dデータや2D図面を利用していることが多く、これらは3DAモデルの3DモデルとPMIとマルチビューと2Dビューから作成できる。設計変更指示書はテンプレートを利用して3DAモデルから作成すると同時に、大本の3DAモデルの所在と関連をリンク情報として含めておく。設計変更指示の実施以降は、別システムで管理して、3DAモデルでは、そのリンク情報を管理する。

### ［3］ 3D正運用の製造（金型加工・樹脂成形）プロセス

従来の機械設計と金型加工・樹脂成形で連携プロセスの問題は、連携に必要な資料（3Dモデル、2D図面、問題点連絡票、設計変更指示書などを総称して資料と称した）ごとに情報を作成していた。製品メーカーは設計情報をユニークに持ち、金型メーカーは金型設計・金型加工・樹脂成形情報をユニークに持っているが、共有が不十分なために個人差があり、転記の手間や間違いと実施の不確実性があった。これらの課題を樹脂成形部品3DAモデルと金型加工・樹脂成形DTPDの連携によって解決する。3DAモデルを使った機械設計と金型加工・樹脂成形で連携プロセスを説明する。**図5.28**に、3D正運用の機械設計と金型加工・樹脂成形で連携プロセスを示す。

## ● 樹脂成形部品3DAモデルに金型設計・金型加工・樹脂成形に必要な情報が集約

樹脂成形部品3DAモデルに金型設計・金型加工・樹脂成形の検討を開始でき

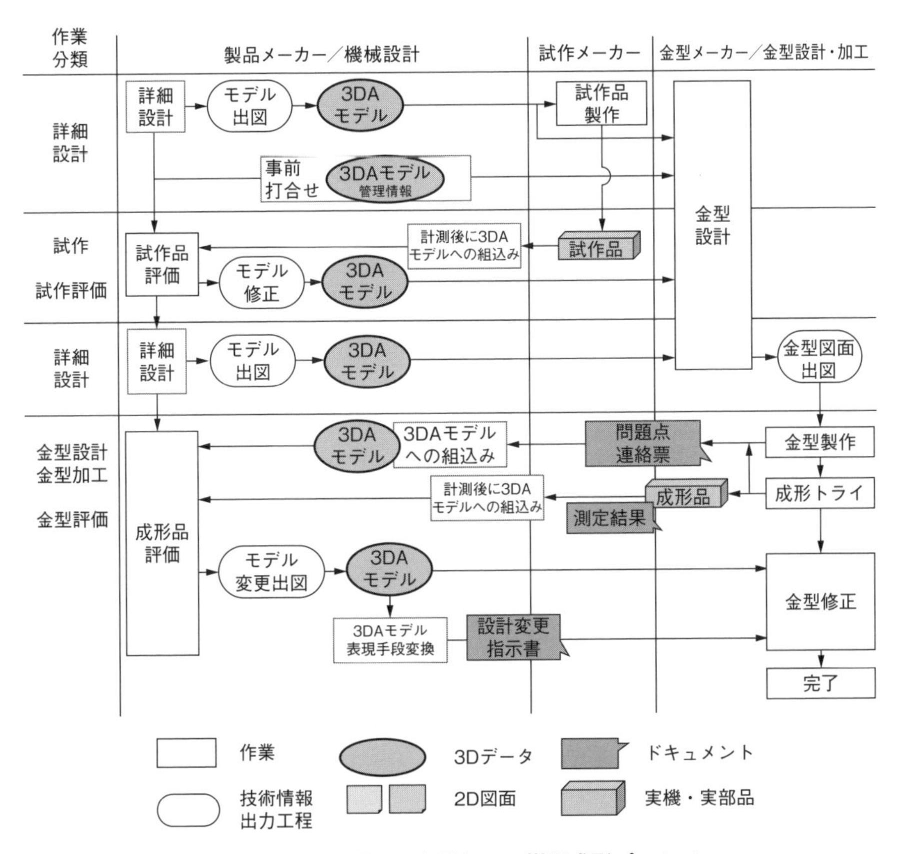


**図5.28　3D正運用の金型加工・樹脂成形プロセス**

る情報が集約している。3Dデータは3DAモデルの3Dデータ、PMI、属性、マルチビュー、2Dビューを金型メーカーが受け取れる3Dデータ形式にデータ変換する。2D図面は、図5.20に示したように、3DAモデルの正面ビューと平面ビューと側面ビューと図面枠ビューを合体させて紙に印刷する。製品要件と3Dモデルの内訳は属性を利用できる。金型要件は3DAモデルの属性を利用できると同時に、金型要件の盛り込みランクを利用することで、機械設計と金型設計の連携プロセスと金型要件の盛り込みも共有できる。製品メーカーと金型メーカーで事前に金型加工・射出成形に関するルールを取り決めておくので、製品メーカーと金型メーカーで食い違うことはない。問題点連絡票は金型メーカーから製品メーカーへのフィードバック情報であるが、問題箇所と内容が含まれている。3DAモデル内の関連性を利用して、3DAモデルの3DモデルとPMIに置き換えることで、製品メーカーでの確認と理解を促進できる。設計変更指示書は、テンプレートを3DAモデルから作成する。変更内容を書き、変更箇所を指示する時に3DAモデルの3DモデルとPMIとマルチビューと2Dビューから作成し、3DAモデルの所在と関連をリンク情報として含めておく。必要な資料の作成とフィードバック情報の確認は3DAモデルを利用することができ、複数の資料を横断して検索するような手間も削減することができる。情報の転記の手間や間違いもなくなる。

● **樹脂成形部品3DAモデルと金型加工・樹脂成形DTPDの連携による情報の統合管理と効率化**

樹脂成形部品3DAモデルには、製品メーカー側が持つべき樹脂成形部品・金型設計・金型加工・樹脂成形に関する情報が集約している。金型加工・樹脂成形DTPDには、金型メーカー側が持つべき樹脂成形部品・金型設計・金型加工・樹脂成形に関する情報が集約している。樹脂成形部品3DAモデルと金型加工・樹脂成形DTPDが連携することで、樹脂成形部品・金型設計・金型加工・樹脂成形に関する情報を集約して統合管理することができる。金型設計・金型加工・樹脂成形・計測と評価・問題点の連絡と解決状況・設計変更指示と実施確認の工程の確認と実績を共有することができる。

● **樹脂成形部品3DAモデルの流用**

5.8のCADデータ管理（設計仕掛り）の（1）従来のCADデータ管理（設計仕掛り）プロセスで説明したように、新規に設計をする場合は、3次元CADでゼロから設計を開始する。部分的に改良する流用設計の場合には、CADデータ管理システム（PDM）から樹脂成形部品 3DA モデルを取り出す。既存の樹脂成形部品 3DA モデルの品質が良ければ、、例えば、設計変更管理が全て実施済み、金型要件が織り込まれ、金型加工と成形トライからのフィードバックも盛り込まれていれば、機械設計者は完成度の高い樹脂成形部品 3DA モデルから流用設計を開始できる。既存の樹脂成形部品 3DA モデルに変更を加える場合、部品の部位と金型要件の関係、問題点改良（設計変更）との根拠が含まれているために、形式知された設計知識に基づき結果と影響を考えることができる。

## 5.13　機械設計→製造（板金加工）

板金加工は、金属製の板材を、切断・穴あけ・折り曲げなどにより、目的の製品・部品形状に仕上げていく加工のことで、タレパン、ベンダーなどの工作機を使って加工し、金型を使用しない。板金加工に関しては、3.3 で板金部品 3DA モデルを説明し、4.2 で、板金部品 3DA モデルと板金加工 DTDP の連携を説明した。ここでは、板金加工に関わる 3D データ関連以外の情報（資料）を加えて、機械設計と板金加工の連携プロセスを説明する。

### [１]　従来の製造（板金加工）プロセス

従来の機械設計と板金加工の連携プロセスを、**図 5.29** に示す。機械設計と板金加工において同時並行で行える作業が少なく、機械設計が完了して、部品展開の 3D モデルと 2D 図面が完成してから、板金加工に取り掛かる方が手間と変更が少なく効率的であるので、機械設計と板金加工はコンカレントエンジニアリングで行われることは少ない。機械設計と板金加工の連携プロセスには、詳細設計、試作と試作評価、図面化、部品評価の 4 工程がある。

#### ●　詳細設計

部品の 3D データが完成した時に、製品メーカーから試作メーカーと板金加工メーカーに 3D データと 2D 簡略図を送る。試作は部品の 3D データから直接試作品を作るので、板金加工よりも先に実際の部品形状を確認できる。部品の 3D データと 2D 簡略図を送る時に合わせて、製品メーカーと板金加工メーカーは事前打ち合わせをする。部品の 3D データと 2D 簡略図に盛り込まれている加工要件・

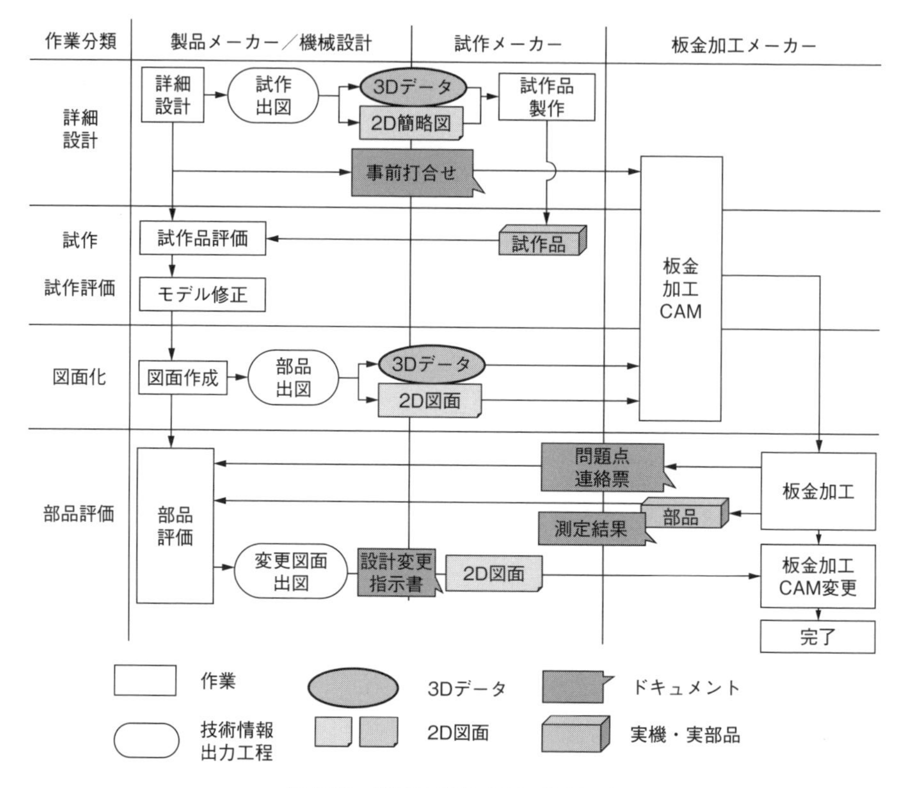


**図 5.29　従来の板金加工プロセス**

製品要件・3D データと 2D 簡略図の内訳を確認する。

### ●　試作と試作評価

試作メーカーから製品メーカーへ試作品が納入される。製品メーカーでは試作品による組立検証を行い、3D データの問題箇所を修正する。

### ●　図面化

製品メーカーでは、3D データが完成してから 2D 図面を作成する。製品メーカーから板金加工メーカーに3D データと 2D 図面を送る。板金加工メーカーでは主に 2D 図面の設計情報を使用し、3D データは部品形状確認の利用される場合が多い。板金加工メーカーでは、3D データで部品形状を確認し、2D 図面に加工要件を追加して板金加工 CAM データを作成する。製品メーカーと板金加工メーカーの間で、2D 図面に関する質問（例えば、公差指示・具体的な指示がない箇所の判断・曖昧な加工要件の判断など）と回答のやり取りをする。

● **部品評価**

板金加工メーカーでは、板金加工CAMデータを板金加工機に送り、板金加工を行い、板金部品を製造する。板金加工メーカーから製品メーカーへ、板金部品、板金部品の測定結果、問題点連絡票を提出する。問題点連絡票は、板金加工において問題が発生した場合、板金加工メーカーで問題箇所と内容（例えば、バリの発生・部品の反り・キズなど）をまとめた資料である。製品メーカーでは、板金部品の外観、板金部品の測定結果、問題点連絡票を確認する。特に、問題点連絡票に対応する。問題箇所の内容を解決して、3Dデータと2D図面を変更する。変更内容は設計変更指示書に書かれ、変更された3Dデータと2D図面と合わせて、板金加工メーカーに送られる。板金加工メーカーでは、設計変更指示書と3Dデータと2D図面の変更内容から板金加工CAMデータを変更して、板金加工機に送り、板金部品を製造する。再び、板金加工メーカーから製品メーカーへ、板金部品、板金部品の測定結果、問題点連絡票を提出する。問題点が全て解決し、測定結果が合格となるまで、繰り返される。

### [2]　製造（板金加工）で連携する設計情報の置き換え

従来の機械設計と板金加工で連携する設計情報を3DAモデルに置き換える。

3Dデータおよび2D図面の設計情報は、3DAモデルの3Dモデル・PMI・属性・マルチビュー・2Dビューに置き換えられる。板金部品3DAモデルは、3.3で詳しく説明した。板金加工に関わる3Dデータ関連以外の情報の置き換えを説明する。

部品の3Dモデルと2D図面を送る時に合わせて、製品メーカーと板金加工メーカーで行われる事前打ち合わせの情報は、3DAモデルの3Dモデル、PMI、属性、マルチビューと2Dビューに置き換えられる。

2D図面に相当する2D検討図は、図5.20に示したように、2D図面は3DAモデルの正面ビューと平面ビューと側面ビューと図面枠ビューを合体させて紙に印刷する。

板金部品の展開形状（板金加工前の外形形状で2Dに展開された状態）は、3DAモデルの3Dモデルのコンフィギュレーションとして取り扱い、マルチビュー（正面ビューと平面ビューと側面ビュー）により見やすい方向と必要なPMIを表示することができる。板金CAD/CAMで板金部品の展開形状を、板金加工

DTPDとして作成することもできる。

3Dモデルと2D図面の内訳は属性の管理情報を利用できる。

加工要件は3DAモデルの3DモデルとPMIと属性を利用できる。

3DAモデルの3Dモデルは、幾何形状と同時にフィーチャとよばれる形状特徴に分類される要素を持っている。板金加工要件に応じたフィーチャ（例えば穴、曲げ、絞りなど）を用意しておき、フィーチャに応じて、加工要件の設定、加工手順、加工属性、加工ツールが関連付けておく。3次元CADで板金部品3DAモデルを作成する時に、板金加工要件に応じたフィーチャを使えば、自動的に加工要件が3DAモデルに取り込まれる。

加工要件を3DAモデルの属性に書き込む場合、製品メーカーと板金加工メーカーで事前に板金加工に関するルール（例えば、3Dモデルと板金加工要件の関係、3Dモデルで表現できない箇所に対する板金加工要件の解釈など）を確認して、製品メーカーと板金加工メーカーで加工要件の定義を共有しておく。

事前打ち合わせの議事録は、議事録を別システムで管理して、そのリンク情報を管理する。

板金部品の測定結果は、別システムで管理して、そのリンク情報を管理する。

問題点連絡票は、別システムで管理して、そのリンク情報を管理する。問題点連絡票には、問題箇所と内容が含まれている。3DAモデル内の関連性を利用して、3DAモデルの3DモデルとPMIに置き換えることができる。

設計変更指示書は、変更内容の記述の他に、変更箇所を示すために3Dデータや2D図面を利用していることが多く、これらは3DAモデルの3DモデルとPMIとマルチビューと2Dビューから作成できる。設計変更指示書はテンプレートを利用して3DAモデルから作成すると同時に、大本の3DAモデルの所在と関連をリンク情報として含めておく。設計変更指示の実施以降は、別システムで管理して、そのリンク情報を管理する。

### [3]　3D正運用の製造（板金加工）プロセス

従来の機械設計と板金加工の連携プロセスの問題は、連携に必要な資料（3Dデータ、2D図面、問題点連絡票、設計変更指示書などを総称して資料と称した）ごとに情報を作成していた。製品メーカーは設計情報をユニークに持ち、板金加工メーカーは板金加工情報をユニークに持っているが、共有が不十分なために個人差があり、転記の手間や間違いと実施の不確実性があった。これらの課題を板金部品3DAモデルと板金加工DTPDの連携によって解決する。**図5.30**に、3D正運用の機械設計と板金加工の連携プロセスを示す。

## ● 板金部品3DAモデルに板金加工に必要な情報が集約

板金部品3DAモデルに板金加工の検討を開始する情報が集約している。3Dデータは3DAモデルの3Dデータ、PMI、属性、マルチビュー、2Dビューを金型メーカーが受け取れる3Dデータ形式にデータ変換をする。板金部品の展開形状(板金加工前の外形形状で2Dに展開された状態)は、3DAモデルの3Dモデルのコンフィギュレーションとして取り扱い、マルチビュー(正面ビューと平面ビューと側面ビュー)により見やすい方向と必要なPMIを表示することができる。板

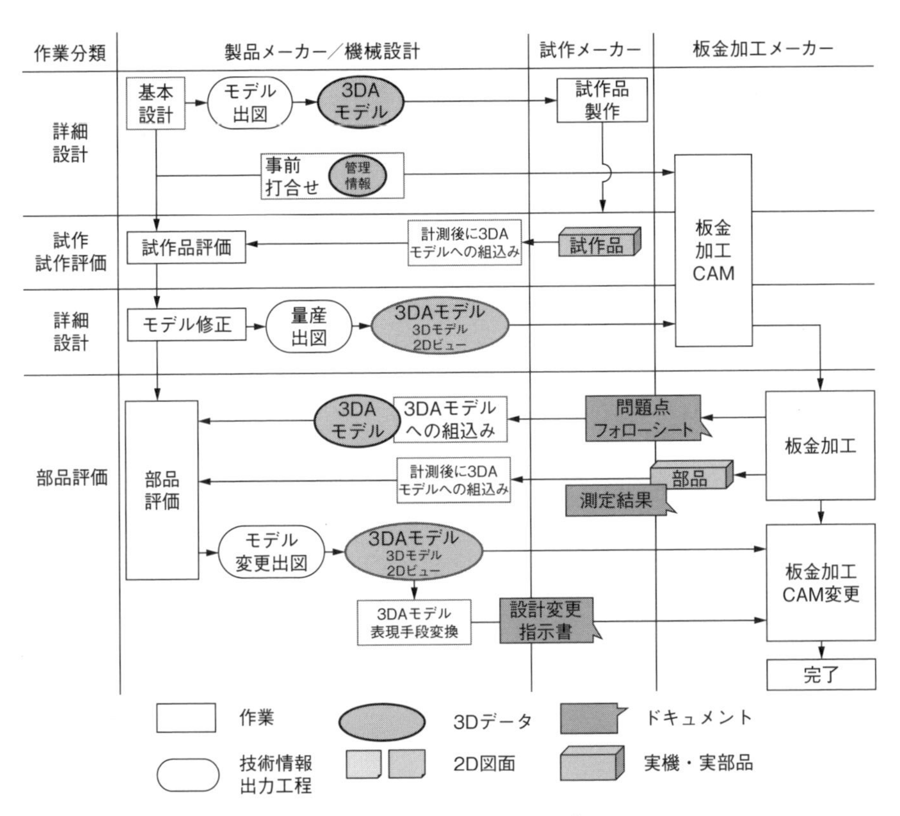


**図5.30　3D正運用の板金加工プロセス**

金CAD/CAMで板金部品の展開形状を、板金加工DTPDとして作成することもできる。2D図面は、図5.20に示したように、3DAモデルの正面ビューと平面ビューと側面ビューと図面枠ビューを合体させて紙に印刷する。加工要件と3Dモデルの内訳は属性を利用できる。製品メーカーと板金加工メーカーで事前に板金加工に関するルール（例えば、3Dモデルと板金加工要件の関係、3Dモデルで表現できない箇所に対する板金加工要件の解釈など）を確認して、製品メーカーと板金加工メーカーで加工要件の定義を共有化しておく。3DAモデルの3Dモデルは、幾何形状と同時にフィーチャとよばれる形状特徴に分類される要素を持っている。板金加工要件に応じたフィーチャ（例えば穴、曲げ、絞りなど）を用意しておき、フィーチャに応じて、加工要件の設定、加工手順、加工属性、工具を関連付けておく。3次元CADで板金部品3DAモデルを作成する時に、板金加工要件に応じたフィーチャを使えば、自動的に加工要件が3DAモデルに取り込まれる。問題点連絡票は板金加工メーカーから製品メーカーへのフィードバック情報であるが、問題箇所と内容が含まれている。3DAモデル内の関連性を利用して、3DAモデルの3DモデルとPMIに置き換えることで、製品メーカーでの確認と理解を促進できる。設計変更指示書は、テンプレートを3DAモデルから作成する。変更内容を書き、変更箇所を指示する時に3DAモデルの3DモデルとPMIとマルチビューと2Dビューから作成し、3DAモデルの所在と関連をリンク情報として含めておく。必要な資料の作成とフィードバック情報の確認は3DAモデルを利用することができ、複数の資料を横断して検索するような手間も削減することができる。情報の転記の手間や間違いもなくなる。

● **板金部品3DAモデルと板金部品DTPDの連携による情報の統合管理と効率化**

板金部品3DAモデルには、製品メーカー側が持つべき板金部品と板金加工に関する情報が集約している。板金加工DTPDには、板金加工メーカー側が持つべき板金部品と板金加工に関する情報が集約している。板金部品3DAモデルと板金加工DTPDが連携することで、板金部品と板金加工に関する情報を相互利用ができ、集約して統合管理することができる。板金部品3DAモデルの3Dモデルには、板金加工要件に応じたフィーチャが盛り込まれている。フィーチャに応じて、加工要件の設定、加工手順、加工属性、工具が関連付けられている。板金CAD/CAMに板金部品3DAモデルを取り込めば、板金加工要件に応じたフィーチャに、板金CAD/CAMで用意されている加工要件の設定、加工手順、加工属性、工具を取り込めるので、板金加工CAMデータの作成を効率化できる。板金部品の展開形状（板金加工前の外形形状で2Dに展開された状態）は、3DAモデルの3Dモデルのコンフィギュレーションとして取り扱い、マルチビュー（正面ビューと平面ビューと側面ビュー）により見やすい方向と必要なPMIを表示することができる。2D図面からの設計情報の転記の手間や間違いもなくなる。3次元CADで板金部品3DAモデルを作成する時に、板金加工要件に応じたフィーチャを使えば、自動的に加工要件が3DAモデルに取り込まれる。板金加工と計測と評価・問題点の連絡と解決状況・設計変更指示と実施確認の工程の確認と実績を共有することができる。

● **板金部品3DAモデルの流用**

5.8のCADデータ管理（設計仕掛り）の（1）従来のCADデータ管理（設計仕掛り）プロセスで説明したように、新規に設計をする場合は、3次元CADでゼロから設計を開始する。部分的に改良する流用設計の場合には、CADデータ管理システム（PDM）から板金部品3DAモデルを取り出す。既存の板金部品3DAモデルの品質が良ければ、例えば、設計変更管理が全て実施済み、加工要件が織り込まれ、板金加工からのフィードバックも盛り込まれていれば、機械設計者は完成度の高い板金部品3DAモデルから流用設計を開始できる。既存の板金部品3DAモデルに変更を加える場合、部品の部位と加工要件の関係、問題点改良（設計変更）との根拠が含まれているために、形式知された設計知識に基づき結果と影響を考えることができる。

## 5.14　機械設計→製造（機械加工）

機械加工は、切削加工、研削加工、研磨、鍛造加工などにより部品を製造する。設計開発の設計情報に、加工に必要な情報を加えて製造情報を作り、製造情報を加工機に送り、素材を加工して部品を作る。ここでは、機械加工部品を自社内で機械加工を内製する場合をあげる。機械設計と機械加工の連携プロセスに対して、3DAモデルをどのように適用するかについて説明する。

### [1]　従来の製造（機械加工）プロセス

基本的には5.12で説明した金型加工・樹脂成形（樹脂成形金型も加工機の一部

と考える）と5.13の機械設計→製造（板金加工）で説明した板金加工の従来プロセスと同様である。樹脂成形部品と板金部品の機能と性能は素材に大きく依存しないが、機械加工部品は加工方法や素材に依存することがある。例えば、機械加工部品の強度と脆性を確保するために積層材を素材として使う。機械加工部品は、樹脂成形部品と板金部品に比べて、形状によって加工方法が大きく変わってくる。機械設計者が素材の構造と形状を考える。素材の形状は、機械加工部品の最終形状から機械加工の削り代を考慮して決定していくので、機械設計と機械加工プロセスの連携が必要になる。曲面加工や穴加工など機械設計と機械加工プロセスの連携が取れているところでは、機械設計の3Dデータが機械加工で直接利用される。それ以外の部分は機械設計の3Dデータが直接利用されず、2D図面から機械加工データを作成する。3Dデータは形状確認などが参照される。機械加工部品が製品の機能・性能に大きく影響し、形状と構造が大きく変わらない場合、部品を種類・形状（サイズや角度など）・穴や段の数・材質・精度などを設計標準とし、これらのパラメータに応じて、加工箇所・加工方法・加工手順・加工量・加工精度・加工条件を決めていることが多い。従来の機械設計と機械加工の連携プロセスを、**図5.31**に示す。機械設計と機械加工の連携プロセスには、基本設計、素材検討、詳細設計、部品評価の4工程がある。

● **基本設計**

基本設計では、予め設計標準で定められている部品を種類・形状（サイズや角度など）・穴や段の数・材質・精度などを検討して要項表を作成する。機械設計から機械加工に要項表を送る。機械加工では要項表を基に主要な加工属性を検討して機械加工の工程設計と機械加工CAMデータ作成を開始する。

● **素材検討**

素材検討は、設計標準を利用するか、機械設計と機械加工との打合せにより、機械加工の工程と材質と削り代などを考慮して素材の構造と形状を決定する。機械設計者は素材図を作成して、機械加工に素材図を出図する。素材図は機械加工前の部品の形状を示す。3Dデータは部品の最終形状を示している。最終形状に削り代を加えて素材形状の3Dデータを作るには時間が掛かるので、2D図面として作成する。機械加工部門は調達部門を経由して素材図を素材サプライヤに発注する。素材サプライヤは、素材図に対応した素材を製造する。

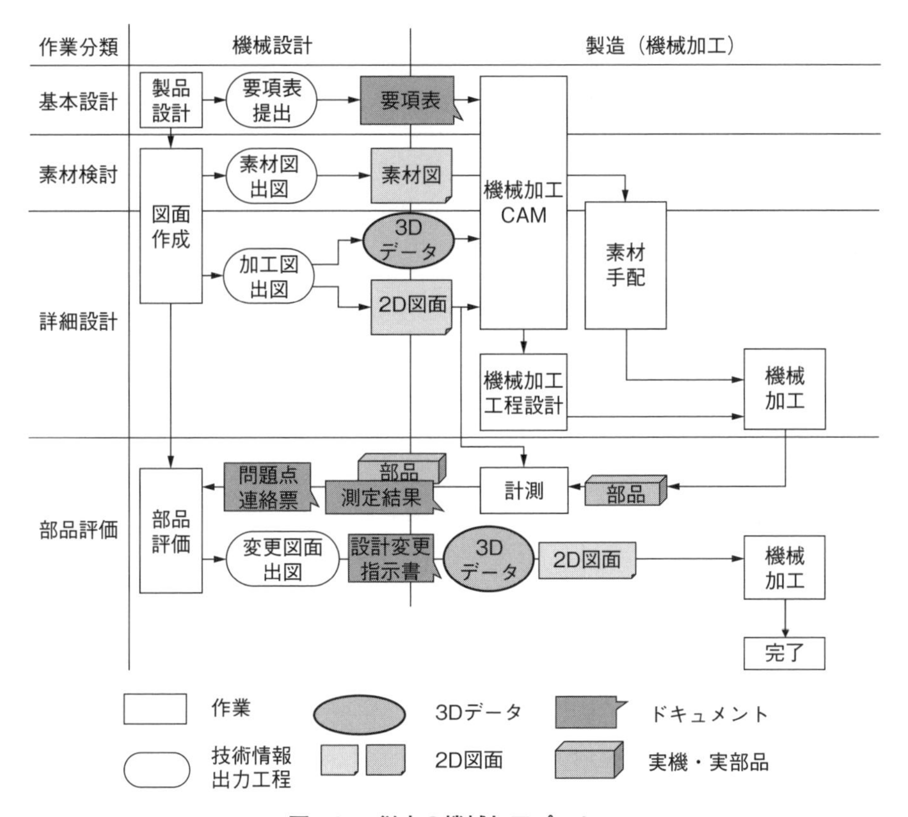


**図5.31　従来の機械加工プロセス**

## ●　詳細設計

詳細設計で、機械設計者は部品の詳細部分、公差指示、加工指示を検討して部品最終形状を決定する。機械設計者は3次元CADで部品最終形状の3Dデータを作成する。3Dデータに表示領域と方向を設定して、2D図面上に配置する。寸法線や公差指示を追加して、製図規格に一致しない部分の処理（例えば隠線処理の表記方法）をして、2D図面を作成する。機械設計から機械加工に、部品最終形状の3Dデータと2D図面を出図する。これを加工図という。機械設計から機械加工へ出図をした後で、機械設計と機械加工の間で打合せをして、重要箇所や仕上がりなどの確認をする。機械加工では、3Dデータと2D図面の設計情報を取り込み、最終的に加工箇所・加工方法・加工手順・加工量・加工精度・加工条件を決定して、機械加工CAMデータを仕上げる。3Dデータは曲面形状の機械加工CAMデータを作るために部分的に利用される。機械加工では、機械加工 CAM データを加工機に送り、素材を機械加工して機械加工部品を製造する。

● **部品評価**

機械加工では、3D データと 2D 図面に基づき機械加工部品を計測する。3D データは 3 次元測定機に利用される。計測は、5.15 の機械設計→部品測定で詳しく説明する。機械加工は、機械設計へ機械加工部品そのもの、機械加工部品の測定結果と問題点連絡票を提出する。問題点連絡票は、機械加工・計測において問題が発生した場合、機械加工で問題箇所と内容（例えば、バリの発生・変形の発生など）をまとめた資料である。機械設計では、機械加工部品の外観、機械加工部品の測定結果、問題点連絡票を確認する。問題点連絡票に書かれている問題箇所の内容を解決して、3D データと 2D 図面を変更する。変更内容は設計変更指示書に書かれ、変更された 3D データと 2D 図面と合わせて、機械加工に送られる。機械加工では、設計変更指示書と 3D データと 2D 図面の変更内容を機械加工 CAM データを変更して、機械加工により機械加工部品を修正する。機械加工では修正が難しく再加工となる場合がある。再び、機械加工から機械設計へ、機械加工部品そのもの、機械加工部品の測定結果と問題点連絡票を提出する。問題点が全て解決し、測定結果が合格となるまで、繰り返される。

### [2] 製造（機械加工）の設計情報の置き換え

従来の機械設計と機械加工で連携する設計情報を 3DA モデルに置き換える。

機械加工部品の形状には、素材形状と最終部品形状の 2 種類がある。素材形状は素材図として 2D 図面で表されている。最終部品形状は部品モデルと部品図として 3D データと 2D 図面で表される。3D データおよび 2D 図面の設計情報は、3DA モデルの 3D モデル・PMI・属性・マルチビュー・2D ビューにコンテンツを置き換えられる。

設計情報をシングルデータベースで管理して、必要に応じて設計情報の表現方法（表示方法）を変える。そのためには、3DA モデルのスキーマ、3D モデル・PMI・属性・マルチビュー・2D ビュー・リンクは関連性を持つ必要がある。素材形状と最終部品部品形状は、次のようにして関連性を持つ。

素材形状は、最終部品形状の部位ごとに削り代を加えて作成する。部位ごとの削り代は、加工方法と加工手順によって決まる。加工方法と加工手順は、機械加工部品3DAモデルではなく機械加工DTPDとして作成し管理される。

機械設計と機械加工の連携プロセスにおいて、機械加工部品3DAモデルから機械加工DTPDを作成する。機械加工の工程に応じて必要な設計情報を整理して、効率的に利用できるような工夫が必要になる。例えば、機械加工プロセスを明確に定義して、それと設計情報がどう結び付き、どんな製造情報を作るのかを明確にする。

機械加工プロセスを予め決めておき、素材形状から最終部品形状までの設計情報を機械加工プロセスに応じて管理する。または、機械加工DTPDで機械加工プロセスが決定した時に、3DAモデルに機械加工プロセスを取り込み、素材形状から最終部品形状までの設計情報を機械加工プロセスに応じて並べ替える。

これには、フィーチャを利用した方法がよく使われる。フィーチャとは、3DAモデルの3Dモデルに含まれ、形状特徴に分類される要素である。フィーチャ（例えば押し出し、穴、フランジ、フィレット、面取りなど）と、加工プロセスと加工方法（例えば、切削加工、穴加工、表面仕上げなどの種類）とと加工属性（例えば、切削条件、使用工具、治具利用など）を結び付けておく。

従来通りの2D図面が必要とされる場合には、図5.20で示したように、3DAモデルのマルチビューを使い、3DAモデルの正面ビュー、3DAモデルの平面ビュー、3DAモデルの側面ビュー、図面枠ビュー（図面枠・管理表のみを記載したビュー）を合体させて、3DAモデルにおける2D投影図を作成することができる。

要項表は、表形式になっており、部品の種類・指定箇所のサイズ・指定箇所の角度・穴の数・段の数・材質・精度などの項目と、項目に対する数値またはテキスト（用語）から成る。3DAモデルの属性として管理する。項目が3Dモデルの特定な箇所を示している場合、3DAモデル内の関連性に基づき、3Dモデルと PMIに置き換える。

機械加工部品の測定結果は、別システムで管理して、そのリンク情報を管理する。

問題点連絡票は、別システムで管理して、そのリンク情報を管理する。問題点連絡票には、問題箇所と内容が含まれている。3DAモデル内の関連性を利用して、3DAモデルの3DモデルとPMIに置き換えることができる。

設計変更指示書は、変更内容の記述の他に、変更箇所を示すために3Dデータや2D図面を利用していることが多く、これらは3DAモデルの3DモデルとPMI

とマルチビューと2Dビューから作成できる。設計変更指示書はテンプレートを利用して3DAモデルから作成すると同時に、大本の3DAモデルの所在と関連をリンク情報として含めておく。設計変更指示の実施以降は、別システムで管理して、そのリンク情報を管理する。

### [3] 3D正運用の製造（機械加工）プロセス

従来の機械設計と機械加工の連携プロセスの問題は、2つある。

1つは、機械設計者が最終部品形状から素材形状まで設計情報を作成するプロセスと、機械加工者が素材形状から最終部品形状まで機械加工工程を作成するプロセスは、順番が逆になる以外は共通であるにも拘わらず、共有できていないことである。

もう1つは、連携に必要な資料（問題点連絡票、設計変更指示書などを総称して資料と称した）ごとに情報を作成していることである。機械設計者は設計情報をユニークに持ち、機械加工者は機械加工情報をユニークに持っているが、共有が不十分なために個人差があり、転記の手間や間違いと実施の不確実性があった。

これらの課題を機械加工部品3DAモデルと機械加工DTPDの連携によって解決する。3DAモデルを使った機械設計と機械加工の連携プロセスを説明する。**図5.32**に、3D正運用の機械設計と機械加工の連携プロセスを示す。

#### ● 機械加工部品3DAモデルと機械加工DTPDを利用したコンカレントエンジニアリング

基本設計において、機械設計者が要項表を確定した後で、機械加工者に送る。要項表は3DAモデルの属性・3Dモデル・PMIで表現している。基本設計では、要項表に応じて、大雑把な機械加工部品形状が3Dモデルとして作成されている。機械加工者は、要項表を基に主要な加工属性を検討して機械加工の工程設計と機械加工CAMデータ作成を開始する。機械加工部品3DAモデルの大雑把な形状の3Dモデルが利用できるので、具体的な機械加工概略工程と削り代を作成する。機械加工者は機械加工概略工程を機械設計者に送る。機械加工DTPDからデータ変換（機械加工工程の3DAモデルへの組込み）を利用して機械加工部品3DAモデルへ組み込む。機械加工概略工程は、機械加工部品3DAモデルの中でレイヤーとして表現される。機械設計者は機械加工部品3DAモデルに取り込まれた

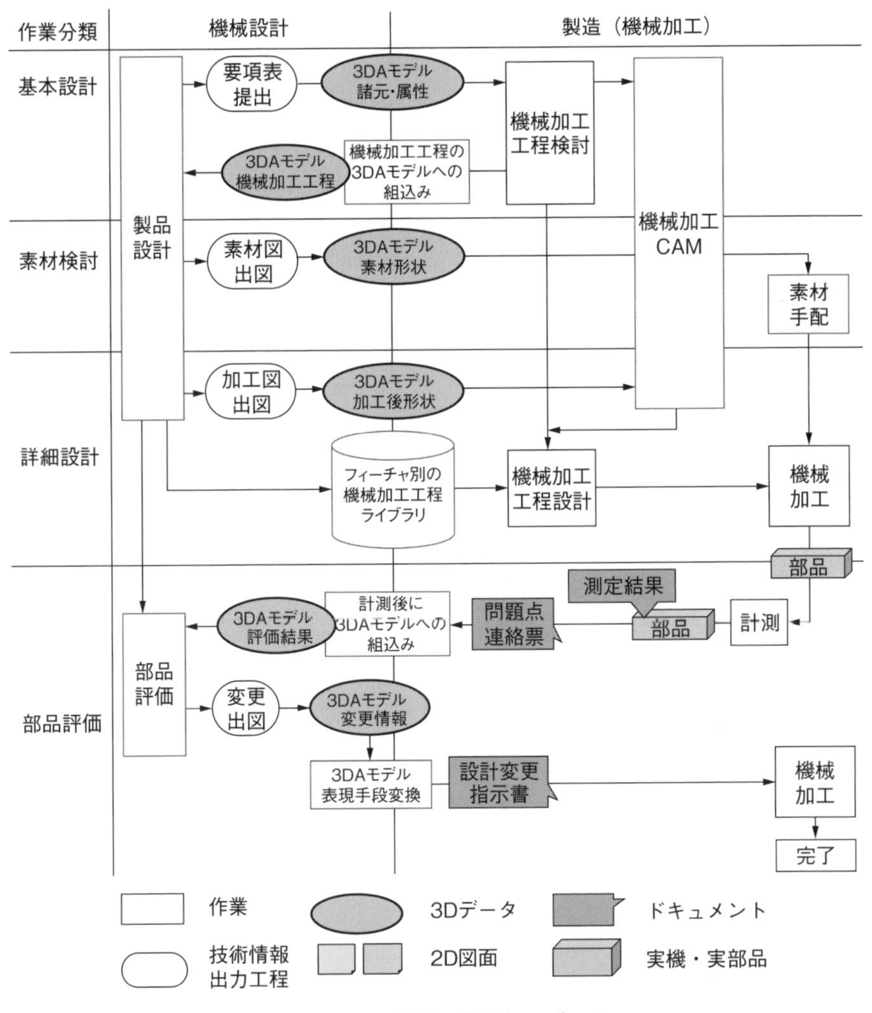


**図5.32　3D正運用の機械加工プロセス**

機械加工概略工程と削り代を利用して素材形状を作成する。機械設計者は素材形状を作成して、機械加工者に素材図を出図する。素材図は3DAモデルの素材レイヤーに含まれる3Dモデル・PMI・属性・マルチビュー・2Dビューである。機械加工部門は調達部門を経由して素材図を素材サプライヤに発注する。素材サプライヤは、素材図に対応した素材を製造する。詳細設計において、機械設計者は部品の詳細部分、公差指示、加工指示を検討して部品最終形状を決定する。機械設計者は3次元CADでフィーチャを利用して詳細部分を作り込む。機械設計者は最終部品形状を作成して、機械加工者に加工図を出図する。加工図は3DAモデルの詳細レイヤーに含まれる3Dモデル・PMI・属性・マルチビュー・2Dビューである。機械加工部門は調達部門を経由して素材図を素材サプライヤに発注する。素材サプライヤは、素材図に対応した素材を製造する。機械加工では、機械加工3DAモデルを取り込み、最終的に加工箇所・加工方法・加工手順・加工量・加工精度・加工条件を決定して、機械加工CAMデータを仕上げる。機械加工者は、基本設計において機械加工概略工程を決定している。これに最終部品形状の詳細部分を取り込み、最終的な機械加工工程を決定する。最終部品形状の詳細部分はフィーチャである。フィーチャには、その種類に応じた（例えば押し出し、穴、フランジ、フィレット、面取りなど）と、加工プロセスと加工方法（例えば、切削加工、穴加工、表面仕上げなどの種類）と加工属性（例えば、切削条件、使用工具、治具利用など）が決められており、フィーチャ別の機械加工工程ライブラリに入っている。機械設計者から加工図（3DAモデルの詳細レイヤーに含まれる3Dモデル・PMI・属性・マルチビュー・2Dビュー）が出図された際に、フィーチャ別の機械加工工程ライブラリを参照することで、フィーチャの種類に応じた加工プロセスと加工方法と加工属性が参照されるので、機械加工者は機械加工概略工程を編集して最終的な機械加工工程を効率的に決定できる。機械加工部品3DAモデルと機械加工DTPDを連携することで、機械設計者の最終部品形状から素材形状の検討と機械加工者の機械加工工程検討をコンカレントエンジニアリング化できる。

● **機械加工部品3DAモデルに機械加工に必要な情報が集約**

機械加工部品3DAモデルに機械加工の検討を開始する情報が集約している。問題点連絡票は機械加工者から機械設計者へのフィードバック情報であるが、問題箇所と内容が含まれている。3DAモデル内の関連性を利用して、3DAモデルの3DモデルとPMIに置き換えることで、機械設計者の確認と理解を促進できる。設計変更指示書は、テンプレートを3DAモデルから作成する。変更内容を書き、変更箇所を指示する時に3DAモデルの3DモデルとPMIとマルチビューと2Dビューから作成し、3DAモデルの所在と関連をリンク情報として含めておく。必要な資料の作成とフィードバック情報の確認は3DAモデルを利用することができ、複数の資料を横断して検索するような手間も削減することができる。情報の転記の手間や間違いもなくなる。

● **機械加工部品3DAモデルと機械加工DTPDの連携による情報の統合管理と効率化**

機械加工部品3DAモデルには、機械設計者が持つべき機械加工に関する情報が集約している。機械加工DTPDには、機械加工者が持つべき機械加工に関する情報が集約している。機械加工部品3DAモデルと機械加工DTPDが連携することで、機械加工部品と機械加工に関する情報を相互利用ができ、集約して統合管理することができる。機械加工と計測と評価・問題点の連絡と解決状況・設計変更指示と実施確認の工程の確認と実績を共有することができる。

● **機械加工部品3DAモデルの流用**

5.8のCADデータ管理（設計仕掛り）の(1)従来のCADデータ管理（設計仕掛り）プロセスで説明したように、新規に設計をする場合は、3次元CADでゼロから設計を開始する。部分的に改良する流用設計の場合には、CADデータ管理システム（PDM）から機械加工部品3DAモデルを取り出す。既存の機械加工3DAモデルの品質が良ければ、例えば、設計変更管理が全て実施済み、加工要件が織り込まれ、機械加工からのフィードバックも盛り込まれていれば、機械設計者は完成度の高い機械加工部品3DAモデルから流用設計を開始できる。既存の板金部品3DAモデルに変更を加える場合、部品の部位と加工要件の関係、問題点改良（設計変更）との根拠が含まれているために、形式知された設計知識に基づき結果と影響を考えることができる。

## 5.15 機械設計→部品測定

部品測定は、製造した部品が検査仕様書または購入仕様書に基づき合格しているかどうか、測定器（3次元測定機・簡易測定器）を用いて測定する。測定結果は、検査仕様書または購入仕様書と比較されて、検査成績表に結果を記録する。部品測定に関しては、4.2の板金加工の中で板金部品の部品測定を、4.4の金型加工・樹脂成形の中で樹脂部品の部品測定をを説明した。ここでは、3Dデータだけでなく、部品測定に関わる情報（資料）を含めて、機械設計と部品測定の連携プロセスを説明する。

### [1] 従来の検査プロセス

一口に部品測定といっても、検査する対象と検査器具・測定器具によって、その準備や作業手順が異なる。ここでは、接触式のCMM（Coordinate Measuring Machine：三次元測定機）を使った部品測定とする。従来の機械設計と部品測定の連携プロセスを、**図5.33**に示す。機械設計と部品測定の連携プロセスには、機械設計と製造、測定、部品評価の3工程がある。

● **機械設計と製造**

機械設計者は、機械設計完了時に、部品の3Dデータと2D図面と購入仕様書と検査成績書を、加工メーカーまたは製造部門の製造者に出図する。加工メーカーまたは部品測定部門の測定者にも3Dデータと2D図面を出図する。3Dデータは部品の形状を示す。2D図面には部品形状に加えて、測定箇所（寸法・公差・特別な指定箇所）と測定方法を記入している。検査成績書は、部品の納品時における、数量チェック、外観検査結果、電気検査結果、機能検査結果などの結果が問題なかったことを証明する書類である。詳しくは、5.19の機械設計→受入検査で説明する。部品の3Dデータと2D図面と検査成績表を送る時に合わせて、機械設計者と測定者は事前打ち合わせをする。部品の機能要件と測定仕様（測定方法・測定器具・固定方法など）、測定箇所を確認する。

● **測定**

測定者は、計測支援システム（CAT）に3Dデータを取り込み、事前打ち合わせで確認した測定仕様に基づき、部品の固定方法を検討する。2D図面に記載されている測定箇所に対して、2D図面か事前打ち合わせの測定仕様に基づき、3Dデータ上でプローブ（測定のために、試料に接触または挿入する針）を操作して、CATデータ（測定プログラム）を作成する。3Dモデルへ測定箇所を記載することも可能ではあるが、3次元CADの制限（例えば、3D形状内部ではユーザが見えない、PMIを重ならないように表記するなど）により詳細な測定箇所を記載することができない、計測支援システム（CAT）に3Dデータの測定箇所を取り込めず有効利用できない。測定箇所を記載した2D図面が必要になる。測定者は製造メーカーまたは製造部門の加工者から部品を受け取り、部品をCMM（三次元測定機）に固定する。部品を安定した状態で固定するために治具を使う場合もある。測定者はCATデータ（測定プログラム）をCMM（三次元測定機）に送る。

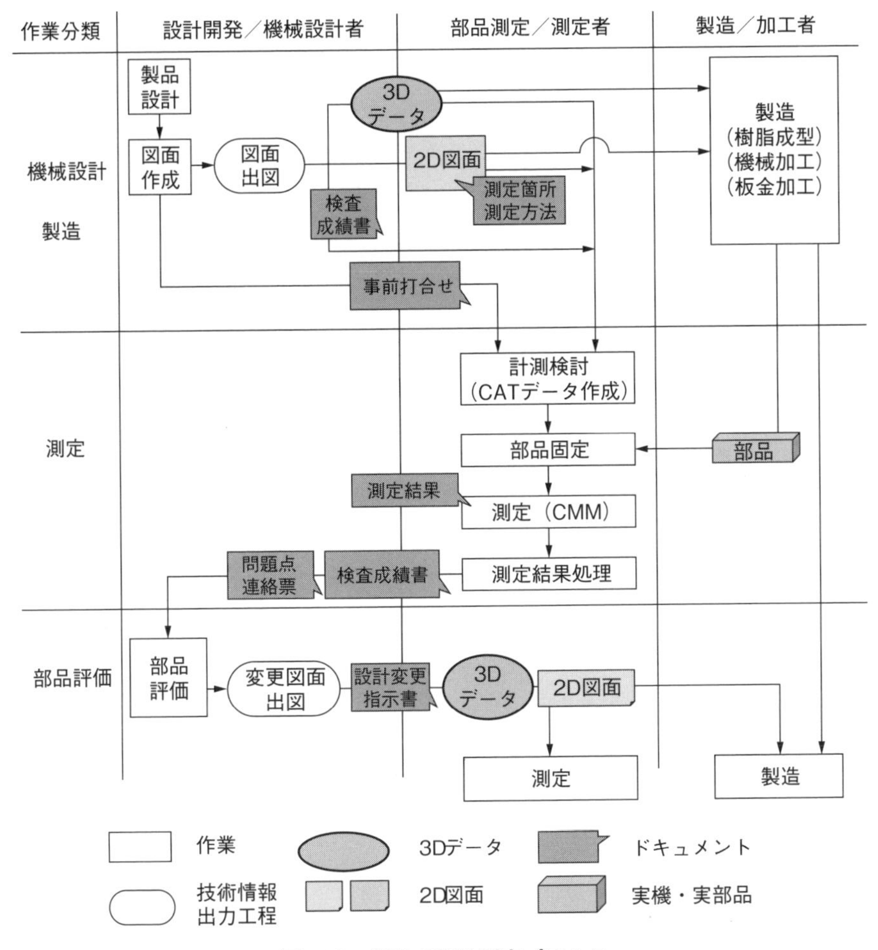


**図 5.33　従来の部品測定プロセス**

CMM（三次元測定機）ではCATデータ（測定プログラム）に基づきプローブが動き、測定箇所の測定を行う。測定者は、測定結果を検査成績表に記載して、判定基準（寸法・公差・その他閾値）に基づき合否判定が行われ、合否判定結果も検査成績表に記載する。測定者は、機械設計者へ、部品測定結果、部品測定結果を記載した検査成績表、問題点連絡票を提出する。問題点連絡票は、部品測定において問題が発生した場合、測定者が問題箇所と内容（例えば、測定できない・曲面評価に対する測定点不足など）をまとめた資料である。

● **部品評価**

機械設計者は、部品測定結果、検査成績表、問題点連絡票を確認する。特に、問題点連絡票に対応する。問題箇所の内容を解決して、3D データと 2D 図面を変更する。変更内容は設計変更指示書に書かれ、変更された 3D データと 2D 図面と合わせて、加工メーカーまたは部品測定部門の測定者に送られる。測定者は、設計変更指示書と 3D データと 2D 図面の変更内容から CAT データ（測定プログラム）を修正する。設計変更が施された部品を CMM（三次元測定機）で測定する。再び、計測者から機械設計者へ、部品測定結果、検査成績表、問題点連絡票を提出する。問題点が全て解決し、測定結果が合格となるまで、繰り返される。

## [2] 部品測定の設計情報の置き換え

従来の機械設計と部品測定で連携する設計情報を 3DA モデルに置き換える。

3D データおよび 2D 図面の設計情報は、3DA モデルの 3D モデル・PMI・属性・マルチビュー・2D ビューに置き換えられる。

2D 図面に記載されていた測定箇所（寸法・公差・特別な指定箇所）および測定基準は、3DA モデルの PMI、属性、マルチビュー、2D ビューに置き換えられる。測定箇所と測定基準、測定指示がはっきりわかるように、マルチビューまたは 2D ビューで、部品測定ビューを設定し、部品測定に必要な情報を限定して表示できるようにする。また、PMI が計測支援システム（CAT）で活用可能になるためには、セマンティック PMI として定義する。

検査成績書は、表形式の測定結果の他に、測定箇所や測定方法を示すために 3D データや 2D 図面を利用していることが多く、これらは 3D データとマルチビューと 2D ビューから作成できる。検査成績書は 3DA モデルから作成すると同時に、大本の 3DA モデルの所在と関連をリンク情報として含めておく。調達以降は、別システムで管理して、リンク情報として管理する。

部品測定結果は、別システムで管理して、そのリンク情報を管理する。

問題点連絡票は、別システムで管理して、そのリンク情報を管理する。問題点連絡票には、問題箇所と内容が含まれている。3DA モデル内の関連性を利用して、3DA モデルの 3D モデルと PMI に置き換えることができる。

設計変更指示書は、変更内容の記述の他に、変更箇所を示すために 3D データや 2D 図面を利用していることが多く、これらは 3DA モデルの 3D モデルと PMI

とマルチビューと2Dビューから作成できる。設計変更指示書はテンプレートを利用して3DAモデルから作成すると同時に、大本の3DAモデルの所在と関連をリンク情報として含めておく。設計変更指示の実施以降は、別システムで管理して、そのリンク情報を管理する。

### [3]　3D正運用の部品測定プロセス

従来の機械設計と部品測定の連携プロセスの問題は、2つある。

1つは、連携に必要な資料（問題点連絡票、設計変更指示書などを総称して資料と称した）ごとに情報を作成していることである。機械設計者は設計情報をユニークに持ち、測定者は部品測定情報をユニークに持っているが、共有が不十分なために個人差があり、転記の手間や間違いと実施の不確実性があった。

もう1つは、機械設計者が部品測定に必要な情報、測定箇所（寸法・公差・特別な指定箇所）、測定基準、測定指示、測定方法を3Dデータと2D図面に記述しても、部品計測で直接使えず、計測者が計測支援システム（CAT）で同じ情報を再入力していることである。

これらの課題を加工部品3DAモデル（板金部品3DAモデル、樹脂成形部品3DAモデル、機械加工部品3DAモデルをまとめて総称する）と部品測定DTPDの連携によって解決する。3DAモデルを使った機械設計と部品測定の連携プロセスを説明する。**図5.34**に、3D正運用の機械設計と部品測定の連携プロセスを示す。

#### ●　加工部品3DAモデルと部品測定DTPDの連携による部品測定情報の直接利用

部品測定情報は、3DAモデルの3Dモデル・PMI・属性・マルチビュー・2Dビューで表現されている。部品測定情報の内、測定箇所（寸法・公差・特別な指定箇所）および測定基準は、セマンティックPMIで定義しているので、計測支援システム（CAT）で活用できる。セマンティックPMIは、単純なデータの記述ではなく、寸法や注記の情報として意味を持たせ、コンピュータが情報を機能に基づいて活用できるようになっている。例えば、測定箇所が幾何公差で指示されている場合、測定箇所は3Dモデルの要素の座標値ではなく、幾何公差の種類と基準と公差値と、基準に指定されている3Dモデルの要素から定義できる。計測支援システム（CAT）では、セマンティックPMIとして読み込み、幾何公差の種

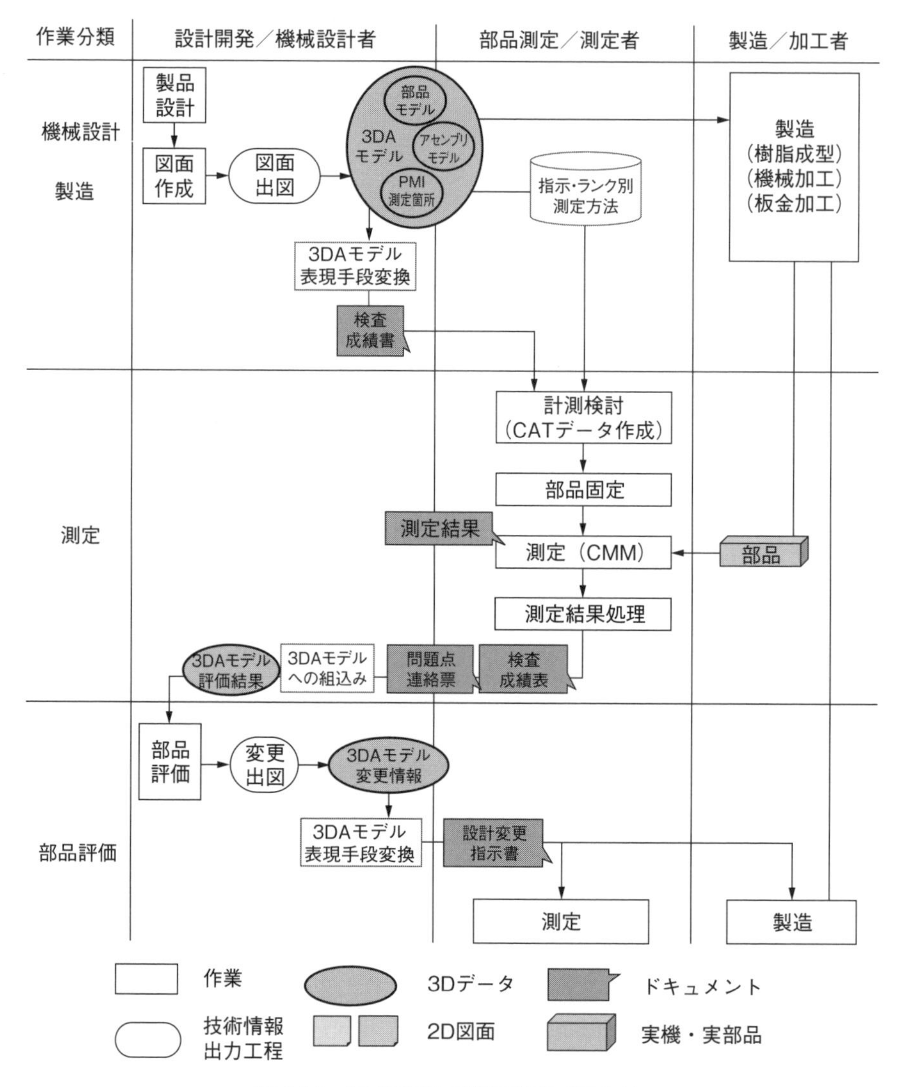


**図 5.34　3D 正運用の部品測定プロセス**

類と基準と公差値と、基準に指定されている 3D モデルの要素から測定箇所を構成する。部品測定で予め幾何公差の種類に応じた測定方法を定義しておけば、CAT データ（測定プログラム）を作成できる。部品の固定方法と治具の有無は、測定者の判断による。3DA モデルの部品測定ビューにより、3DA モデルを表示すれば、部品測定に必要な情報を限定された表示になり、測定箇所と測定基準、測定指示が明確になる。

● **加工部品3DAモデルに部品測定に必要な情報が集約**

加工部品3DAモデルに部品測定の検討を開始する情報が集約している。問題点連絡票は測定者から機械設計者へのフィードバック情報であるが、問題箇所と内容が含まれている。3DAモデル内の関連性を利用して、3DAモデルの3DモデルとPMIに置き換えることで、機械設計者の確認と理解を促進できる。設計変更指示書は、テンプレートを3DAモデルから作成する。変更内容を書き、変更箇所を指示する時に3DAモデルの3DモデルとPMIとマルチビューと2Dビューから作成し、3DAモデルの所在と関連をリンク情報として含めておく。必要な資料の作成とフィードバック情報の確認は3DAモデルを利用することができ、複数の資料を横断して検索するような手間も削減することができる。情報の転記の手間や間違いもなくなる。

● **加工部品3DAモデルと部品測定DTPDの連携による情報の統合管理と効率化**

加工部品3DAモデルには、機械設計者が持つべき部品測定に関する情報が集約している。部品測定DTPDには、測定者が持つべき部品測定に関する情報が集約している。加工部品3DAモデルと部品測定DTPDが連携することで、加工部品と部品計測に関する情報を相互利用ができ、集約して統合管理することができる。部品加工（板金加工、金型加工・樹脂成形、機械加工をまとめて総称する）と部品測定と評価・問題点の連絡と解決状況・設計変更指示と実施確認の工程の確認と実績を共有することができる。

● **加工部品3DAモデルの流用**

5.8のCADデータ管理（設計仕掛り）の（1）従来のCADデータ管理（設計仕掛り）プロセスで説明したように、新規に設計をする場合は、3次元CADでゼロから設計を開始する。部分的に改良する流用設計の場合には、CADデータ管理システム（PDM）から加工部品3DAモデルを取り出す。既存の加工3DAモデルの品質が良ければ、例えば、設計変更管理が全て実施済み、部品測定要件が織り込まれ、部品測定からのフィードバックも盛り込まれていれば、機械設計者は完成度の高い加工部品3DAモデルから流用設計を開始できる。既存の加工部品3DAモデルに変更を加える場合、部品の部位と部品測定要件の関係、問題点改良（設計変更）との根拠が含まれているために、形式知された設計知識に基づき結果と影響を考えることができる。

## 5.16　機械設計→生産管理

広義の生産管理とは、所定の品質の製品を所定の期間に、所定の数量だけ期待される原価で生産するように、生産を予測し、諸活動を計画し、統制・調整をして、生産活動全体の最適化を図ること（JIS Z 8141）である。狭義の生産管理としては、生産目標を効率的に達成するための管理であり、生産計画の立案、計画に基づく生産工程の統制、生産前準備、工程管理から構成される。生産管理に3DA モデルをどのように適用し、3DA モデルと生産管理 DTPD をどのように連携するかを説明する。

### ［1］　従来の生産管理プロセス

従来の生産管理プロセスを**図 5.35** に示す。従来の生産管理プロセスは、生産計画、生産管理、生産前準備、組立の 4 工程がある。

#### ●　生産計画

生産計画では、中長期的な需要を予測して、需要や受注残情報に基づき、どのような完成品をいつまでに何台作るかといった、生産計画の大枠を明確化し、1 年から半年の大日程計画を立てる。次に大日程計画から、設備・要員の入手期間を考慮して、生産量と生産する製品を明確にして、1ヶ月から 3ヶ月の中日程計画を立て、中日程計画表を作成する。5.2 の機械設計→ DR で示した DR で、設計開発の進捗、生産する製品の内容を段階的に入手して、生産計画に反映する。

#### ●　生産管理

製造 BOM（製品の製造・組立に応じた部品構成で、製造構成ともいう）の作成は、4.3 の組立の［2］組立手順書の作成の中で説明した部品構成の組み換えのことである。設計 BOM（製品の機能に応じた部品構成で、設計構成ともいう）から製造 BOM への変換作業は、製造技術部門が設計 BOM から製造 BOM を再構成して、設計 BOM か 2D 図面より属性情報（品名・個数・重量）を獲得して製造BOMへの再入力している。3D データは部品や部品構成の確認など参考として利用される。用品管理は、製造手配（加工品）とサプライヤ調達手配（購入品）をする前に、組立品に必要な部品およびリストの一覧表を作成して、加工品の製造手配（未実施と完了）と納品（予定と実績）、購入品のサプライヤ調達手配（未

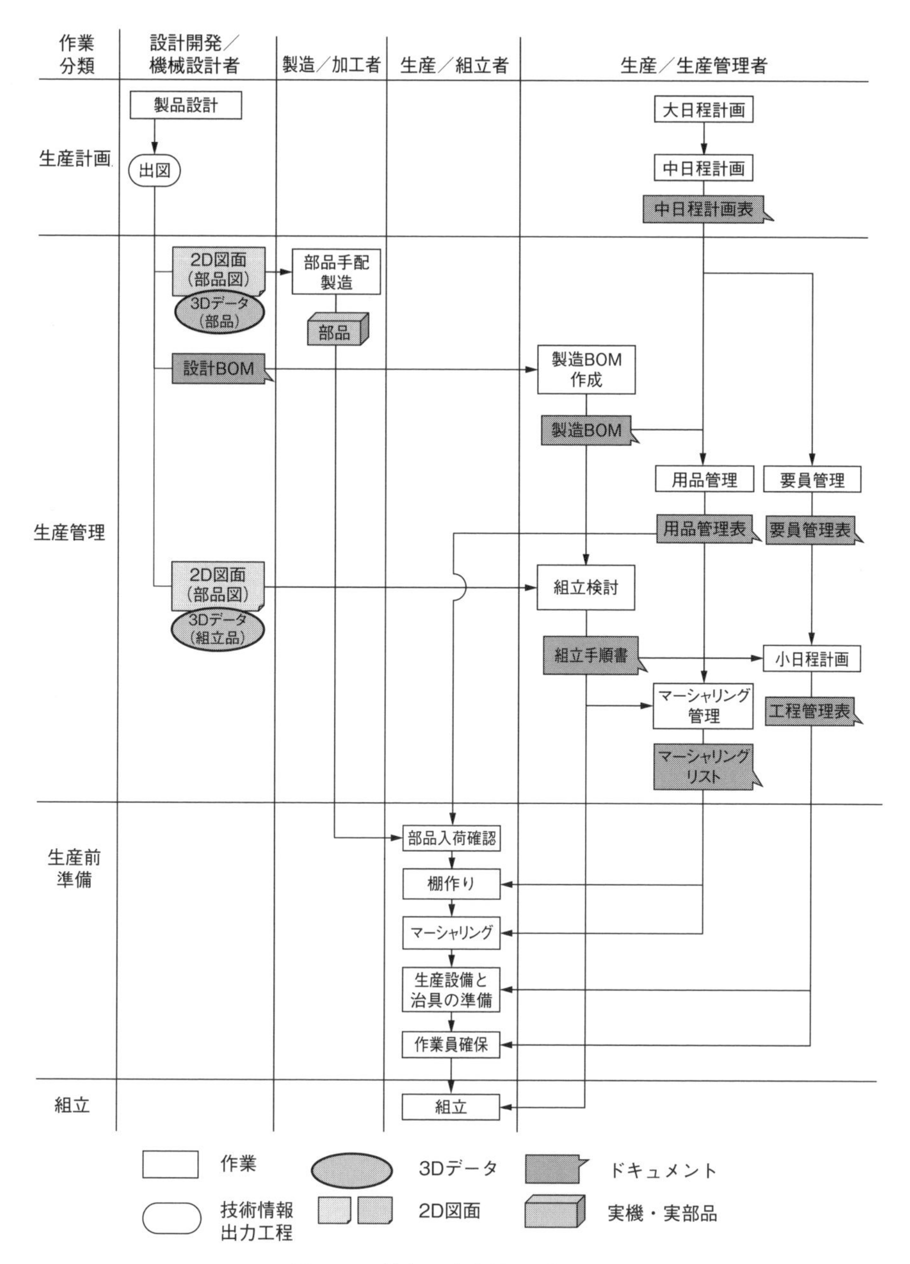


図5.35　従来の生産管理プロセス

実施と完了）と納品（予定と実績）を管理するものである。組立検討モデルの中で製造BOMが完成した時、すなわち、加工品と購入品の全体が決定した時に、用品管理表を作成する。用品管理表（加工品・購入品の工数と納期・実績）は、製造BOMと中日程計画表、2D図面（部品図）の出図情報（品名・部品番号・個数・納期）を基に作成される。3Dデータは部品や部品構成の確認など参考として利用される。マーシャリングとは、組立作業に適した形で組立ライン近くに配置する部品の並べることである。組立手順書に基づき、棚から部品を運搬する順番、組立作業の無駄を省いた部品の置き方を検討する。用品管理表と組立手順書からマーシャリングリストを作成する。組立検討（組立手順書）は、次の5.17の機械設計→生産・組立で説明する。中日程計画表（中日程の生産計画）、製造BOM、用品管理表（加工品・購入品の工数と納期・実績）、要員管理表（作業員・設備・治工具の現状管理）、などから小日程計画を検討して、工程管理表を作成する。

● **生産前準備**

4.3の組立の［3］生産前準備で説明した内容と同じである。用品管理表に基づき、部品入荷確認をする。マーシャリングリストに基づき、棚（工場レイアウト内に作る部品置場）を作り、マーシャリングを行う。工程管理表に基づき、生産設備と治具の準備と作業員の確保を行う。

● **組立**

工程管理表および組立手順書に基づき、作業員が生産設備を使って部品を組み立てる。

### ［2］ 生産管理の設計情報の置き換え

従来の機械設計と設計監理で連携する設計情報を3DAモデルに置き換える。

3Dデータおよび2D図面の設計情報は、3DAモデルの3Dモデル・PMI・属性・マルチビュー・2Dビューにコンテンツを置き換えられる。

機械設計者と生産管理者、加工者、組立員との打ち合わせの情報は、3DAモデルの3Dモデル、PMI、属性、マルチビューと2Dビューに置き換えられる。

仕様書や伝票のようなドキュメントは、3DAモデルの属性（管理情報）として内部に取り込むか、リンク（関連ドキュメントへのリンク先）で別データとして連携を取る。

従来の設計BOMは、3Dモデルの組立品の階層情報（アセンブリ情報）、2D図面（組立図）の部品欄、設計BOMを示す表形式ドキュメントなどで表されていた。設計情報のシングルデータベースの観点から、3DAモデルの3Dデータ（組立品）の階層情報（アセンブリ情報）を設計BOMとして考え、3DAモデルの関連性から属性（管理情報）を作成する、属性（管理情報）からテンプレートを使って表形式のドキュメントを作成する。

組立手順書に必要となる設計情報の置き換えは、次の5.17の機械設計→生産・組立で説明する。

用品管理表、要員管理表、工程管理表、マーシャリングリストに関しては3Dデータを直接利用することはなく、必要となる設計情報は、部品および組立品の管理情報と機械設計者からの指示事項である。部品および組立品の管理情報は3DAモデルの属性（管理情報）であり、機械設計者からの指示事項は3DAモデルのPMIと属性から獲得できる。

従来の生産管理プロセスでは、3Dデータは部品や部品構成の確認など参考として利用している。3Dデータは3DAモデルの3Dモデルとなる。3Dデータと2D図面で設計情報を獲得する時は、生産管理者、加工者、組立員が2D図面を元に該当する部品を3Dデータで探す必要があった。3DAモデルの関連性から、3DAモデルの属性（管理情報）やPMIから該当する3Dモデルを選ぶことができる。

2D図面に相当する2D検討図は、図5.20に示したように、2D図面は3DAモデルの正面ビューと平面ビューと側面ビューと図面枠ビューを合体させて紙に印刷することができる。

### [3]　3D正運用の生産管理プロセス

従来の機械設計と生産管理の連携プロセスの問題は、資料作成時の転記の手間や間違いと実施の不確実性である。機械設計者は必要な設計資料（3Dデータ、2D図面、設計BOMを総称）ごとに情報を作成して、生産管理者と加工者と組立員は複数の設計資料から必要な設計情報を探して必要な製造情報（用品管理表、要員管理表、工程管理表、マーシャリングリストを総称）に転記をする。機械設計者が設計BOMを中心に設計情報をまとめて作成しても、生産管理では設計BOMから製造BOMへ変換するので、設計情報のまとまりが崩れてしまう。この課題を3DAモデルと生産管理DTPDの連携によって解決する。**図5.36**に、3D

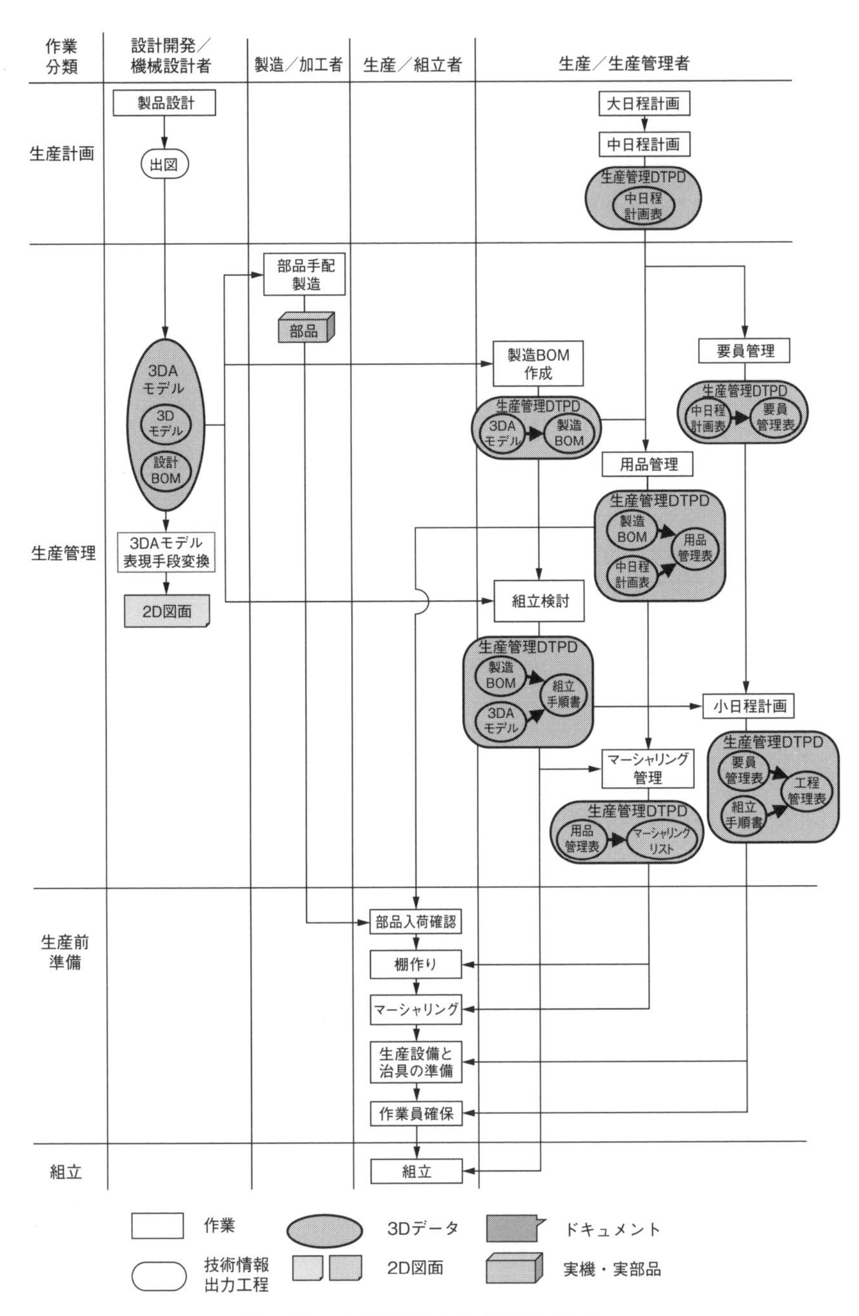


図 5.36　3D 正運用の生産管理プロセス

正運用の機械設計と生産管理の連携プロセスを示す。

● 設計BOMと製造BOMの連携

先に説明したように、3DAモデルの設計BOMは、3Dデータ（組立品）の階層情報（アセンブリ情報）であり、用途に応じて、3DAモデルの関連性から属性（管理情報）を作成する、属性（管理情報）からテンプレートを使って表形式のドキュメントを作成する。設計BOMから製造BOMへの変換作業は、3DAモデルの3Dデータ（組立品）の構成を組み換えて、階層情報（アセンブリ情報）を変更する。製造BOMは、変換後の3DAモデルの3Dデータ（組立品）の階層情報（アセンブリ情報）である。3DAモデルの関連性から属性（管理情報）を作成する、属性（管理情報）からテンプレートを使って表形式のドキュメントを作成する。設計BOMから製造BOMへの変換作業は、製品の組立手順と部品の関係が明確であれば比較的自動変換が可能であるが、製品ごとに組立手順や部品が異なる場合は生産管理者が手動で変換を行う。設計BOMから製造BOMへ変換されても、部品は3DAモデルと生産管理DTPDで共通である。従来の部品の設計情報は3Dデータと2D図面に分かれており関連性も曖昧であったために、設計BOMから製造BOMへの変換で再び設計情報探す必要があった。製造BOMになっても、3DAモデル内は設計情報の関連性が保たれている。

● 3DAモデルに生産管理に必要な情報が集約

3DAモデルに生産管理に必要な情報が集約している。用品管理表、要員管理表、工程管理表、マーシャリングリストに必要となる設計情報は、部品および組立品の管理情報と機械設計者からの指示事項である。部品および組立品の管理情報は3DAモデルの属性（管理情報）であり、機械設計者からの指示事項は3DAモデルのPMIと属性から獲得できる。予め用語またはキーワードを共通で決めておけば、3DAモデルから必要な情報を確実に選ぶことができる。資料作成と内容確認の手間を削減して、個人差のない平準化、転記によるミスの削減ができる。用品管理表、要員管理表、工程管理表、マーシャリングリストを生産前準備で利用する時に、部品や組立品の現物確認を便利にするために3DAモデルの3Dモデルとマルチビューによる参照イメージを付け加えることもできる。設計変更が発生した場合も、3DAモデルで設計変更をすることで、生産管理の変更手続きを大幅に削減できる。

### ● 3DA モデルと生産管理 DTPD の連携

中日程計画表、製造 BOM、組立手順書、用品管理表、要員管理表、工程管理表、マーシャリングリストは、生産管理 DTPD の構成物である。これらは、3DA モデルの設計情報を元に作成する構成物、生産管理プロセスの中で生産管理 DTPD として作成される構成物、生産管理 DTPD の構成物から作成される構成物である。製造 BOM は先に説明した通りに 3DA モデルから作成される。組立手順書は製造 BOM と 3DA モデルから作成される。組立手順書の作成は、次の 5.17 の生産（組立）で説明する。用品管理表は、製品に必要な部品一覧に対して、部品が必要な時期、納品日、数量、実際の納品実績のリストであり、中日程計画表（製品名・数量・生産日）と製造 BOM から作成する。生産前準備で組立に必要な部品と個数が、必要な時期に納品されたか確認する。マーシャリングリストは、組立手順に合わせて、部品置場、必要な部品と数量、納品日、実際の納品実績のリストであり、組立手順書と用品管理表から作成する。生産前準備で組立に必要な部品が部品置場に揃っているか確認する。要員管理表は、組立に必要な生産設備と治具の種類と数量、作業員のスキルと人数、時期、工程のリストであり、中日程計画表から作成する。工程管理表は、工程の開始時期と終了時期、前工程、後工程、部品と数量、部品置場、生産設備、治具、作業員、作業名称、作業実績のリストであり、要員管理表、組立手順書、用品管理表、マーシャリングリストと中日程計画表から作成する。生産管理 DTPD は 3DA モデルから作成されており、かつ、その関連性も明確になっているので、3DA モデルに設計変更が発生した場合も、生産管理の変更手続きを大幅に削減できる。

## 5.17 機械設計→生産・組立

生産・組立は、組立員が組立指示書に基づき、必要に応じて治具を使って、部品を順次組み立てて製品を作る。機械加工・板金加工・金型加工によって作られた加工品、調達による購入品、配線や配管など多種多岐に渡る。産業用ロボットも使われている。生産・組立をスムーズに実施するために、多種多様な資料が使われて、資料作成にあたっては、製品の設計情報と製造情報・生産情報を結び付ける必要がある。生産・組立に 3DA モデルをどのように適用し、3DA モデルと生産・組立 DTPD をどのように連携するかを説明する。

## [1]　従来の生産・組立プロセス

従来の生産・組立プロセスを**図5.37**に示す。従来の生産・組立プロセスは、機械設計、生産管理、生産前準備、組立、組立評価の5工程がある。

### ●　機械設計

機械設計において、5.2の機械設計→DRで説明したように、製品設計部門が、基本設計完了時、部品設計完了時、(組立前の) 最終設計完了時に、関連部門 (品質部門、製造部門、製造技術部門、調達購買部門) を集めてDRを開催する。機械設計部門が、段階的に設計進捗と設計情報を公開して、関連部門が製造性問題と組立性問題などを指摘して、機械設計部門が出図前に問題解決を図る。機械設計部門は、3Dデータ、2D図面 (個部品図および組立図)、設計検討資料 (設計仕様書・設計計算書・FMEA [Failure Mode and Effect Analysis：製品不具合の解析・防止を目的とした手法]・解析結果・検証結果など) を提示する。3Dデータは、2D図面に比べてリアリティがあり、製品イメージを掴みやすいが、寸法線・注記・公差が書かれてなく、関連部門には情報不足である。2D図面には寸法線・注記・公差が書かれているが、2D図面の理解には専門知識が必要となり、特に、設計仕掛かり中の2D図面では機械設計がどこまで進展しているのかわからず、設計情報がつかみにくい。出図前に関連部門の参加者が自らの作業に設計情報を活かしにくい。

### ●　生産管理

5.16の機械設計→生産管理で説明したように、生産管理では、3Dデータと2D図面と設計BOMから、製造BOM、用品管理表、マーシャリングリスト、工程管理表を作成する。組立検討で組立手順書を作成する。組立手順書は、組立員が確実かつ安全に必要な組立作業を踏めるように組立作業手順をまとめたものである。具体的に、組立手順書では、製造BOMと3Dデータと2D図面 (組立図) を使い、組立工程別に部品を表示／非表示にして、組立治具および組立工具の追加、バルーン (部品の識別番号) と指示事項 (組立・調整・注油・塗装・溶接・計測・表面処理) を追加する。指示事項は製品設計部門から指示事項だけでなく製造技術部門で追加する指示事項もある。組立手順書はドキュメントまたは動画の形態を取る。先に説明したように、3Dデータ (誰にでもわかりやすい形状イメージ) と2D図面 (寸法線・注記・公差) では生産管理者が参照する設計情報が別々に記載

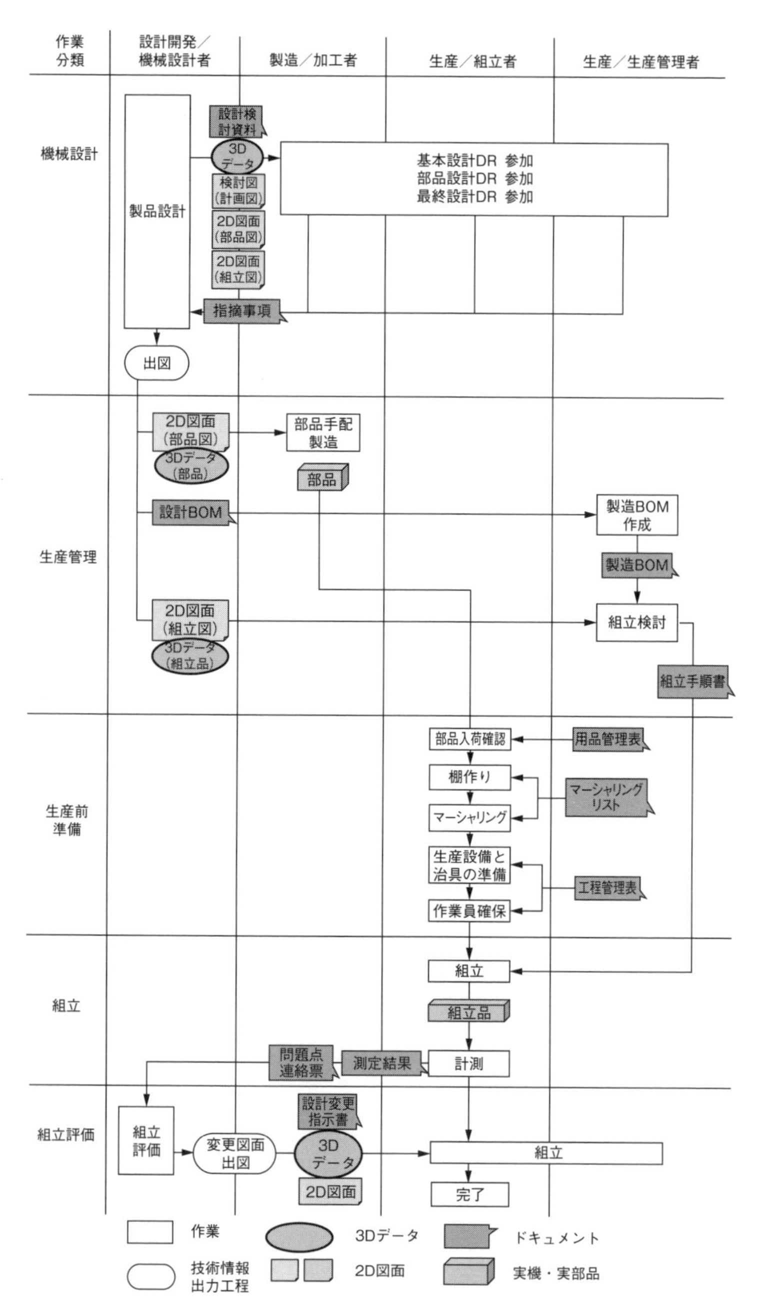


図 5.37　従来の生産・組立管理プロセス

されており、製造BOMと3Dデータと2D図面に直接的な関係性がない。生産管理者は、自ら、製造BOM、3Dデータ、2D図面から必要な設計情報を選び、組立手順書に転記する必要がある。個人差があり、転記の手間や間違いの不確実性があった。

● **生産前準備**

組立員は、5.16の機械設計→生産管理の（1）従来の生産管理プロセスの生産前準備に示したように、用品管理表に基づき、部品入荷確認をする。マーシャリングリストに基づき、棚（工場レイアウト内に作る部品置場）を作り、マーシャリング（組立作業に適した形で組立ライン近くに配置する部品を並べること）を行う。工程管理表に基づき、生産設備と治具の準備と作業員の確保を行う。

● **組立**

組立員は、組立手順書を使って、生産・組立を実施する。組立員は、測定結果を検査成績表に記載して、判定基準（寸法・公差・その他閾値）に基づき合否判定が行われ、合否判定結果も検査成績表に記載する。組立員は、機械設計者へ、組立品測定結果、組立品測定結果を記載した検査成績表、問題点連絡票を提出する。問題点連絡票は、生産・組立において問題が発生した場合、組立員が問題箇所と内容（例えば、配線できない・穴の位置がずれるなど）をまとめた資料である。

● **組立評価**

機械設計者は、組立品測定結果、検査成績表、問題点連絡票を確認する。特に、問題点連絡票に対応する。問題箇所の内容を解決して、3Dデータと2D図面を変更する。変更内容は設計変更指示書に書かれ、変更された3Dデータと2D図面と合わせて、生産管理者と組立員に送られる。生産管理者と組立員は、設計変更指示書と3Dデータと2D図面の変更内容から組立手順書、工程管理表などを修正する。設計変更が施された組立と測定をする。再び、組立員から機械設計者へ、組立品測定結果、検査成績表、問題点連絡票を提出する。問題点が全て解決し、測定結果が合格となるまで、繰り返される。製造（組立）作業での不具合は製造不具合連絡（表データもしくはドキュメント）で製品設計部門に送られる。製品設計部門では製造不具合内容を確認して設計変更の処置（設計変更指示書の発行と変更図面の作成）が行われる。

### ［2］ 生産・組立の設計情報の置き換え

従来の機械設計と生産・組立で連携する設計情報を3DAモデルに置き換える。

3Dデータおよび2D図面の設計情報は、3DAモデルの3Dモデル・PMI・属性・マルチビュー・2Dビューに置き換えられる。

機械設計者と生産管理者、加工者、組立員との打ち合わせの情報は、3DAモデルの3Dモデル、PMI、属性、マルチビューと2Dビューに置き換えられる。

仕様書や伝票のようなドキュメントは、3DAモデルの属性（管理情報）として内部に取り込むか、リンク（関連ドキュメントへのリンク先）で別データとして連携を取る。

製造BOMの元になる設計BOMの表現、用品管理表、要員管理表、工程管理表、マーシャリングリストに必要となる部品および組立品の管理情報と機械設計者からの指示事項は、5.16の機械設計→生産管理の（2）生産管理の設計情報の置き換えに示したように、3DAモデル内で表現している。

組立指示および計測指示（基準位置、ハーネス、溶接、塗装、可動範囲、結合、配線配管の指示）は、3DAモデルのPMIと属性に置き換える。PMIと属性の表示が重なり設計情報が見えにくくなることが懸念されるが、3DAモデルのマルチビューによる必要に応じた分離が可能になる。

組立作業と仕上げの工程ごと、溶接、塗装、表面処理、結合、配線配管は特化した工程にビューを作成し、その工程に必要な3Dモデル・PMI・属性の表示・非表示を切り替えることができる。

組立品の測定結果は、別システムで管理して、そのリンク情報を管理する。

問題点連絡票は、別システムで管理して、そのリンク情報を管理する。問題点連絡票には、問題箇所と内容が含まれている。3DAモデル内の関連性を利用して、3DAモデルの3DモデルとPMIに置き換えることができる。

設計変更指示書は、変更内容の記述の他に、変更箇所を示すために3Dデータや2D図面を利用していることが多く、これらは3DAモデルの3DモデルとPMIとマルチビューと2Dビューから作成できる。設計変更指示書はテンプレートを利用して3DAモデルから作成すると同時に、大本の3DAモデルの所在と関連をリンク情報として含めておく。設計変更指示の実施以降は、別システムで管理して、そのリンク情報を管理する。

## [３]　3D正運用の生産・組立プロセス

従来の機械設計と生産・組立の連携プロセスの問題は、組立手順書作成時の情報転記の手間が掛かり、転記の際に間違いが発生する可能性があることである。機械設計者は必要な設計資料（3Dデータ、2D図面、設計BOMを総称）ごとに情報を作成して、生産管理者と組立員は複数の設計資料から必要な設計情報を探して、必要な製造情報を組立手順書に転記をする。機械設計者が設計BOMを中心に設計情報をまとめて作成しても、生産管理では設計BOMから製造BOMへ変換するので、設計情報のまとまりが崩れてしまう。この課題を3DAモデルと生産・組立DTPDの連携によって解決する。**図5.38**に、3D正運用の機械設計と生産・組立の連携プロセスを示す。

### ●　3DAモデルに組立手順書作成に必要な情報が集約

組立手順書では、組立工程別に部品を表示／非表示にして、組立治具および組立工具の追加、バルーン（部品の識別番号）と指示事項（組立・調整・注油・塗装・溶接・計測・表面処理）を追加する。指示事項は製品設計部門から指示事項だけでなく製造技術部門で追加する指示事項もある。3DAモデルに組立手順書作成に必要な設計情報が集約している。部品は3DAモデルの3Dモデルで表現され、指示事項は3DAモデルのPMIと属性で表現され、3Dモデルとの位置関係も明確である。組立手順書は製造BOMをもとに作成する。製造BOMは設計BOM（3DAモデルの3Dモデルの階層構造）から変換しているので、3DAモデル内の関連性を引き継いでいる。組立手順書の作成が効率し品質も向上する。設計変更が発生した場合も、3DAモデルで設計変更をすることで、組立手順書の変更手続きを大幅に削減できる。

### ●　3DAモデルに生産・組立に必要な情報が集約

3DAモデルに生産・組立の検討を開始する情報が集約している。問題点連絡票は生産管理者と組立員から機械設計者へのフィードバック情報であるが、問題箇所と内容が含まれている。3DAモデル内の関連性を利用して、3DAモデルの3DモデルとPMIに置き換えることで、機械設計者の確認と理解を促進できる。設計変更指示書は、テンプレートを3DAモデルから作成する。変更内容を書き、変更箇所を指示する時に3DAモデルの3DモデルとPMIとマルチビューと2Dビューから作成し、3DAモデルの所在と関連をリンク情報として含めておく。必要な

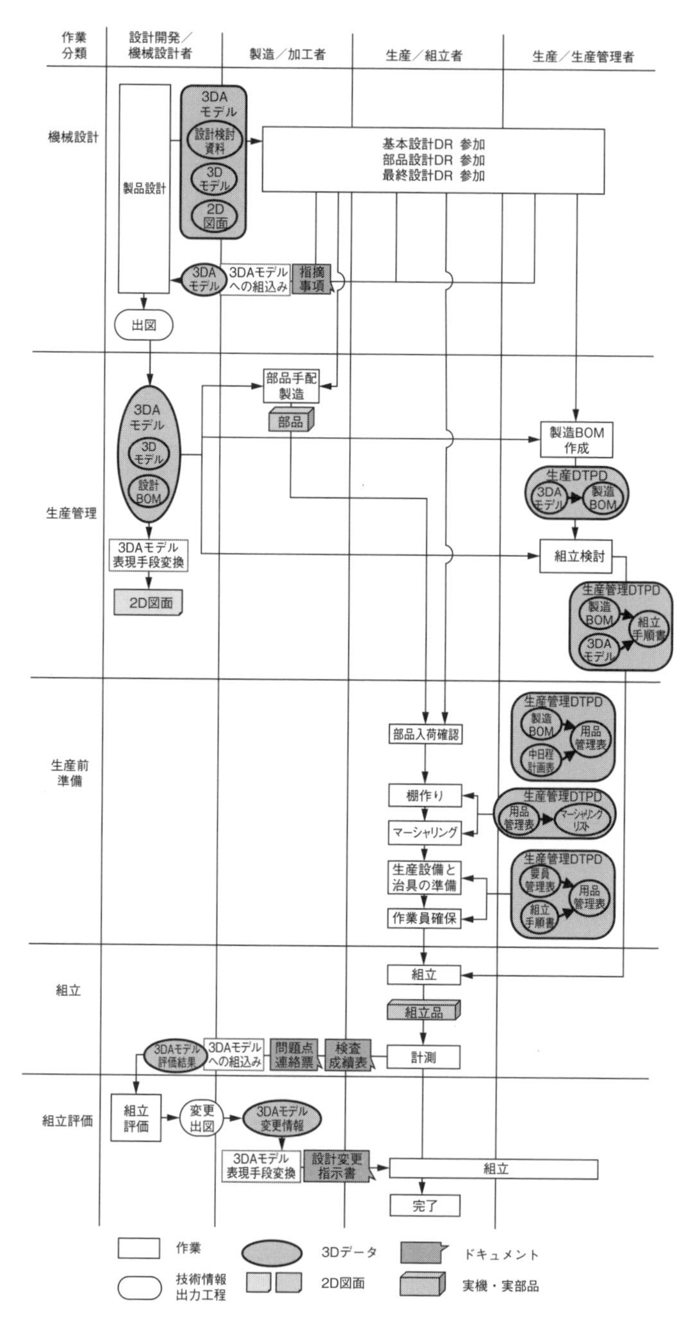


図 5.38　3D 正運用の生産・組立プロセス

資料の作成とフィードバック情報の確認は3DAモデルを利用することができ、複数の資料を横断して検索するような手間も削減することができる。情報の転記の手間や間違いもなくなる。

● **3DAモデルと生産・組立DTPDの連携**

中日程計画表、製造BOM、組立手順書、用品管理表、要員管理表、工程管理表、マーシャリングリストは、生産管理DTPDの構成物である。これらは、3DAモデルの設計情報を元に作成する構成物、生産管理プロセスの中で生産管理DTPDとして作成される構成物、生産管理DTPDの構成物から作成される構成物である。組立手順書は、製造BOMと3DAモデルから作成される。組立手順書は、マーシャリングリストと工程管理表の元となる資料になっている。生産管理DTPDは3DAモデルから作成されており、かつ、その関連性も明確になっているので、3DAモデルに設計変更が発生した場合も、生産管理の変更手続きを大幅に削減できる。

## 5.18　機械設計→治具

治具は、加工や組立の際、部品や工具の作業位置を指示・誘導するために用いる器具である。生産管理者が組立検討をする時に、治具を利用するかどうか決める。標準治具の利用を第一に考えるが、専用治具の利用が必要になる場合、3D図面と2D図面の設計情報、組立工程での治具の利用方法（要件）、生産設備の製造情報を集めて、生産前準備（生産設備と治具の準備）までに、治具の設計と製造を間に合わせなければならない。治具設計・製造に3DAモデルをどのように適用し、3DAモデルと治具DTPDをどのように連携するか説明する。

### [1]　従来の治具プロセス

従来の治具プロセスを**図5.39**に示す。従来の治具プロセスは、機械設計、生産管理、治具設計と治具製造、生産前準備、組立の5工程がある。

● **機械設計**

機械設計において、5.2の機械設計→DRで説明したように、製品設計部門が、基本設計完了時、部品設計完了時、（組立前の）最終設計完了時に、関連部門（品

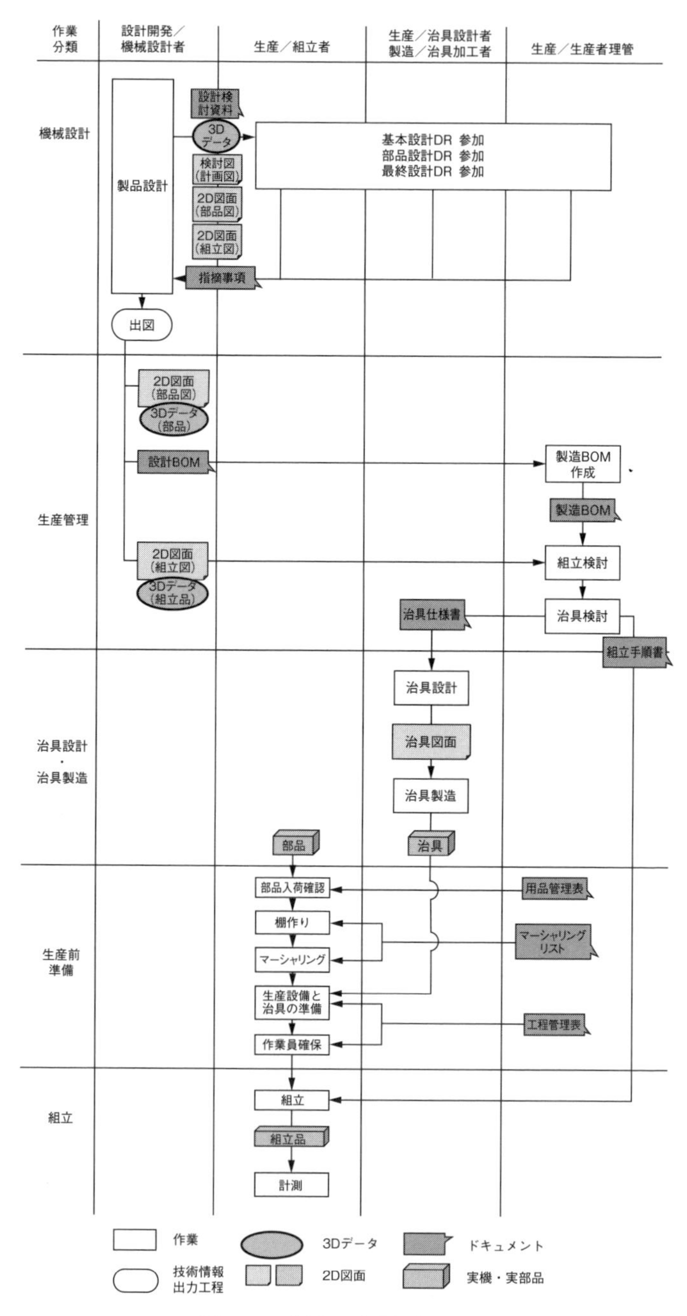


図 5.39　従来の治具プロセス

質部門、製造部門、製造技術部門、調達購買部門）を集めてDRを開催する。機械設計部門が、段階的に設計進捗と設計情報を公開して、関連部門が製造性問題と組立性問題などを指摘して、機械設計部門が出図前に問題解決を図る。機械設計部門は、3Dデータ、2D図面（部品図および組立図）、設計検討資料（設計仕様書・設計計算書・FMEA［Failure Mode and Effect Analysis：製品不具合の解析・防止を目的とした手法］・解析結果・検証結果など）を提示する。3Dデータは、2D図面に比べてリアリティがあり、製品イメージを掴みやすいが、寸法線・注記・公差が書かれてなく、関連部門には情報不足である。2D図面には寸法線・注記・公差が書かれているが、2D図面の理解には専門知識が必要となり、特に、設計仕掛かり中の2D図面では機械設計がどこまで進展しているのかわからず、設計情報がつかみにくい。出図前に関連部門の参加者が自らの作業に設計情報を活かしにくい。

● **生産管理**

5.16の機械設計→生産管理で説明したように、生産管理では、3Dデータと2D図面と設計BOMから、製造BOM、用品管理表、マーシャリングリスト、工程管理表を作成する。組立検討で組立手順書を作成する。組立手順書は、組立員が確実かつ安全に必要な組立作業を踏めるように組立作業手順をまとめたものである。具体的に、組立手順書では、製造BOMと3Dデータと2D図面（組立図）を使い、組立工程別に部品を表示／非表示にして、治具および工具の追加、バルーン（部品の識別番号）と指示事項（組立・調整・注油・塗装・溶接・計測・表面処理）を追加する。指示事項は製品設計部門から指示事項だけでなく製造技術部門で追加する指示事項もある。組立手順書はドキュメントまたは動画の形態を取る。組立検討で治具の利用を考える場合、まずは、標準治具を単独または組合せで利用できないか考える。標準治具が利用できれば、生産設備と同様に、標準治具の名称と個数を組立手順書に追加し、工程管理表の作成時に標準治具の手配が盛り込まれる。標準治具が利用できない場合、専用治具を利用する。治具の利用目的、対象となる部品、治具を取り付ける生産設備を検討し、治具仕様書を作成する。

● **治具設計と治具製造**

生産管理者から治具仕様書が治具設計者に送られる。治具設計者が、治具仕様書を元に対象部品の3Dデータと2D図面、治具を取り付ける生産設備の2D図面、治具の利用目的（部品や工具の作業位置を固定・指示・誘導）から治具図面（2D

図面）を作成する。3D データは主に参照で利用される。治具設計者から治具図面が治具加工者（製造部門の加工者が担当する場合が多い）に送る。治具加工者は治具図面から治具を製造し、更に測定が行われる。測定結果が合格すれば、治具は治具加工者から組立員に納品される。

● **生産前準備**

組立員は、5.16 の機械設計→生産管理の（1）従来の生産管理プロセスの生産前準備に示したように、用品管理表に基づき、部品入荷確認をする。マーシャリングリストに基づき、棚（工場レイアウト内に作る部品置場）を作り、マーシャリング（組立作業に適した形で組立ライン近くに配置する部品を並べること）を行う。工程管理表に基づき、生産設備と治具の準備と組立員の確保を行う。

● **組立**

組立員は、組立手順書を使って、生産・組立を実施する。

### [2] 治具の設計情報の置き換え

従来の機械設計と治具で連携する設計情報を 3DA モデルに置き換える。

治具設計と治具製造に必要となる治具仕様書は、製造 BOM と組立手順書（仕掛かり）から作成される。製造 BOM は、3DA モデルを使って生産管理 DTPD として作成される。組立手順書は、3DA モデルと製造 BOM を使って生産・組立 DTPD として作成される。従って、治具設計と治具製造に必要な設計情報は、5.16 の機械設計→生産管理で示した（2）生産管理で連携する情報の置き換えと 5.17 の機械設計→生産・組立で示した（2）生産・組立で連携する情報の置き換えと同じ内容である。

治具設計と治具製造、治具そのもののデータは、治具 DTPD に含まれる。

3DA モデルと DTPD の関係を示す。治具設計および治具製造の直接データ（治具の 3D データ・治具加工の CAM データ［NC プログラム］・治具検査評価の CAT データ［測定プログラム］など）は治具 DTPD で管理される。

治具管理は用品管理表の中で管理され、標準治具・オプション治具（標準治具に組み合わせて多様な治具機能を発揮する）・既存治具の諸元・状態・利用予定が管理される。

治具使用計画は製造資料の中で管理され、治具利用（取付位置・固定方法・精度）・治具構成（標準治具とオプション治具の組合せ）・既存治具の再利用が管理される。

治具運用および実際の利用では、製造資料の組立手順への記載および部品構成表の製造BOMへの記載も必要である。

## ［3］ 3D正運用の治具プロセス

従来の機械設計と治具の連携プロセスの問題は、治具設計と治具製造に必要となる治具仕様書は製造BOMと組立手順書（仕掛かり）から作成されることから、機械設計と生産管理の連携プロセス、機械設計と生産・組立の連携プロセスと同様に起きる。機械設計者は必要な設計資料（3Dデータ、2D図面、設計BOMを総称）ごとに情報を作成して、生産管理者と加工者と組立員は複数の設計資料から必要な設計情報を探して必要な製造情報（用品管理表、要員管理表、工程管理表、マーシャリングリスト、組立手順書を総称）に転記をする。機械設計者が設計BOMを中心に設計情報をまとめて作成しても、生産管理では設計BOMから製造BOMへ変換するので、設計情報のまとまりが崩れてしまう。しかも、治具設計と治具製造は、組立検討で標準治具が利用できないと判断して治具仕様書を作成して、生産前準備の生産設備と治具の準備までの限られた期間内に完了しなければならない。この課題を3DAモデルと治具DTPDの連携によって解決する。**図5.40**に、3D正運用の機械設計と治具の連携プロセスを示す。

### ● 機械設計DRで、専用治具の利用を先取り

基本設計DR、部品設計DR、最終設計DRは3DAモデルで行われる。設計情報は3DAモデルに一本化され、3DAモデル内の関連性とテンプレートにより、3Dモデル、2D投影図（2D図面）、設計検討資料など形体で表現できる。従来の設計仕掛かり中の2D図面では機械設計がどこまで進展しているのかわからず、設計情報がつかみにくかった。設計仕掛かり中でも、3DAモデルでは3Dモデルと関連情報から設計情報を具体的に把握できる。生産管理者と組立員が治具の必要性検討の時間と具体性が増す。専用治具の利用と治具仕様書を早期に検討できる。より多くの標準治具とオプション治具の組合せ利用および既存治具利用が検討できて、新規に専用治具の設計および製造の機会が減る可能性も出てくる。

### ● 3DAモデルに治具利用（治具設計）に必要な情報が集約

治具仕様書は、組立手順書と製造BOMから作成する。3DAモデルに組立手順

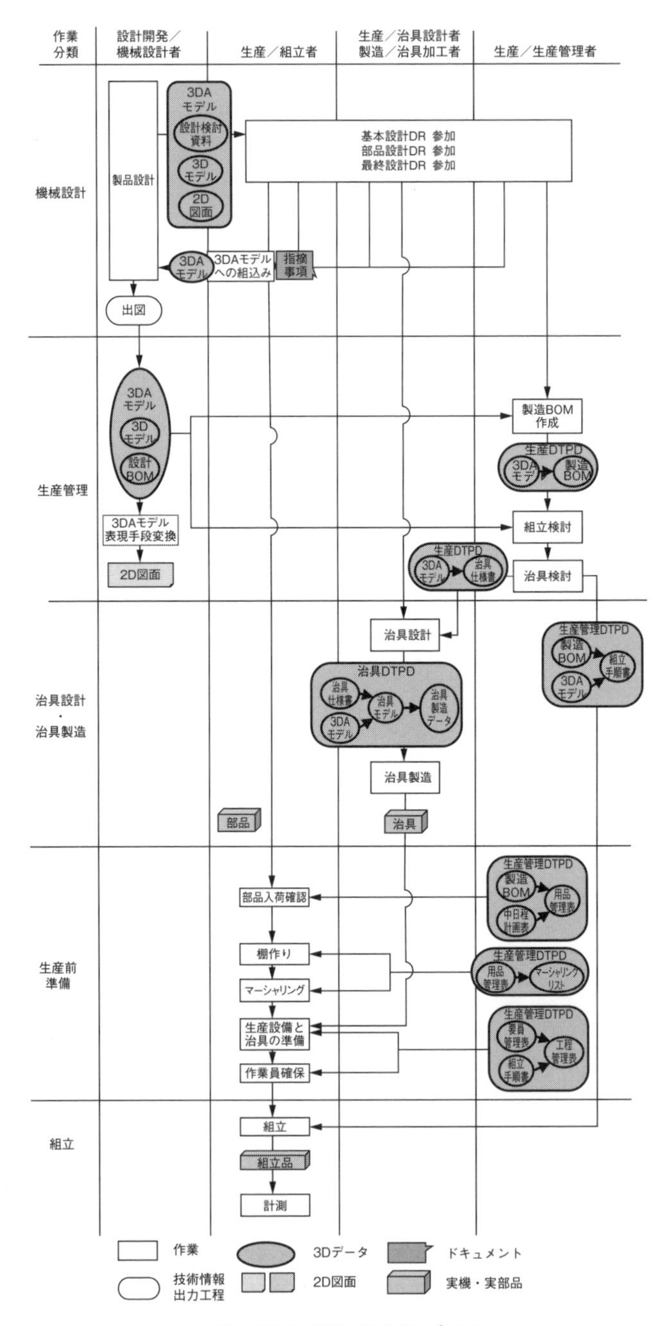


図 5.40　3D 正運用の治具プロセス

書作成と製造BOMに必要な設計情報が集約している。部品は3DAモデルの3Dモデルで表現され、指示事項は3DAモデルのPMIと属性で表現され、3Dモデルとの位置関係も明確である。組立手順書は製造BOMをもとに作成する。製造BOMは設計BOM（3DAモデルの3Dモデルの階層構造）から変換しているので、3DAモデル内の関連性を引き継いでいる。組立手順書の作成が効率し品質も向上する。生産管理DTPDと生産・組立DTPDは、治具DTPDと連携しており、製造BOMと組立手順書も連携して利用できる。治具設計では治具仕様書から治具モデルを作成し、治具製造では治具モデルから治具製造データを作成して、治具を製造する。治具仕様書、治具モデル、治具製造データは、治具DTPDの中で関連性を持って連携しているので、必要な情報を効率的に利用して作業を行うことができる。設計変更が発生した場合も、3DAモデルで設計変更をすることで、治具の変更手続きを大幅に削減できる。

## 5.19　機械設計→検査（受入検査）

検査（受入検査）は、納品物（加工品および購入品）が発注時の仕様書に基づいて合格しているかどうかを検査する。5.15の機械設計→部品測定は、開発段階および試作での部品検査を対象とする。受入検査は、金型認定または部品認定後の量産製造で行われる部品検査である。受入検査に3DAモデルをどのように適用し、3DAモデルと受入検査DTPDをどのように連携するかを説明する。

### [1]　従来の検査プロセス

従来の検査プロセスを、**図5.41**に示す。従来の検査プロセスは、見積り、発注、製造・計測、受入検査の4工程がある。見積りは、5.10の機械設計→見積りで説明している。発注は、5.11の機械設計→発注で説明している。製造は、5.12の機械設計→製造（金型加工・樹脂成形）、5.13の機械設計→製造（板金加工）、5.14の機械設計→製造（機械加工）で説明している。計測は、5.15の機械設計→部品測定で説明している。ここでは、量産製造と受入検査に関わる差異部分を説明する。

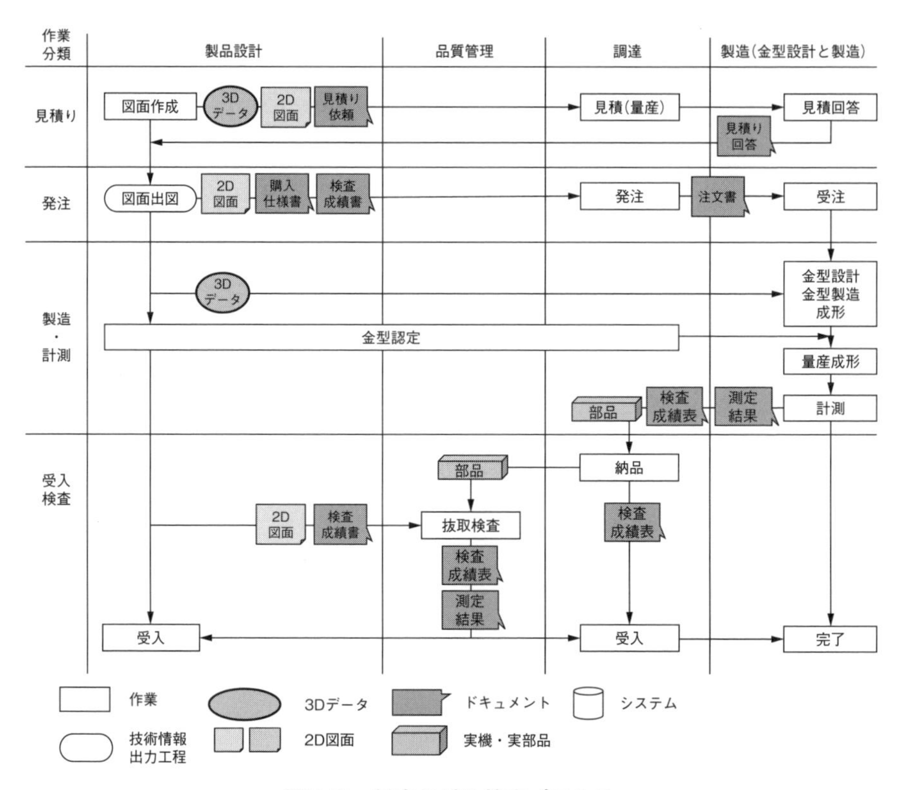


**図 5.41　従来の受入検査プロセス**

## ●　見積り

機械設計部門から調達部門へ見積り依頼書（ドキュメント）、2D 図面（最終図面）、3D データが送られて、調達部門で見積り依頼書に追加記入をして金型メーカーへ見積依頼をする。見積り依頼書には、量産製造に関する項目として、量産部品の品名、用途、納期、納入場所、仕様、付属品一覧、支給品、受入条件、検査方法、梱包方法などが書かれている。その後で金型メーカーへ見積り依頼を行い、金型メーカーから見積り回答を集める。

## ●　発注

見積り完了後に、製品設計部門が調達部門に購入仕様書と検査成績書と 2D 図面を提出して発注を依頼する。見積り完了後に、製品設計部門が調達部門に購入仕様書と検査成績書と 2D 図面を提出して発注を依頼する。購入仕様書と検査成績表は、3D データと 2D 図面とは別に作成する。調達部門では、機械設計部門からの購入仕様書に支払条件、保証など書き込む。発注を管理するために、注文書を作成する。注文書には、タイトル、送付先、発注日、作成者名、発注内容、発注金額、納期・支払い条件・有効期限などを書き込む。2D図面、購入仕様書、検査成績書、発注書を金型メーカーに送付する。金型メーカーから3Dデータを要求された場合、調達部門の了解を得た上で、機械設計部門から金型メーカーに3Dデータを送る。購入仕様書には、量産製造に関する項目として、量産部品の品名、用途、納期、納入場所、仕様、付属品一覧、支給品、受入条件、検査方法、検査実施の頻度、梱包方法などが書かれている。検査成績書は、量産製造に関する項目として、データの提出頻度（納入ロット時、金型交換時、金型増型時など）に対して、数量チェック、外観検査結果、電気検査結果、機能検査結果の記入が加わる。

● **製造・計測**

金型メーカーでは、製品メーカーから金型認定を受けた金型を射出成形機に取り付けて、樹脂成形部品を量産製造する。金型認定は、金型加工・射出成形の試行（トライ）を行い、成形品の部品検査結果、金型と射出成形の安定性などを総合的に判断して、安定した量産製造が可能であると製品メーカーが判断した時に、金型メーカーに対して金型認定を出して、量産製造に移行する。金型メーカーでは、購入仕様書に書かれた検査仕様に基づいて樹脂成形部品の部品検査を行い、検査結果を検査成績書に記入する。金型メーカーは製品メーカーへ、量産製造された樹脂成形部品、樹脂成形部品の測定結果、検査成績表を納品する。問題点があれば問題点連絡票を提出する。

● **受入検査**

製品メーカーでは、発注部門が金型メーカーから量産製造された樹脂成形部品、樹脂成形部品の測定結果、検査成績表を受け取る。受入検査は、発注部門で購買仕様書の受入検査項目と検査成績表の書類審査で済ませる場合と、初回（量産開始）、初期流動（量産開始から数ヶ月など一定期間経過）、ロット変更時、金型交換時、金型増型時など条件を設定して、製品メーカーの品質管理部門で受入検査を行う場合がある。受入検査には、対象に応じて、量産部品の全数を行う全数検査、または、検査ロットから、あらかじめ定められた抜取検査方式に従って、サンプルを抜き取って検査を行う抜取検査がある。受入検査の内容は、外観検査、形状検査、電気検査、機能検査などがある。外観検査では、キズやバリの有無、表面処理や塗装の状態などを検査する。形状検査は、量産部品の指定箇所のサイズが公差以内に入っているかどうかを確認するもので、その内容は、接触式のCMM（Coordinate Measuring Machine：三次元測定機）を使用する場合は、5.15の機械設計→部品測定に示した部品測定と同じである。ノギス、マイクロメータ、ダイヤルゲージのような簡易的な検査器具・測定器具を使用する場合もある。受入検査に使用する設計情報は、3Dデータ、2D図面、購買仕様書に記載されている検査方法と検査実施の頻度、検査成績表となる。3Dデータは部品の形状を示す。2D図面には部品形状に加えて、測定箇所（寸法・公差・特別な指定箇所）と測定方法を記入している。部品の3Dデータと2D図面と検査成績表を送る時（出図）に合わせて、機械設計者と品質管理部門は事前打ち合わせをする。部品の機能要件と測定仕様（測定方法・測定器具・固定方法など）、測定箇所を確認する。特に、量産製造や生産組立を考えて、特に管理すべき測定箇所を確認する。接触式のCMM（三次元測定機）を使用する場合、金型メーカーでの部品の固定方法とCATデータ（測定プログラム）の流用は、CMM（三次元測定機）の機種の違い、部品計測ノウハウが盛り込まれていることから、CATデータ（測定プログラム）を直接流用することは難しく、品質管理部門で部品の固定方法の検討とCATデータ（測定プログラム）を新たに作成する必要がある。受入検査が終了すると、検査成績表を機械設計部門と発注部門に送る。検査成績表が合格であれば、量産製造された樹脂成形部品は生産前準備に移る。

### [2] 検査の設計情報の置き換え

従来の機械設計と検査で連携する設計情報を3DAモデルに置き換える。

検査に必要となる設計情報は、5.15の機械設計→部品測定で説明した設計情報と変わらない。

受入検査では、部品測定で取り決めた部品の測定仕様（測定方法・測定器具・固定方法など）と測定箇所を流用する。量産製造や生産組立を考えて、特に管理すべき測定箇所を取り決める場合でも、3Dデータもしくは2D図面に記載されている測定箇所から選ぶ。

部品の3Dデータと2D図面と検査成績表を送る時（出図）に合わせて、機械設計者と品質管理部門は事前打ち合わせをする。

受入検査で使用する検査成績書は、表形式の測定結果の他に、測定箇所や測定方法を示すために3Dデータや2D図面を利用していることが多く、これらは3Dデータとマルチビューと2Dビューから作成できる。検査成績書は3DAモデルから作成すると同時に、大本の3DAモデルの所在と関連をリンク情報として含めておく。調達以降は、別システムで管理して、リンク情報として管理する。

### [3]　3D正運用の検査プロセス

従来の機械設計と検査プロセスの連携プロセスの問題は、5.15の機械設計→部品測定の（3）3D正運用の部品測定プロセスで説明した2つの問題と受入検査に特化した問題が2つある。

3D正運用の部品測定プロセスで説明した問題の1つは、連携に必要な資料（問題点 連絡票、設計変更指示書などを総称して資料と称した）ごとに情報を作成していることである。機械設計者は設計情報をユニークに持ち、測定者は部品測定情報をユニークに持っているが、共有が不十分なために個人差があり、転記の手間や間違いと実施の不確実性があった。

3D正運用の部品測定プロセスで説明したもう1つの問題は、機械設計者が部品測定に必要な情報、測定箇所（寸法・公差・特別な指定箇所）、測定基準、測定指示、測定方法を3Dデータと2D図面に記述しても、部品計測で直接使えず、計測者が計測支援システム（CAT）で同じ情報を再入力していることである。

受入検査に特化した問題の1つは、機械設計部門と品質管理部門の打合せが、受入検査に必要な設計情報が完成した出図間際か出図直後になるので、限られた時間で受入検査の検査項目と測定箇所を決める必要があり、更なる製品の品質向上を図ることができない。

受入検査に特化した問題のもう1つは、接触式のCMM（三次元測定機）を使用する場合、金型メーカーの部品の固定方法とCATデータ（測定プログラム）が流用できず、品質管理部門で部品の固定方法の検討とCATデータ（測定プログラム）を新たに作成する必要があり、受入検査の効率化が図れない。

これらの課題を3DAモデルと受入検査DTPD（部品測定DTPDに含まれる、または部品測定DTPDを直接利用できる）の連携によって解決する。3DAモデルを使った機械設計と受入検査の連携プロセスを説明する。**図5.42**に、3D正運用の機械設計と受入検査の連携プロセスを示す。

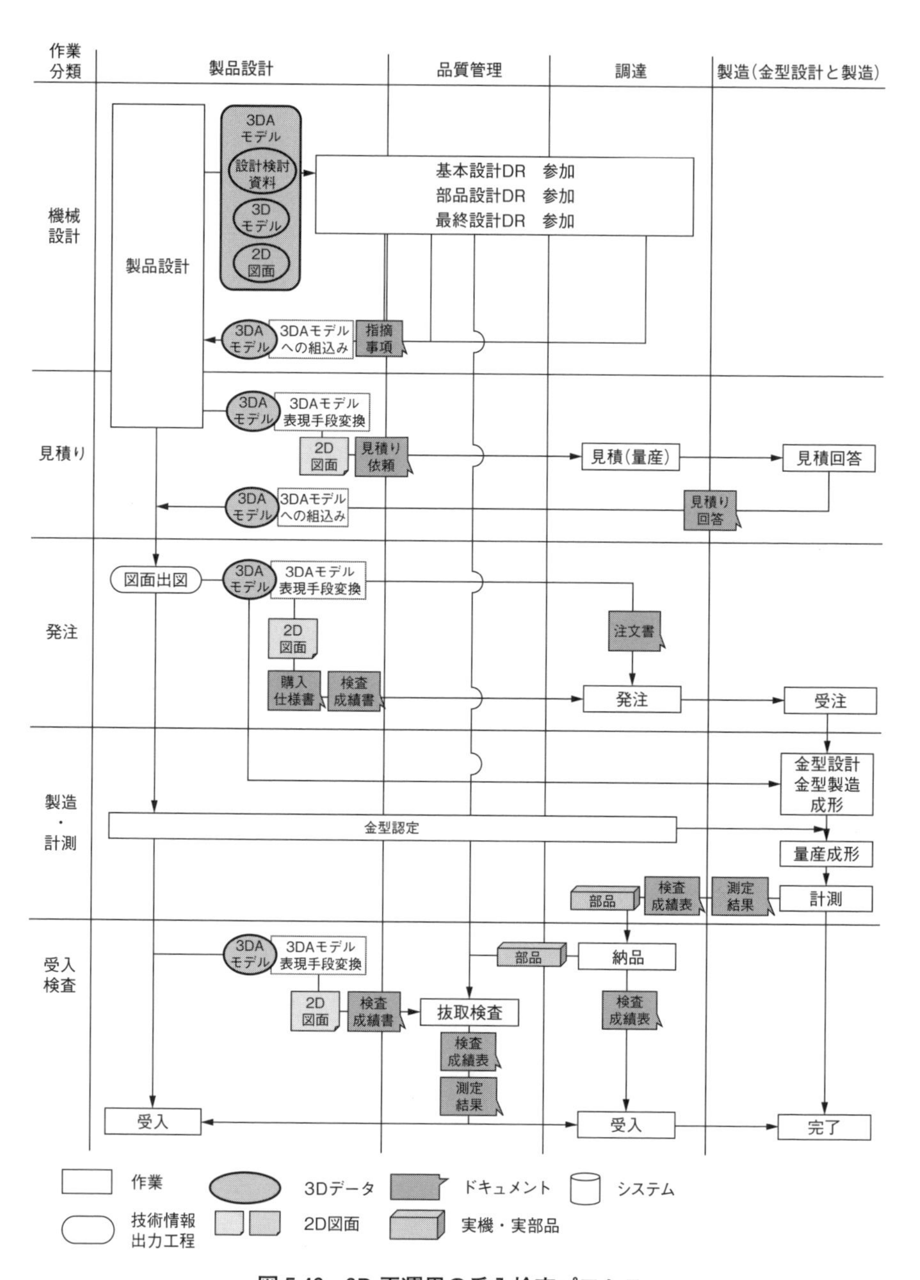


図 5.42　3D 正運用の受入検査プロセス

● **3DAモデルと受入検査DTPDの連携による部品測定情報の直接利用**

受入検査情報は、部品測定情報と同様に、3DAモデルの3Dモデル・PMI・属性・マルチビュー・2Dビューで表現されている。受入検査情報の内、測定箇所（寸法・公差・特別な指定箇所）および測定基準は、セマンティックPMIで定義しているので、計測支援システム（CAT）で活用できる。セマンティックPMIは、単純なデータの記述ではなく、情報として意味を持たせ、コンピュータが情報を機能に基づいて活用できるようになっている。例えば、測定箇所が幾何公差で指示されている場合、測定箇所は3Dモデルの要素の座標値ではなく、幾何公差の種類と基準と公差値と、基準に指定されている3Dモデルの要素から定義できる。計測支援システム（CAT）では、セマンティックPMIとして読み込み、幾何公差の種類と基準と公差値と、基準に指定されている3Dモデルの要素から測定箇所を構成する。部品測定で予め幾何公差の種類に応じた測定方法を定義しておけば、CATデータ（測定プログラム）を作成できる。部品の固定方法と治具の有無は、測定者の判断に寄る。3DAモデルの部品測定ビューにより、3DAモデルを表示すれば、部品測定に必要な情報を限定された表示になり、測定箇所と測定基準、測定指示がはっきりわかる。

● **3DAモデルに受入検査に必要な情報が集約**

3DAモデルに受入検査の検討を開始する情報が集約している。3DAモデルに含まれる受入検査に必要な情報は出図後に公開されるものではなく、5.2の機械設計→DRで示したように、設計仕掛かり中でも、品質管理部門が設計情報を知ることができる。出図前から受入検査の検査項目と測定箇所を検討できる。受入検査の検査成績表は品質管理部門から機械設計者へのフィードバック情報である。3DAモデル内のリンク情報から、受入検査の結果と検査条件を直ちに確認できる。3DAモデル内の関連性から3DモデルとPMIにより測定箇所を直ちに確認することができる。問題点連絡票は品質管理部門から機械設計者へのフィードバック情報であるが、問題箇所と内容が含まれている。3DAモデル内の関連性を利用して、3DAモデルの3DモデルとPMIに置き換えることで、機械設計者の確認と理解を促進できる。

● **3DAモデルと受入検査DTPDの連携による情報の統合管理と効率化**

3DAモデルには、機械設計者が持つべき受入検査に関する情報が集約している。受入検査DTPDには、測定者が持つべき部品測定に関する情報が集約している。

3DA モデルと受入検査 DTPD が連携することで、部品と受入検査に関する情報を相互利用ができ、集約して統合管理することができる。受入検査 DTPD には、部品の固定方法と CAT データ（測定プログラム）を含むことも可能である。部品測定情報（具体的には部品の固定方法と CAT データ［測定プログラム］）を納品物として追加可能かを製品メーカーと金型メーカーで協議すること、CMM の機種に依存しない CAT データ（測定プログラム）の標準化、CAT データ（測定プログラム）のデータ交換が可能になるなど、前提条件が整えば、金型メーカーの部品の固定方法と CAT データ（測定プログラム）を品質管理部門で流用して受入検査を効率化することができる。

● **3DA モデルの流用**

5.8 の CAD データ管理（設計仕掛り）の（1）従来の CAD データ管理（設計仕掛り）プロセスで説明したように、新規に設計をする場合は、3 次元 CAD でゼロから設計を開始する。部分的に改良する流用設計の場合には、CAD データ管理システム（PDM）から 3DA モデルを取り出す。既存の 3DA モデルの品質が良ければ、例えば、設計変更管理が全て実施済み、受入検査要件が織り込まれ、受入検査からのフィードバックも盛り込まれていれば、機械設計者は完成度の高い 3DA モデルから流用設計を開始できる。既存の 3DA モデルに変更を加える場合、部品の部位と部品測定要件の関係、問題点改良（設計変更）との根拠が含まれているために、形式知された設計知識に基づき結果と影響を考えることができる。

## 5.20 機械設計→物流（梱包）

物流とは、生産物を生産者から消費者へ引き渡すことである。物流の主な機能として、輸送・配送の他、保管・荷役・梱包・流通加工・物流情報処理がある。その中でも、輸送・保管・荷役・梱包・流通加工は「物流 5 大機能」といわれる。梱包は製品を梱包箱と緩衝材で荷造りすることで、安全かつ破損なしで物流を実行する。梱包箱と緩衝材の梱包設計と梱包製造に 3DA モデルをどのように適用し、3DA モデルと梱包 DTPD をどのように連携するか説明する。

### ［1］ 従来の物流（梱包）プロセス

従来の梱包プロセスを**図 5.43** に示す。従来の梱包プロセスは、図面化、梱包設

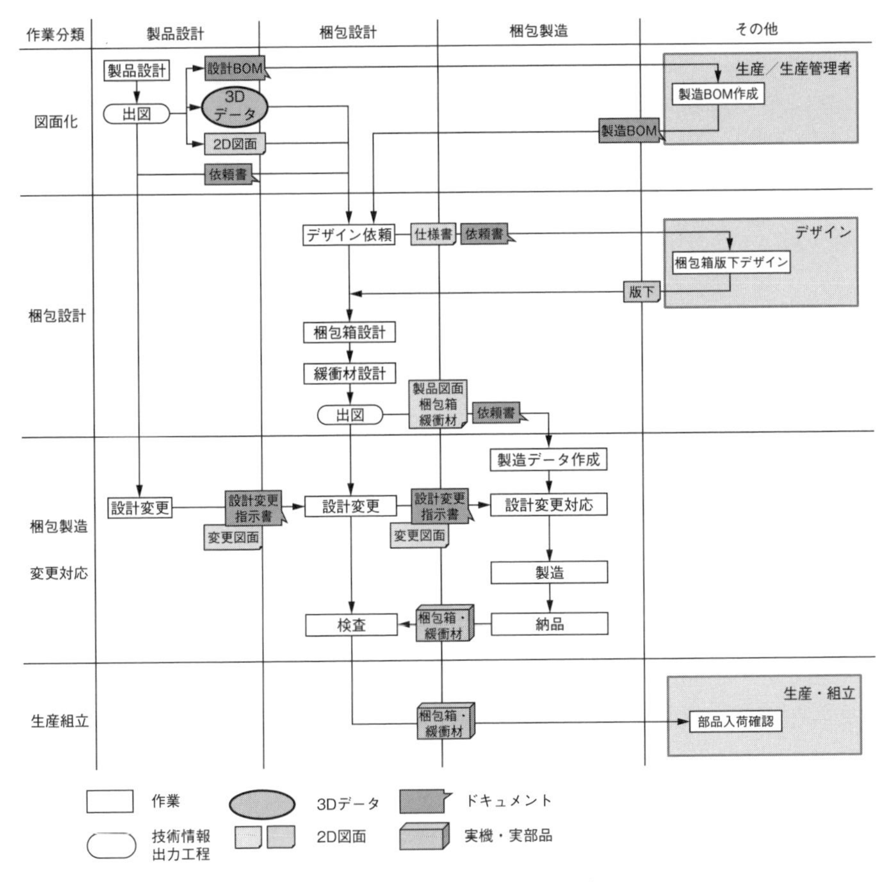


**図5.43　従来の物流（梱包設計）プロセス**

計、梱包製造、生産組立の4工程がある。

## ● 図面化

機械設計者は、機械設計完了時に、3Dデータ、2D図面、設計BOM、依頼書（梱包設計と梱包製造）を、保守サービス部門または保守サービス会社の梱包設計者に出図される。3Dデータ、2D図面、設計BOMは、5.16の機械設計→生産管理と5.17の機械設計→生産・組立で説明したものと同一である。生産監理者は、製造BOM作成において、設計BOMから製造BOMへ変換する。

● **梱包設計**

梱包設計者は、デザイン部門へ依頼書と仕様書を送り、梱包箱版下のデザインを依頼する。版下とは、印刷する時の製版を行うための元になる原稿のことである。梱包箱の表面に製品名とイメージを印刷する。製品ブランドを高めて、消費者にアピールするためにも、製品の意匠デザインとともに重要である。そのための梱包箱版下はデザイン部門で作成する。デザイン部門から梱包箱版下デザインが、イメージ図またはCADデータで送られる。製品形状から梱包方法・梱包箱の大きさ・梱包箱展開方法・衝撃吸収方法・製品固定方法などを考慮して梱包箱と緩衝材の設計を行う。梱包箱設計と緩衝材設計は、製品の2D図面を参照して2次元CADで設計する。梱包箱と緩衝材は、版下を印刷した素材（段ボールなど）から組み立てるために、展開形状を設計する。そのために、2次元CADを利用することが多い。3Dデータは、製品イメージを把握するために参照として利用される。生産管理者が作成した製造BOMを入手して、梱包箱と緩衝材の名称・部品箱・個数を副資材として組み込む。梱包箱と緩衝材は、生産前準備で管理し、生産・組立の製品梱包工程で使われる。そのために、製造BOMへ含んでおく必要がある。ただし、部品や材料以外の、製造の過程で必要になるが製品にはならないものを指すために副資材として組み込む。副資材は、部品や材料以外の、製造の過程で必要になるが製品にはならないもので、梱包材、緩衝材、工具などである。

● **梱包製造**

梱包設計者は、梱包箱と緩衝材の製造会社へ2D図面と依頼書を出図して、梱包箱と緩衝材の製作を依頼する。製品設計において設計変更が発生した場合、梱包設計でも設計変更をして、梱包箱と緩衝材の製造会社への設計変更依頼書と変更図面を送る。製造会社では2D図面から梱包箱と緩衝材の製造データを作成する。加工機（印刷と裁断）により、梱包箱と緩衝材を製造する。梱包箱と緩衝材の製造会社は、梱包設計者に、梱包箱と緩衝材に納品する。梱包設計者で、梱包箱と緩衝材を検査する。

● **生産組立**

検査で合格すれば、梱包材と緩衝材は、生産・組立に引き渡され、生産前準備の部品入荷確認が行われる。

### ［２］　物流（梱包設計）の設計情報の置き換え

従来の機械設計と梱包で連携する設計情報を 3DA モデルに置き換える。

梱包設計と梱包製造に必要な設計情報は、5.16 の機械設計→生産管理で示した(2) 生産管理で連携する情報の置き換えと 5.17 の機械設計→生産・組立で示した(2) 生産・組立で連携する情報の置き換えと同じ内容である。

梱包設計（梱包製造を含む）の依頼書は、仕様書と発注書から成る。

仕様書には、品名、用途、納期、納入場所、仕様、付属品一覧、支給品、受入条件、検査方法、梱包方法などが書かれている。仕様書は、別システムで管理していることから、依頼書のリンク情報として管理する。ただし、購入仕様書に書かれる設計情報は、3DA モデルの属性と PMI に基づく場合が多く、大本の 3DA モデルの所在と関連をリンク情報として含めておく。

発注書は、調達部門で作成し管理する。発注書に書き込む情報は、購入仕様書と検査成績書から転記する情報も多い。大本の購入仕様書と検査成績書の所在、更には大本の 3DA モデルの所在と関連をリンク情報として含めておく。

梱包箱と緩衝材の 2D 図面と製造データは、梱包 DTPD の中で管理する。

### ［３］　3D 正運用の物流（梱包設計）プロセス

従来の機械設計と梱包の連携プロセスの問題は、２つある。

１つは、連携に必要な資料（問題点連絡票、設計変更指示書などを総称して資料と称した）ごとに情報を作成していることである。機械設計者は設計情報をユニークに持ち、梱包設計者は梱包設計情報をユニークに持ち、梱包製造者は梱包製造情報をユニークに持っているが、共有が不十分なために個人差があり、転記の手間や間違いと実施の不確実性があった。

もう１つは、機械設計者が梱包に必要な情報を 3D データと 2D 図面に記述しても、梱包設計で直接使えず、梱包設計者が２次元 CAD で同じ情報を再入力している。

これらの課題を 3DA モデルと梱包 DTPD の連携によって解決する。3DA モデルを使った機械設計と梱包の連携プロセスを説明する。**図 5.44** に、3D 正運用の機械設計と梱包の連携プロセスを示す。

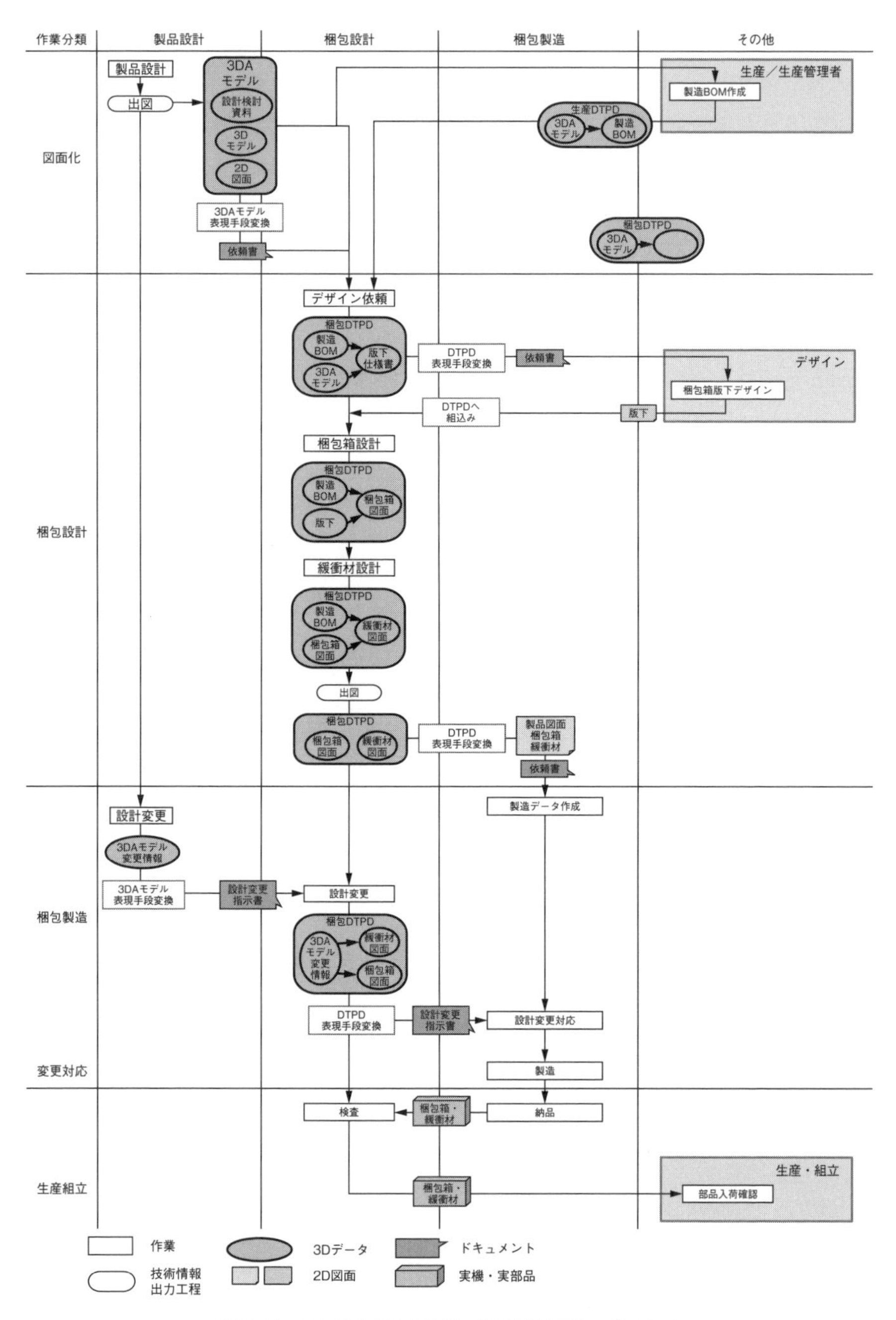


図 5.44　3D 正運用の物流（梱包設計）プロセス

● 3DAモデルへの梱包に必要な情報が集約

3DAモデルに梱包の検討を開始する情報が集約している。機械設計者から梱包設計者へ出図される設計情報は、3Dデータ、2D図面、設計BOMであるが、これらは3DAモデルの3Dモデル、PMI、属性、マルチビュー、2Dビュー、リンクのスキーマで表現され、かつ関連性を持っている。1つの設計情報から更に必要な設計情報を獲得できる。また、マルチビューと2Dビューにより必要な設計情報だけで梱包設計を行うことができる。2D図面は、図5.20に示したように、3DAモデルの正面ビューと平面ビューと側面ビューと図面枠ビューを合体させて紙に印刷する。梱包設計の依頼書（仕様書と発注書）に必要となる設計情報は、部品および組立品の管理情報と機械設計者からの指示事項である。部品および組立品の管理情報は3DAモデルの属性（管理情報）であり、機械設計者からの指示事項は3DAモデルのPMIと属性から獲得できる。予め用語またはキーワードを共通で決めておけば、3DAモデルから必要な情報を確実に選ぶことができる。資料作成と内容確認の手間を削減して、個人差のない平準化、転記によるミスの削減ができる。

● 3DAモデルの設計情報を梱包設計で流用

梱包設計者が3次元CADで梱包設計を行う場合、3DAモデルの3Dモデルに含まれているフィーチャを利用することでより効率的に梱包設計を行うことができる。3DAモデルの3Dモデルは、幾何形状と同時にフィーチャとよばれる形状特徴に分類される要素を持っている。梱包設計に応じたフィーチャ（例えばオフセット、角R、面取り、支持箇所、接触禁止領域、補強など）を用意しておき、フィーチャに応じて、梱包要件の設定、梱包手順、梱包属性、緩衝材の有無を関連付けておく。3次元CADで梱包箱と緩衝材の図面を作成する時に、梱包要件に応じたフィーチャを使えば、自動的に梱包要件が梱包箱と緩衝材の図面に取り込まれる。また、梱包設計を3次元化することは、物流時における梱包箱の落下シミュレーションや重量計算、輸送機器における積載方法検討を行うことなど、有利な点が多い。

● 3DAモデルと梱包DTPDの連携

3DAモデルでは、梱包を検討するのに必要な設計情報が集約され、かつ関連性を持って保存されている。梱包設計と梱包製造は、3DAモデルと製造BOMから版下仕様書を作成し、版下と製造BOMから梱包箱図面と緩衝材図面を作成し、梱包箱図面と緩衝材図面から梱包製造依頼書を作成する。梱包DTPDの中で、これらの情報や資料も集約され、かつ関連性を持って保存されている。設計変更が発生した場合も、3DAモデルで設計変更をすることで、梱包の変更手続きを大幅に削減できる。

## 5.21 機械設計→保守

保守サービスは、販売した商品の修理・メンテナンスについて、販売者が購買者に一定期間提供するサービスのことである。保守とメンテナンスの違いは、修理を都度行うか、それとも不具合そのものを起こさないようにするかである。保守は不具合が発生した後に行う作業で、メンテナンスは不具合が起きる前に行う作業である。保守・メンテナンス部品を商品の販売から用意をしておくこと、商品を分解・修理・メンテナンス・組立（元に戻す）までの手順を示す保守サービスマニュアルの作成、保守・メンテナンス要員による保守・メンテナンス作業の実施、保守・メンテナンス結果のフィードバックを行う。5.16の機械設計→生産管理、5.12から5.14までの機械設計→製造、5.17の機械設計→生産・組立と作業は、類似しているが、保守サービスを考慮した工程が必要である。保守に3DAモデルをどのように適用し、3DAモデルと保守DTPDをどのように連携するか説明する。

### [1] 従来の保守プロセス

従来の保守プロセスを**図5.45**に示す。保守は、品質保証部門または保守サービス部門の保守メンテナンス要員が行う。従来の保守プロセスは、機械設計、保守サービス管理、保守部品製造と組立、保守の4工程がある。

#### ● 機械設計

機械設計において、5.2の機械設計→DRで説明したように、製品設計部門が、基本設計完了時、部品設計完了時、（組立前の）最終設計完了時に、関連部門（品質部門、製造部門、製造技術部門、調達購買部門）を集めてDRを開催する。機械設計部門が、段階的に設計進捗と設計情報を公開して、関連部門が保守メンテナンス性問題などを指摘して、機械設計部門が出図前に問題解決を図る。機械設

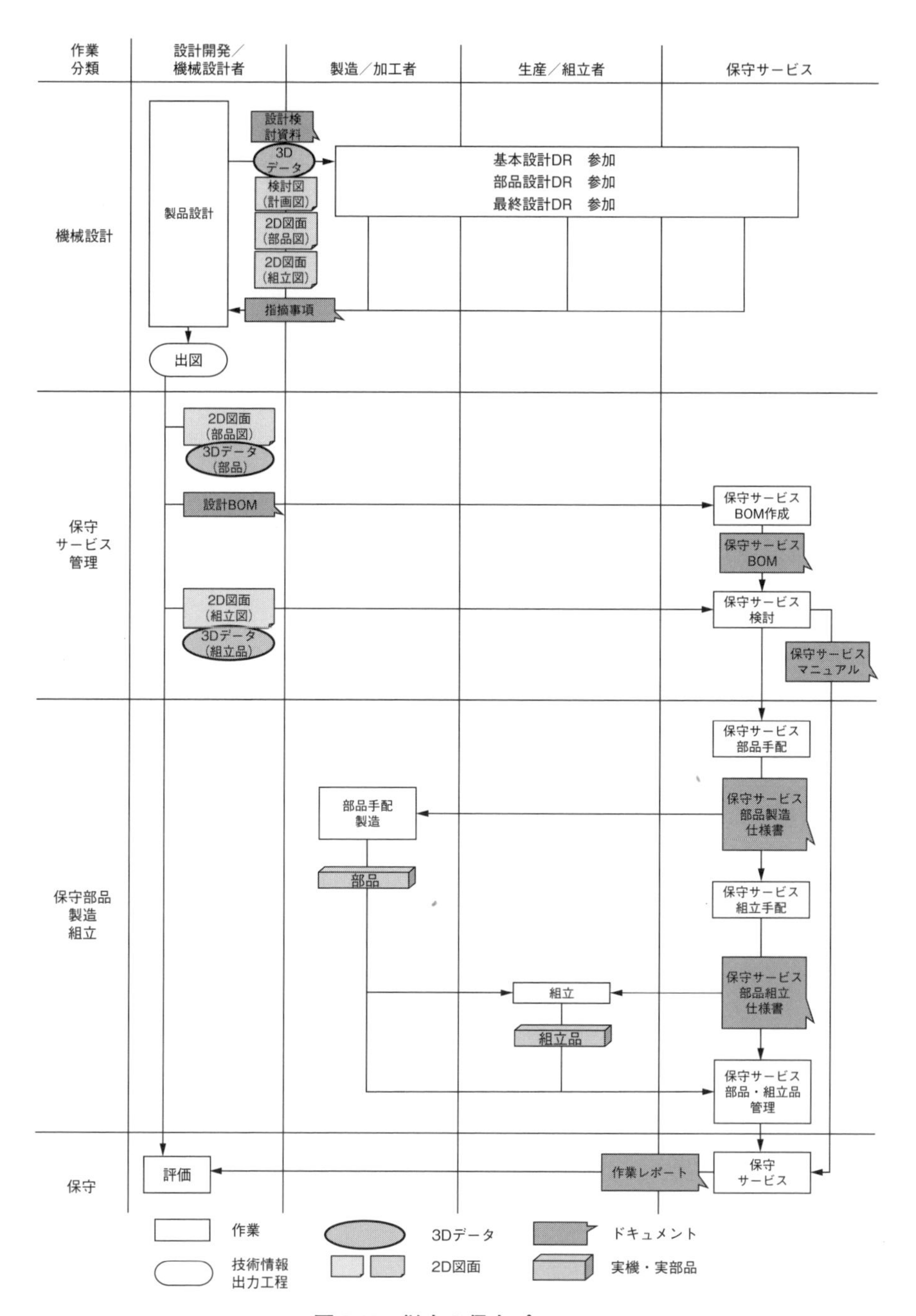


図 5.45　従来の保守プロセス

計部門は、3D データ、2D 図面（個部品図および組立図）、設計検討資料（設計仕様書・設計計算書・FMEA［Failure Mode and Effect Analysis：製品不具合の解析・防止を目的とした手法］・解析結果・検証結果など）を提示する。3D データは、2D 図面に比べてリアリティがあり、製品イメージを掴みやすいが、寸法線・注記・公差が描かれてなく、関連部門には情報不足である。2D 図面には寸法線・注記・公差が描かれているが、2D 図面の理解には専門知識が必要となり、特に、設計仕掛かり中の 2D 図面では機械設計がどこまで進展しているのかわからず、設計情報がつかみにくい。出図前に関連部門の参加者が自らの作業に設計情報を活かしにくい。

● **保守サービス管理**

保守サービス管理では、機械設計部門から出図された3D データと2D 図面と設計 BOM から、保守部品の選定を行い、保守サービス BOM と保守サービスマニュアルを作成する。保守サービス BOM は品質保証部門・保守サービス部門が保守部品の手配および製品の分解、保守部品の交換または修理、製品組立を行う場合に使用するもので、消耗品や保守部品のライフサイクル、保守部品の手配のしやすさ、製品の分解のしやすさ、部品交換または修理のしやすさ、生産設備（治具など）の使用状況、保守部品の標準化などを考えた構成である。設計 BOM とはもちろん製造 BOM とも親子構成が違ってくるのが一般的である。保守部品の選定と数量は、製品のライフサイクルタイム、部品の使用頻度や寿命、コストなどから、関連部門との調整の上で決定する。保守サービス BOM の作成は、設計 BOM から保守サービス BOM への変換作業である。同様な作業として、製造 BOM の作成を、5.16 の機械設計→生産管理、4.3 の組立の［2］組立手順書の作成の中で説明した部品構成の組み換えで説明した。部品構成とは、最終製品ができあがるために必要となる部品の構成と数量が全て網羅されている。設計 BOM は、設計者が顧客の求める機能を製品に反映させるため、機能としての分類が階層構造になっているのが通常である。製造 BOM は生産組立部門が組み立てを行う場合に使用するもので、生産に必要になる部品総数などを正確に把握するために、組み立てに使用されるユニット単位に構成される。どの工程を流して組み立てるか決めた上で組立ラインにのせることになり、設計 BOM の機能中心でできた階層構造と実際に生産する親子構成が全く違ってくるのが一般的である。2D 図面より属性情報（品名・個数・重量）を獲得して保守サービス BOM への再入力している。3Dデータは部品や部品構成の確認など参考として利用される。保守サービスマニュアルとは、製品の故障個所探査、分解方法、保守部品との交換、部品の修理、組立方法、定期メンテナンス方法を示すドキュメント資料である。5.17の機械設計→生産・組立で示したの組立手順書と類似しているが、製品の分解、部品の交換、部品の修理、組立設備が異なる状態での組立、定期メンテナンス方法が組立手順書にはない項目である。品質保証部門または保守サービス部門が、保守サービスBOMに組み替えた3Dデータまたは2D図面を使用して作成する。

● **保守部品製造と組立**

次に、保守部品の製造と組立の手配を行う。品質保証部門または保守サービス部門が、保守サービスBOMと2D図面と3Dデータから保守サービス部品製造仕様書を作成する。ユニット交換をする場合は、更に保守サービス部品組立仕様書を作成する。これまでの説明で、部品の製造または購入をする場合、見積り・発注・部品製造・部品検査・生産組立・受入検査の工程とそれに伴う資料が必要になる。通常は量産部品の製造と生産組立時に、保守サービス部品製造と組立を追加して手配することが多い。保守サービス部品に相当する量産部品の製造と組立が行われている間は、製造と生産組立で発生した問題は問題点連絡票と設計変更指示書で解決されており、保守サービス部品の製造と組立にも反映されている。既に量産部品の製造と組立が終わっており、製造終了（金型など生産設備の廃棄）前の場合は、品質保証部門または保守サービス部門が見積り・発注・部品製造・部品検査・生産組立・受入検査の手配を行う必要が出てくる。量産部品の製造と組立終了後の問題点連絡票と設計変更が発生していないかをチェックする必要がある。保守サービス部品とユニットは品質保証部門または保守サービス部門に納品される。

● **保守**

品質保証部門または保守サービス部門では、不具合が発生した製品と定期検査期間に掛かった製品に対して、保守サービスマニュアルと保守サービス部品を使用して、保守またはメンテナンスを行う。保守の場合、製品名、故障発生日時、故障内容、原因、交換部品名、修理部品名を作業レポートに記入する。メンテナンスの場合、製品名、定期検査日時、定期検査の種別、稼動時間、稼働状況、交換部品名、修理部品名、他の部品やユニットの状態を作業レポートに記入する。

品質保証部門または保守サービス部門から作業レポートを機械設計部門などの関連部門に送り、今後の製品開発にフィードバックする。

### [2] 保守の設計情報の置き換え

従来の機械設計と梱包で連携する設計情報を3DAモデルに置き換える。

保守に必要な設計情報は、5.16の機械設計→生産管理、5.12から5.14までの機械設計→製造、5.17の機械設計→生産・組立と同じ内容である。

保守サービスBOMの作成、保守サービスマニュアルの作成、保守サービス部品の製造と組立の手配をするためには、3Dデータと2D図面と設計BOMが必要であり、これらの情報は3DAモデルに置き換えられている。機械設計部門が保守の指示事項として作成したPMI、マルチビュー、2Dビューの設計情報は保守サービス管理で有効に利用できる。

品質保証部門または保守サービス部門で作成された作業レポートは、別システムで管理して、そのリンク情報を管理する。作業レポートには、問題箇所と内容が含まれている。3DAモデル内の関連性を利用して、3DAモデルの3DモデルとPMIに置き換えることができる。

### [3] 3D正運用の保守プロセス

従来の保守プロセスには、問題が4つある。

機械設計者は必要な設計資料（3Dデータ、2D図面、設計BOMを総称）ごとに情報を作成して、生産管理者と加工者と組立員は複数の設計資料から必要な設計情報を探して必要な製造情報（保守サービスマニュアル、保守サービス部品製造仕様書、保守サービス部品組立仕様書を総称）に転記をする。

機械設計者が設計BOMを中心に設計情報をまとめて作成しても、品質保証部門または保守サービス部門では設計BOMから保守サービスBOMへ変換するので、設計情報のまとまりが崩れてしまう。

既に量産部品の製造と組立が終わっており、製造終了（金型など生産設備の廃棄）前の場合は、品質保証部門または保守サービス部門が見積り・発注・部品製造・部品検査・生産組立・受入検査の手配を行う必要がある。また、量産部品の製造と組立終了後の問題点連絡票と設計変更が発生していないかをチェックする必要がある。品質保証部門または保守サービス部門は必ずしも専門分野ではないので、大きな作業負担になる。

品質保証部門または保守サービス部門からの作業レポートは、既存製品の設計完了や製造終了に提出されることが多く、既存製品への反映が難しい。また、次期機種の開発前では管理方法と適用方法が明確ではないので、必ずしも次期機種へ適用が間に合わない。

この課題を3DAモデルと保守DTPDの連携によって解決する。**図5.46**に、3D正運用の保守プロセスを示す。

● **3DAモデルに保守サービスマニュアル作成に必要な情報が集約**

保守サービスマニュアルでは、組立手順書と同様に、保守メンテナンス工程別に部品を表示／非表示にして、保守メンテナンス治具および保守メンテナンス工具の追加、バルーン（部品の識別番号）と指示事項（組立・調整・注油）を追加する。指示事項は製品設計部門から指示事項だけでなく品質保証部門または保守サービス部門で追加する指示事項もある。3DAモデルに保守サービスマニュアル作成に必要な設計情報が集約している。部品は3DAモデルの3Dモデルで表現され、指示事項は3DAモデルのPMIと属性で表現され、3Dモデルとの位置関係も明確である。保守サービスマニュアルは保守サービスBOMをもとに作成する。保守サービスBOMは設計BOM（3DAモデルの3Dモデルの階層構造）から変換しているので、3DAモデル内の関連性を引き継いでいる。組立手順書の作成が効率し品質も向上する。設計変更が発生した場合も、3DAモデルで設計変更をすることで、保守サービスマニュアルの変更手続きを大幅に削減できる。

● **機械設計DRで、製品情報を先取り、保守メンテナンス性の向上を提案**

基本設計DR、部品設計DR、最終設計DRは3DAモデルで行われる。設計情報は3DAモデルに一本化され、3DAモデル内の関連性とテンプレートにより、3Dモデル、2D投影図（2D図面）、設計検討資料など形体で表現できる。従来の設計仕掛かり中の2D図面では機械設計がどこまで進展しているのかわからず、設計情報がつかみにくかった。設計仕掛かり中でも、3DAモデルでは3Dモデルと関連情報から設計情報を具体的に把握できる。品質保証部門または保守サービス部門で、実際に製品を受け取り、保守メンテナンスを確認するのは、部品製造と生産組立が終了している場合が多く、保守メンテナンスの問題点が発生しても、問題点連絡票での連絡と設計変更による対応が取りにくい。基本設計DR、部品

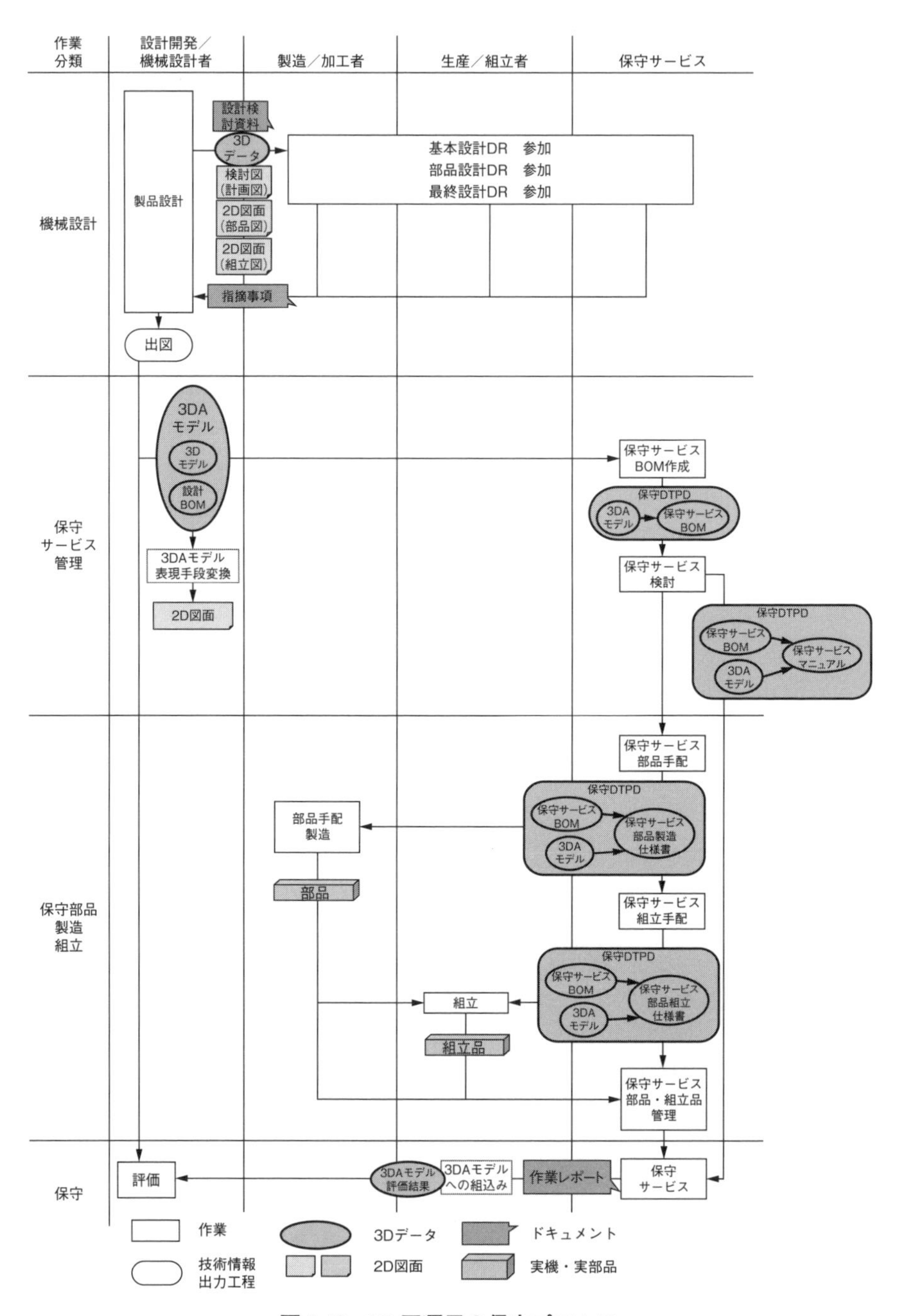


図 5.46　3D 正運用の保守プロセス

設計DR、最終設計DRで保守メンテナンス性の問題点を提案できれば、機械設計・部品製造・生産組立で解決できる。

### ● 3DAモデルと保守DTPDと関連情報の連携

保守サービスBOM、保守サービスマニュアル、保守サービス部品製造依頼書、保守サービス部品組立依頼書、保守メンテナンス作業レポートは、保守DTPDの構成物である。これらは、3DAモデルの設計情報を元に作成する構成物、保守プロセスの中で保守DTPDとして作成される構成物、保守DTPDの構成物から作成される構成物である。保守サービスマニュアルは、保守サービスBOMと3DAモデルから作成される。保守サービス部品製造依頼書と保守サービス部品組立依頼書も、保守サービスBOMと3DAモデルから作成される。保守DTPDは3DAモデルから作成されており、かつ、その関連性も明確になっているので、3DAモデルに設計変更が発生した場合も、生産管理の変更手続きを大幅に削減できる。また、保守サービス部品製造と保守サービス部品組立を量産部品の製造と組立と同時に発注する場合、発注に関する見積書と仕様書、出図時の3DAモデルなどの資料が必要になる（少なくとも確認の必要がある）。量産部品の製造と組立終了後の問題点連絡票と設計変更が発生していないかをチェックする必要がある。これらの場合、3DAモデルの情報、3DAモデルには直接ない情報はリンク情報から製造DTPDや生産DTPDなどの関連するDTPDの情報を確認できるので、作業が大幅に効率化できる。

### ● 3DAモデルの流用

5.8のCADデータ管理（設計仕掛り）の（1）従来のCADデータ管理（設計仕掛り）プロセスで説明したように、新規に設計をする場合は、3次元CADでゼロから設計を開始する。部分的に改良する流用設計の場合には、CADデータ管理システム（PDM）から3DAモデルを取り出す。既存の3DAモデルの品質が良ければ、例えば、製品の保守メンテナンスでの問題点の情報のフィードバック、保守メンテナンスでの問題点解決策も盛り込まれていれば、機械設計者は完成度の高い3DAモデルから流用設計を開始できる。既存の3DAモデルに変更を加える場合、保守メンテナンスでの問題点改良（設計変更）との根拠が含まれているために、形式知された設計知識に基づき結果と影響を考えることができる。

〈コラム５　3Dモデルの設計変更〉

機械設計と言わず、設計には設計変更が付き物である。新規に設計をしている時は、3Dモデル／図面は常に最新状態である。3Dモデル／図面に描かれている設計情報が全てである。既存の設計を変更する、つまり出図以降に問題解決のために設計を変更する時は、3Dモデル／図面は必ずしも最新状態とは限らない。3Dモデル／図面に書かれている設計情報が最新であるかどうか（設計変更を完了しているか）、どこが、どのように変わったのか、設計者と設計管理者は知りたい。図面では、設計変更回数（リビジョン：Revision）、変更箇所、変更内容、変更前後の状態を記録している。3Dモデルでは、CADデータ管理でバージョン管理をしている。3Dモデルにどのような設計変更を書き込むか。JEITA三次元CAD情報標準化専門委員会の会員会社で、設計変更の方法が異なっている。記録の手間、スムーズに設計変更内容が読み取れるかどうか、記録があることが重要などによる。

JEITA三次元CAD情報標準化専門委員会とアメリカの製造業数社と技術交流会をした時に、3Dモデルの設計変更が話題に上がった。アメリカの製造業数社では、CADデータ管理でのバージョン管理はもちろんこと、相手先（生産製造部門や生産製造業務業務委託先）が設計変更後の3Dモデルを受け取りと設計変更の適用の実施記録を強く求めていた。3Dモデルへの設計変更の直接記入は強く求めるものではなく、3Dモデルから作成した3DPDF（3Dモデルを組み込んでPDF化した資料）や3Dモデルのイメージ図を組み込んだPowerPointに設計変更内容を書き込むようである。設計変更に対するお国柄を知った。3Dモデルの設計変更に関しても、ヒューマンリーダブルとマシンリーダブルを考慮した標準的な表現方法が求められている。

# 第６章　新しいものづくりへの展開

これまで、3章の3DAモデルによる3次元設計、4章の3DAモデルを利用したDTPDの作成、5章のDTPDの作成と運用では、量産設計のコンシューマ製品の開発プロセス（図1.6参照）に関して説明をしてきた。量産設計のコンシューマ製品というのは、家電（白物・ヘルスケア）、AV機器、小型の情報機器、OA機器に相当する。電機精密製品産業界は他の産業界にない製品サービスの多様性を持っている。先に述べた家電（白物・ヘルスケア）、AV機器、小型の情報機器、OA機器に加えて、FA・工作機械（FAシステム・工作機械・ロボット）、インフラ（発電・変電・送電設備・エネルギー機器）、交通機器（鉄道・車両・昇降機などのシステム）、精密機器（半導体製造装置・実験装置・分析装置・計測機器・医療機器）、産業機器（自動販売機・金融機器・省力化機器・包装機・産業用空調機器）がある。これらは、製品の開発スタイル（量産製品～受注製品）、製品のライフサイクル（寿命・保守）、開発期間、製品規模（製品の複雑さ・部品点数）、開発規模（共同開発・自社グループ完結・OEM）、製品形態（部品・ユニット・製品システム）などがそれぞれ大きく異なっている。

最近では、製品の種類だけでなく、事業そのものも多様化している。

- プラットフォームビジネス
  他社も含めてビジネスを展開する場を提供し新たな価値を生み出す。
- エコシステム
  自社開発製品が開発段階で想定していない使用や結合により新たな価値を生み出す。
- コトビジネス
  製品（ハードウェア）を販売するのではなく、製品がもたらす効能（サービス）を販売する。

ここでは、最近の電機精密製品産業界の多様性を整理して、その中で3DAモデルとDTPDの連携を説明する。更に、プラットフォームビジネスを代表して製造プラットフォーム、エコシステムを代表してデジタルツイン、コトビジネスの3つの新しいものづくりで、3DA モデルと DTPD の役割と効果を説明する。

## 6.1 電機精密製品産業界の多様化

電機精密製品産業界の多様性を、製品の種類ではなく、製品の関わり合いとして捉えると、スムーズに整理ができる。製品の関わり合いというのは、製品開発スタイル（顧客要求の実現)、製品のライフサイクル、開発期間、製品規模（製品の複雑さ・部品点数)、開発規模（開発体制・自社グループ完結)、顧客の用途である。具体的には、以下のように分類できる

- 量産製品開発販売（見込み顧客要求）と受注製品開発販売（顧客要求通りの開発)
- 販売（納品）する製品の形態により部品開発販売とユニット開発販売と完成品開発販売
- 製品のライフサイクル（寿命・保守）によるサービス

この製品の関わり合いに、最近の電機精密製品産業界の事業の多様化として、以下を組み込む。

- プラットフォームビジネス
- エコシステム
- コトビジネス

電機精密製品産業界における製品の関わり合い方によって、**表6.1** に示すような、8つに分類した。それぞれの製品開発や事業の内容と、3DA モデルと DTPD の関係について説明する。

**① インフラ（受注製品開発販売)**

自社グループで製品（もの）を開発・販売する。製品のライフサイクルタイムが長いので、自社グループで製品に対する保守を行う。顧客は電力会社などインフラ企業であり、製品を使って、最終顧客（消費者）へサービス提供（電力供給や通信など）を行う。顧客（電力会社などインフラ企業）が仕様決定・開発時期・納品・運用保守に関わり、技術情報からサービス提供を検討する。顧客（電

表6.1　製品の関わり合いによる分類

| 番号 | 関わり方 | | 3DAモデルとDTPD(●)の提供と入手 | | | | |
|---|---|---|---|---|---|---|---|
| 1 | インフラ<br>(製品開発販売保守) | | 自社 | 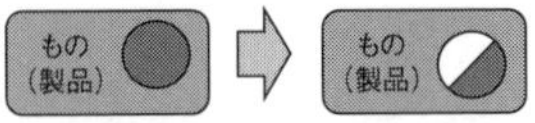 もの(製品) ● | ⇒ | もの(製品) ◐ | 顧客<br>(企業) |
| 2 | ものビジネス<br>(製品開発販売) | | 自社 | 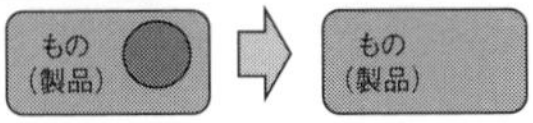 もの(製品) ● | ⇒ | もの(製品) | 顧客<br>(消費者・企業) |
| 3 | コトビジネス<br>(サービス) | | 自社 | 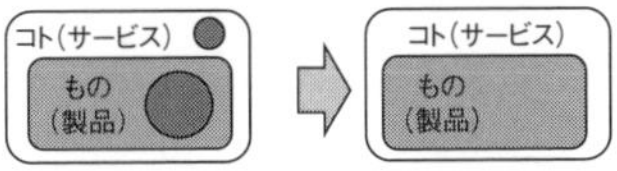 コト(サービス) ●<br>もの(製品) ● | ⇒ | コト(サービス)<br>もの(製品) | 顧客<br>(消費者・企業) |
| 4 | 組込み | 部品開発<br>販売 | 自社 | 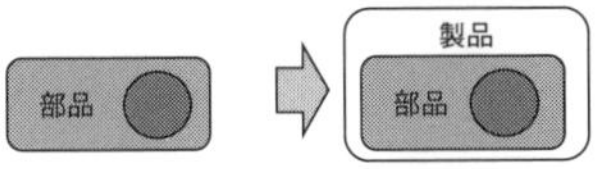 部品 ● | ⇒ | 製品<br>部品 ● | 顧客<br>(完成品メーカー) |
| | | システムへの<br>ユニット組込み | 自社 | 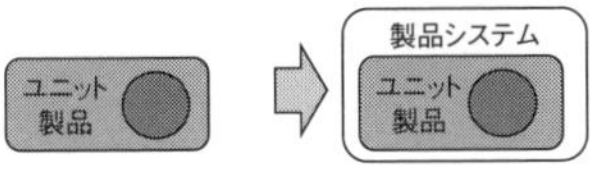 ユニット製品 ● | ⇒ | 製品システム<br>ユニット製品 ● | 顧客<br>(完成品メーカー) |
| | | システム販売 | 自社 | 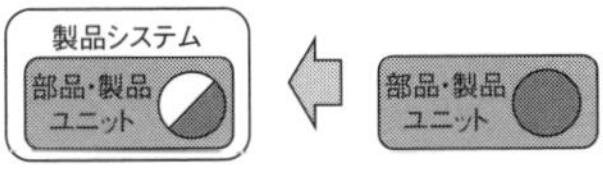 製品システム<br>部品・製品ユニット ◐ | ⇐ | 部品・製品ユニット ● | サプライヤー |
| 5 | エコシステム | | 自社 | 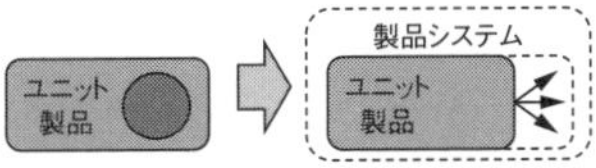 ユニット製品 ● | ⇒ | 製品システム<br>ユニット製品 | 顧客<br>(完成品メーカー<br>企業・消費者) |
| 6 | プラットフォーム<br>構築提供 | | 自社 | 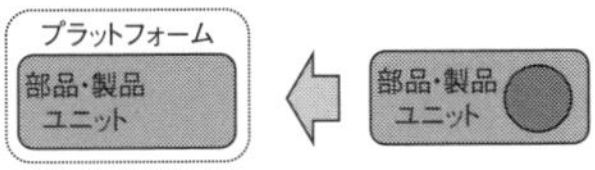 プラットフォーム<br>部品・製品ユニット | ⇐ | 部品・製品ユニット ● | サプライヤー |

力会社などインフラ企業）から段階的かつ最終的に3DAモデルとDTPDを求められることもある。

② **ものビジネス（量産製品開発販売）**

自社グループで製品（もの）を開発・販売する。顧客は消費者・企業であり、製品を使って目的を達成する。製品の販売で完結する。必要に応じて、保守（修理）する顧客（消費者・企業）に、3DAモデルと大部分のDTPD（取り扱い説明書を除く）を提供することはない。

③ **コトビジネス（サービス）**

自社グループの製品（もの）を通じて得られるサービス（こと）を顧客に提供する。顧客は消費者・企業であり、サービスを使って目的を達成する。自社グループの製品から得られるサービスの提供で完結する。顧客（消費者・企業）へ

3DA モデルと DTPD を提供することはない。

**④　組込み／部品開発販売**

自社グループで電気電子部品または機械部品を開発販売し、顧客（完成品メーカー）で部品を組み立てて、製品として完成させる。顧客（完成品メーカー）は部品の機能・取り付け方法などの技術情報が必要なので、顧客（完成品メーカー）へ 3DA モデルと DTPD を提供する。

**⑤　組込み／システムへのユニット組込み**

自社グループで完成したユニット（部品を組み合わせた半完成品）を開発販売し、顧客（完成品メーカー）でユニットと製品を組み立てて、製品システムとして完成させる。顧客（完成品メーカー）はユニットの機能・取り付け方法などの技術情報が必要なので、顧客（完成品メーカー）へ 3DA モデルと DTPD を提供する。

**⑥　組込み／システム販売**

自社グループで部品・ユニット・製品の開発は一切行わずに、完成品メーカーとして、他社の部品・ユニット・製品から製品システムを組立て販売する。他社製の製品システムを使って、コトビジネスの場合もある。他社に 3DA モデルと DTPD の提供を求める。

**⑦　エコシステム**

エコシステムは、経済的な依存関係や協調関係、企業間の連携関係全体を表す。自社グループで完成したユニットや製品がエコシステムに組み込まれて、新たな価値を生み出す。顧客は完成品メーカー・企業・消費者と幅広く、自社グループは、自社グループのユニットや製品がエコシステムに組み込まれていることを知らない場合が多く、3DA モデルと DTPD を求められることはない。自社グループで想定していない使われ方、あるいは環境条件下での稼動している場合もあり、顧客と協調してエコシステムの価値を高めるために、3DA モデルと DTPD を提供することも考えられる。

**⑧　プラットフォーム環境構築**

自社グループでプラットフォーム（コンピュータ基盤環境）を構築して、自社グループまたは他社が開発販売した補完製品（製品・ソフトウェア）を搭載して機能を発揮し、最終顧客へサービス提供する。プラットフォームへの参加者に 3DA モデルと DTPD の提供を求めない。最終顧客へ 3DA モデルと DTPD を提供することはない。

## 6.2　製造プラットフォーム

プラットフォームはアプリケーションが動作する環境と定義されている。プラットフォームビジネスは、他のプレイヤーが提供する製品・サービス・情報と一緒になって、初めて価値を持つ製品・サービスを提供するビジネスのことと定義されている。製造プラットフォームは、製造の多様性の中から出てきた概念（ビジネスモデル）である。製造プラットフォームを**図6.1**に示す。

もともとの電機精密製品は、自社工場で開発・製造をしていた。つまり、自社完結のものづくりをしていた。自社でのものづくりでは、設計情報と出図と設計変更、部品仕様書と発注と納品と受入検査、製造条件と加工情報と加工と検査、生産条件と生産計画と組立と検査、梱包、物流など、ものづくりのルールは自分達で決めることができた。

自社のものづくりでは、得意・不得意があり、コスト・納期の確保に限界があった。製品のコスト・納期に折り合いを付けるために、外部サプライヤーにものづくりを委託するようになった。部品調達・製造委託・組立委託・物流などの契約により、委託先にも自社のものづくりのルールを守ってもらうことができた。

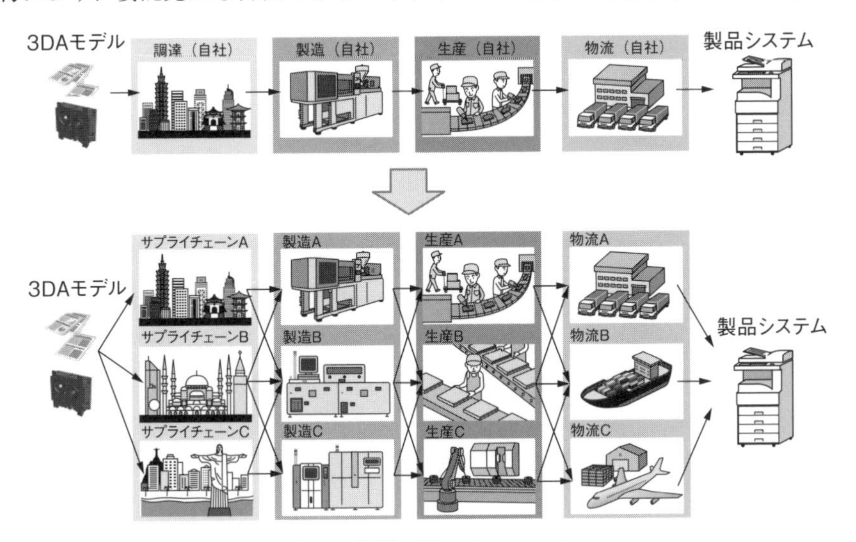


図6.1　製造プラットフォーム

委託先の増加、委託先の細分化、委託先の受注業者業種の増加、国内委託先から海外委託先への拡大により、委託先に自社のものづくりのルールを守ってもらうことが難しくなった。例えば、自社と全ての委託先でCAD／CAM／CATなどのデジタルエンジニアリングツールを自社使用と同じもので合わせると、委託先はデジタルエンジニアリングツールを追加する必要があり、設備コストが膨れ上がる。自社のものづくりのルールに慣れた技術者や作業員が特定化してしまい、製品の生産・製造が集中した場合に順番を待つ必要が出てくる。自社でものづくりをしなくなった場合、生産製造の知識とスキルが不足してきて、自社のものづくりルールに新しい技術や機械を導入して改良することも難しくなってくる。

そこで、自社製品の品質は開発段階で作り込み、生産・製造の仕方に影響せず、コストと納期で生産・製造の委託先を決定したいと考える。それがドイツのIndustry4.0やアメリカのSmart Manufacturingのように、ものづくり（サプライチェーン・製造・生産・物流）の工程がIoTにより繋がり、他社や多国のものづくり工程を自由に選ぶことができるものづくり環境が製造プラットフォームである。グローバルな製造プラットフォームを利用するためには、国際標準に基づいた表記とデータ構造で表現した設計情報で、製品の生産・製造を委託する必要がある。例えば、公差指示は、データにないローカルルールの共通理解が必要な寸法公差中心設計から、国際標準に準拠したデータで正確な公差指示が厳密に表現できる幾何公差中心設計へと変革する必要がある。3DAモデルは、全ての設計情報を6つのスキーマでわかりやすく表現しており、国際標準に準拠している。製造プラットフォームでも、設計情報から生産・製造に必要な情報を作り出し生産・製造工程を実行するので、DTPDのようなものづくり情報を採用することが考えられる。3DAモデルを利用することで、製造プラットフォームを利用できる。

3DAモデルとDTPDを製造プラットフォームで利用する場合、3DAモデルとDTPDには、マシンリーダブル（Machine Readable）とヒューマンリーダブル（Human readable）が求められる。マシンリーダブルとは、機械やコンピュータがデータを入力として解釈し使用できることである。ヒューマンリーダブルとは、人がコンピュータの画面上に表示されたデータを目視で確認して解釈できることである。3DAモデルは図面と同様に設計情報であるので、設計者は最終的に目視によるチェックをしたい。同時に、製品開発を効率化するために、DTPD作成時に、人手を介さずに3DAモデルを直接活用したいという要求もある。**図6.2**を使

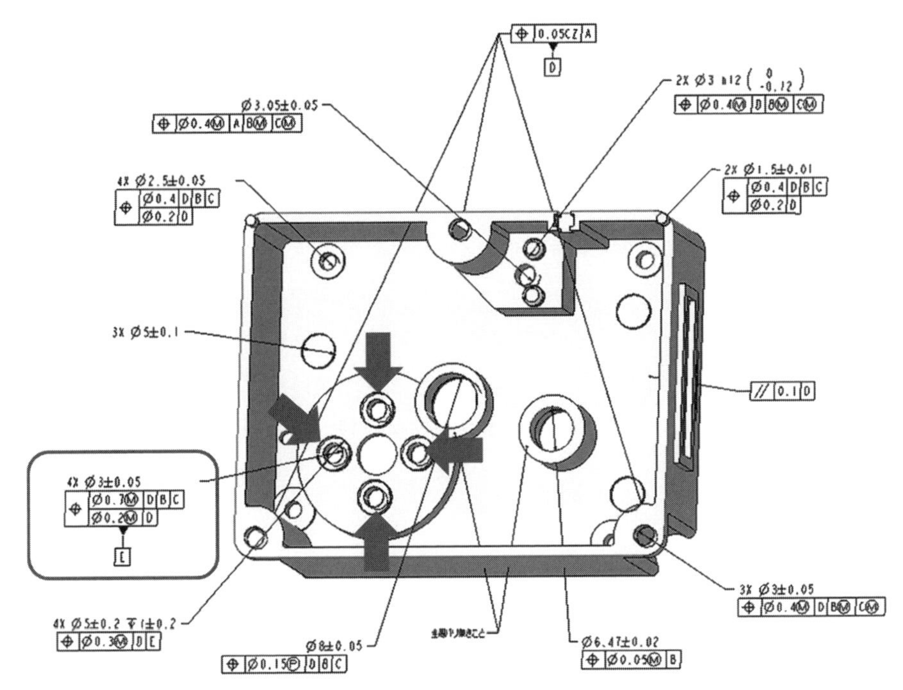


**図 6.2　3DA モデルにおけるマシンリーダブルとヒューマンリーダブルの両立**

って、3DA モデルにおけるマシンリーダブルとヒューマンリーダブルの両立を説明する。

図 6.2 で左下の四角で囲まれた幾何公差指示は、モータのネジ止め穴に対する複合位置度公差方式の指示の PMI である。公差記入枠の上段枠の上部に記載されている「4×」は、4 個のモータのネジ止め穴（太い矢印）に対して同じ指示をすることを意味する。4 個のモータのネジ止め穴に、それぞれ複合位置度公差方式の指示の PMI を書くと、PMI が重なってしまい、人には直接読みにくい 3DA モデルになってしまう。このような表記がヒューマンリーダブルになる。3DA モデルを DTPD に取り込み機械加工 CAM データの作成を考える。加工者が 3DA モデルを見ながらモータのネジ止め穴の機械加工 CAM データを作成する場合、加工者は「4×」を解釈して、4 個のモータのネジ止め穴に複合位置度公差方式の指示を考慮して、4 個のモータのネジ止め穴の機械加工 CAM データを作成できる。3DA モデルから人が介在せずソフトウェアが自動的に 4 個のモータのネジ止め穴の機械加工 CAM データを作成する場合、PMI の引出線が指している穴だけ

ではなく、その他の3つの穴もデータとして関連付けられていなければならない。また、「4X」は単なる注記の文字列ではなく、4つの形体に関連づいていることを示す、専用機能で作られた表記でなければならない。このように、表示されないデータの構成まで含めて正しく成り立っている状態をマシンリーダブルと呼ぶ。現実には、3DAモデルは従来の図面と同様、目視で活用されるケースが多いため、ヒューマンリーダブルは実現されているがマシンリーダブルは実現されていないケースも多い。例えば、上記の例では、PMIに引出線が指している穴のみしか関連づいていない場合や「4X」を文字列の注記として書き同じ見た目となるように配置されている場合などである。このようなデータは後工程のソフトウェアで自動的に処理できず、プロセスの分断、不要な情報の再入力を招く原因となっている。

## 6.3 デジタルツイン

デジタルツイン（Digital Twin）は、デジタルデータを基に物理的な製品をサイバー空間上で仮想的に複製する概念である。仮想空間上のデジタルモデルに対して、製品仕様と判断条件による設計評価、過去事故の再現による妥当性評価、新材料による加工性検証など様々なシミュレーションを行い、製品品質の問題や製造の再作業を回避するのに役立つ。デジタルツインは、IoT（モノのインターネット：Internet of Things）の情報も利用した応用技術である。

**図6.3**に示すように、安全機能を搭載して、工場FA機器の安全運転を実現することを考える。これまでの製品開発では、実験とCAEの繰り返しにより、工場FA機器が破損するパラメータの値（速度、掲載重量、負荷など）を求め、安全率を考慮してパラメータの許容値を設定する。センサを設置して運転中のパラメータを測定し、センサの測定値が許容値を越えたら運転を停止する。センサが工場FA機器に取り付けられない時や、パラメータにも限界があり、工場FA機器の幅広い運転監視はできない。現場では、ベテラン保守員の経験に基づく知見、耐久試験、疲労や寿命を考慮したCAEにより、工場FA機器が故障する前の運転状態や部品状態を整理し、定期点検時にチェックする。工場FA機器の運転状態や部品状態が該当すれば工場FA機器の調整や部品交換をする。工場FA機器の定期点検後に発生した異常は対応できず、工場FA機器が破損してしまう。工

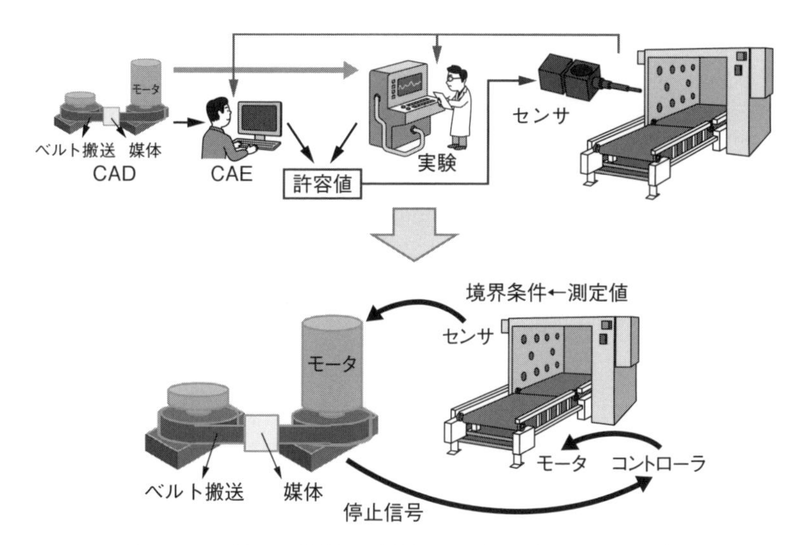


**図 6.3　工場 FA 機器のデジタルツイン（Digital Twin）**

場FA機器の運転中常時監視ができ、工場FA機器でセンサが取り付けられない箇所からも信号が入手できることが必要になる。IoTはあらゆるモノがインターネットにつながる技術である。IoTを使って、機械に取り付けられたセンサから信号を収集する。信号をコンピュータに取り込み、信号を判断して、測定値が許容値を越えたら停止信号を工場FA機械に送り、工場FA機械を安全に止めることができる。信号をシミュレーションモデルに取り込み、センサが取り付けられない箇所の信号をシミュレーションで求めて、その信号で判断することができる。複数のセンサからの信号を組み合わせた状態から経年状態をシミュレーションにより求めて、次回の定期検査時に部品交換を予定することができる。このように、工場FA機器の実機（Physical）とシミュレーションモデル（Virtual）の間で、センサの信号とシミュレーション結果のパラメータをやり取りして、工場FA機器の状態を実機とシミュレーションモデルの両方で取り扱うこと、実機とシミュレーションモデルがデジタル技術によって“双子”のように取り扱うことができることを、デジタルツイン（Digital Twin）と呼んでいる。

デジタルツイン（Digital Twin）でも、3DAモデルとDTPDを有効利用できるが、3DAモデルとDTPDを拡張すれば、更に有効利用できる。3DAモデルは、1.2の3DAモデルとDTPDで、「製品の三次元形状に関する設計モデルを中核として、寸法公差、幾何公差、表面性状、各種処理、材質などの製品特性と、部品

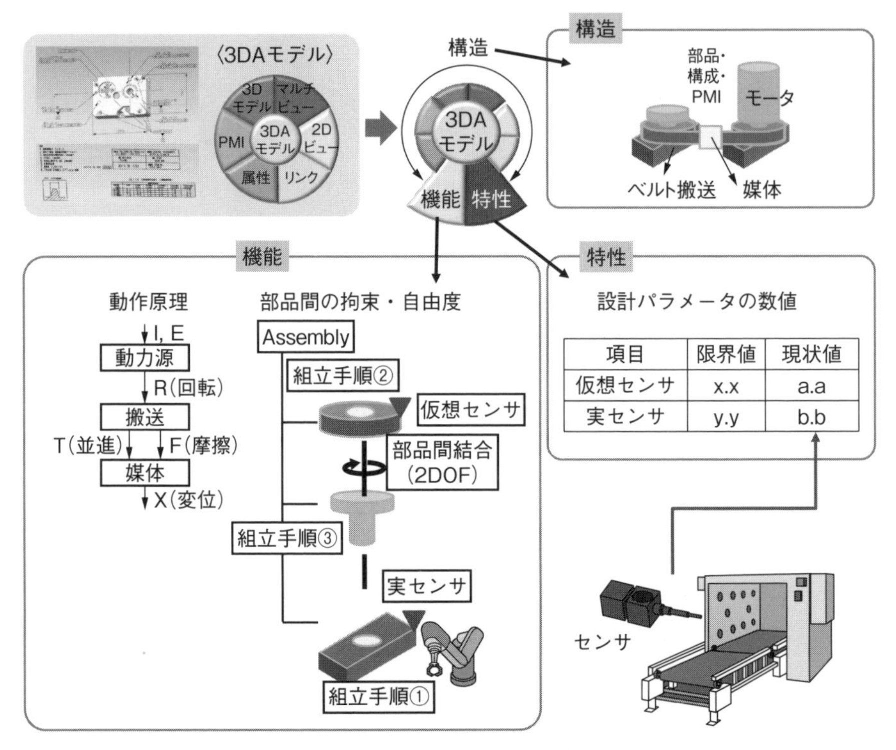


**図 6.4　デジタルツインでの拡張 3DA モデルと DTPD の適用**

名称、部品番号、使用個数、箇条書き注記などモデル管理情報とが加わった製品情報のデータセットである。」と定義している。これをイメージで示すと、**図 6.4** のようになる。主に、部品やアセンブリの構造（静的な部品構成）を示している。これに、機能と性能のデータセットを追加する。

● 機能

部品やアセンブリの機能や動きを示す。部品間の関係（並進方向と回転方向の自由度・接続や接触の状態）、機能（移動または固定・駆動）、順番（動作順番・動力伝達）、センサ／グランド（電気設計とソフトウェア設計との連携）、組立順番、素材、仕様、計画時の外的／内的環境などのデータセットである。

● 特性

部品やアセンブリの性能や機能に対する状態を示す。初期値（計画時や検査時のパラメータの値)、履歴（現状までの稼動時間・故障履歴・定期検査)、状態（安定稼働または異常稼動)、許容値（パラメータの基準値または限界値)、現状時の外的／内的環境などのデータセットである。

拡張した3DAモデルを、図6.4に示すように、工場FA機器のデジタルツイン（Digital Twin）に適用する。工場FA機器の部品（モータ・ベルト搬送・媒体）と構成は3DAモデルの構造のデータセットに保存されている。工場FA機器はモータとベルトにより媒体を搬送する。この機能では、モータ（動力源）は電気（電圧と電流）を回転力に変換し、モータの回転軸にベルト搬送のローラが取り付けられており、モータの回転軸とベルトのローラは同じように回転し、これがベルトに伝わり、ベルト上を媒体が並進移動する。これは、3DAモデルの機能のデータセットに保存されている。更に、工場FA機器にセンサを取り付ける。センサは工場FA機器の機能には直接関係しないが、センサの位置（どこに取り付けられているのか）と測定パラメータ（どの値を測るのか）は工場FA機器の組立手順や部品間関係に組み込むことができる。センサも、3DAモデルの構造（データセット）と機能（データセット）に組み込まれている。センサは、実際のセンサでも、仮想のセンサでも構わない。実際のセンサからの信号は、3DAモデル特性（データセット）の実測値に取り込める。3DAモデルの構造（データセット）と機能（データセット）から機構動作シミュレーションモデルを作成できるので、機械CAE・DTPDで機構解析シミュレーションを行うことができて、仮想的なセンサの測定値（実際のセンサの信号を使ってシミュレーションにより求めた運転中の値）と許容値を比較することができる。拡張した3DAモデルが国際標準に基づいていれば、国際標準に基づいているセンサを使えば、許容値の設定が共通になり、複雑な制御をする機器でも簡単に動作判断を組み込むことができる。拡張した3DAモデルにデジタルツイン（Digital Twin）に必要な情報が揃っているので、機構解析シミュレーションを組み込んだ機械CAE・DTPDとの接続も効率的にできる。

デジタルツインは、デジタルデータを基に物理的な製品をサイバー空間（コンピュータやネットワークによって構築された仮想的な空間）上で仮想的に複製する概念である。仮想空間上のデジタルモデルに対して、製品仕様と判断条件による設計評価、過去事故の再現による妥当性評価、新材料による加工性検証など様々なシミュレーションを行い、製品品質の問題や製造の再作業を回避するのに役立つ。デジタルツインでは、IoT（モノのインターネット：Internet of Things）やCPS（「サイバーフィジカルシステム：Cyber-Physical System」の情報も利用することになる。

## 6.4　コトビジネスでの3DAモデルとDTPDの役割と効果

6章の冒頭で説明したように、電機精密製品は多種多様であるが、ほとんどが製品（ハードウェア）を顧客に販売するビジネスであった。コトビジネスは、製品（ハードウェア）を販売するのではなく、製品がもたらす効能（サービス）を販売するビジネスである。

コトビジネスの検討方法には様々な方法がある。ここでは、**図6.5**に示すように、複合機の事例で説明する。ここでは商品企画において、顧客が複合機を利用することで得られる付加価値を考える。現在の複合機が既に持っている機能で考えるとわかりやすい。例えば、複合機はトナーの溶着で画像を生成する。顧客がトナーを定期的に補給しなければならない。補給時にトナーがこぼれると、顧客

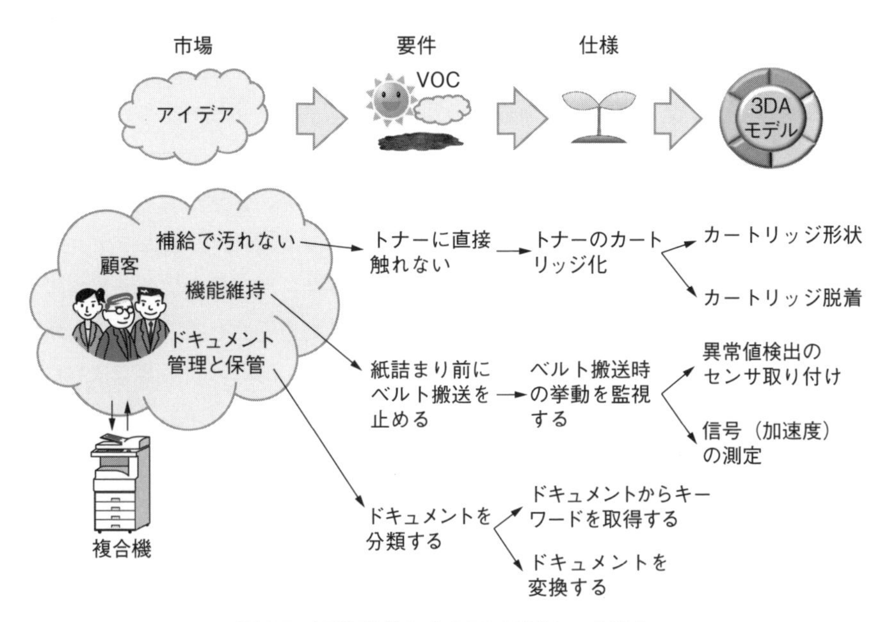


**図6.5　要件定義から3DAモデルへの流れ**

の衣類を汚すことになる。要件として「顧客がトナーに直接触れない」を定義し、仕様として「トナーのカートリッジ化」が決められる。機械設計は、画像形成でトナーがカートリッジから出てくることを考えて、「カートリッジ形状」、「カートリッジ脱着方法」などを検討する。その結果を設計情報として3DAモデルに保存する。

次に、新しい複合機のアイデアを考える。常に複合機の機能を維持するというアイデア、例えば紙詰まりしないことを考える。要件として「紙詰まり前にベルト搬送を止める」を定義し、仕様として「ベルト搬送時の挙動を監視する」を決める。機械設計では、紙詰まり前に起きるベルトの状態に着目して、「異常値検出のセンサーの取り付け」、「信号（加速度）の測定方法」などを検討する。その結果を設計情報として3DAモデルに保存する。更に、複合機でドキュメント管理と保管ができるというアイデアを考える。要件として「ドキュメントを分類する」を定義し、仕様として「ドキュメントからキーワードを取得する」、「ドキュメントを変換する」を考える。これらの具体化は、機械設計よりは電気電子設計とソフトウェア設計が中心となって検討する。しかしながら、機械設計と電気電子設計とソフトウェア設計が要件定義や仕様検討から協調して検討することが重要で、5.3の機械設計→電気設計、5.4の機械設計→ソフトウェア設計を経て、電機精密製品の品質向上に結び付けることができる。

ここでは、要件の定義から機械設計への展開（拡張3DAモデルへの展開）を詳細に説明する。要件定義ではSysML（Systems Modeling Language）を使う。SysMLは、システムズエンジニアリングのためのドメイン固有モデリング言語である。主として、ソフトウェア設計で使われることが多いが、各種システムや「システムのシステム」の仕様記述、分析、設計、検証、評価に使うことができるので、要件の定義にも利用できる。先ほどの説明で、要件として「紙詰まり前にベルト搬送を止める」を定義した。これにSysMLを適用して、SysMLを使って、要件の記述、システムの静的な構造の表現、システムの動的な振る舞いの表現、システムの制約の表現、要件の検証の順番に要件の定義をする。

要件の記述は、SysMLの要件図を使う。要件図を**図6.6**に示す。システムが有すべき機能や充足すべき条件を記述する。「紙のベルト搬送」に着目して「媒体を搬送する」と「媒体を止める」の2つの機能に分解する。「媒体を止める」を更に「停止位置で止める」と「緊急時に止める」に分解する。このようにして、8

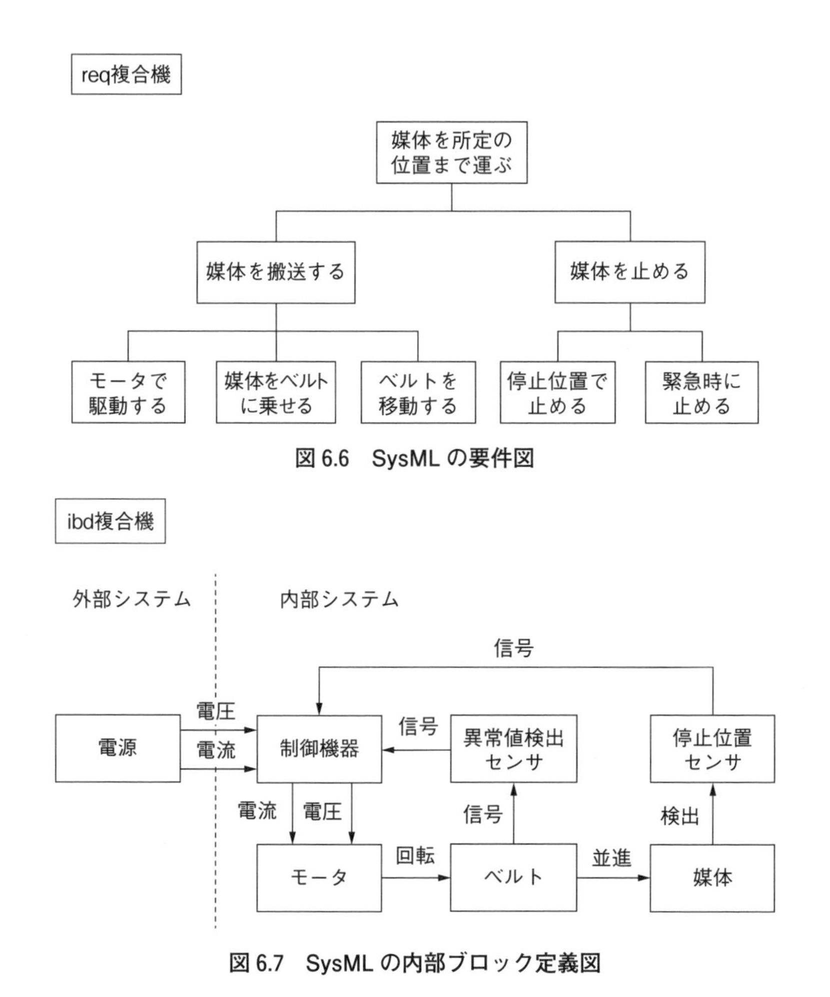


図 6.6　SysML の要件図

図 6.7　SysML の内部ブロック定義図

つの要件を表す。

システムの静的な構造の表現は、システムが動作していない静止状態の構造を示す。SysML の内部ブロック図を使う。内部ブロック図を**図 6.7** に示す。内部ブロック図は要素間の接続関係を表現するとともに、構成要素の役割や利用方法を表現するために利用される。ここでは、「紙のベルト搬送」を実現するのに必要な 7 つの要素と要素間の接続関係を明確に示している。「紙詰まり前にベルト搬送を止める」ために、異常値検出センサーを使い、ベルト（ベルト搬送）に何らかの形で取り付けて、ベルト搬送中の信号を取り出す。異常信号を検出するか、常時信号を測定し異常パターンを検出するなどの方法が考えられる。

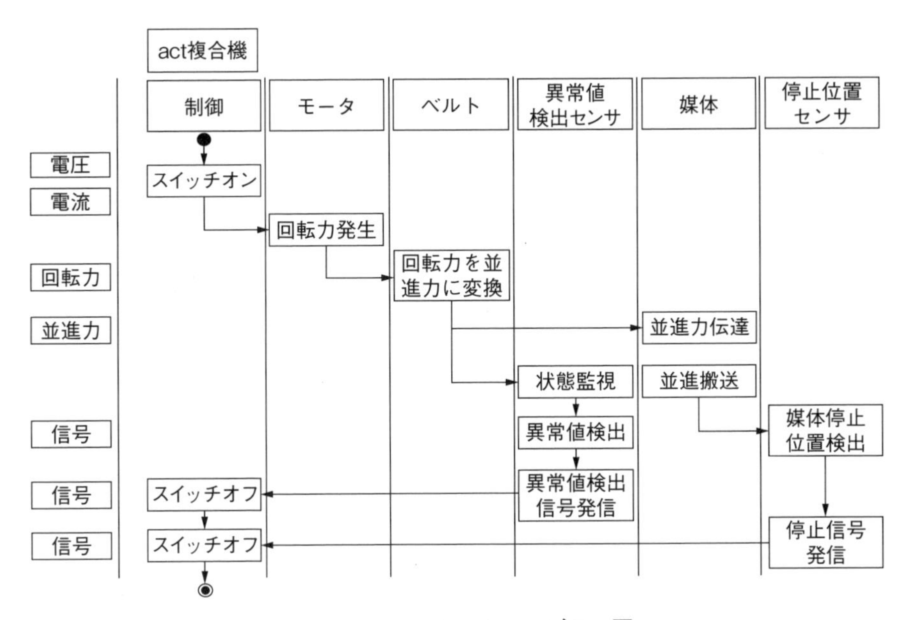


図 6.8　SysML のアクティビティ図

システムの動的な振る舞いの表現は、システムが動作している時に機能を表現するための処理の流れを示す。SysML のアクティビティ図を使う。アクティビティ図を**図 6.8** に示す。「紙のベルト搬送」の動作は 12 ステップで表現され、図 6.7 の 7 つの要素に当てはめている。異常信号は状態によって変わるので、ここでは、常時信号を測定し異常パターンを検出する方法を仕様として採用する。

システムの制約の表現は、システムの動的な振る舞いの表現に対する性能や特性を発揮するための制約事項を確認する。SysML でのパラメトリック図を使う。パラメトリック図を**図 6.9** に示す。図 6.7 に示した内部ブロック図の要素間の関係を具体的なパラメータ（物理量）に置き換えて、図 6.8 に示すシステムの動的な振る舞いを具体的な表現としてパラメータ間の制約条件で示す。「紙詰まり前にベルト搬送を止める」ために、異常検知センサを使うことにしたが、ベルトは稼動中なので測定できる信号には限りがある。ベルトのロータの加速度を測定して、そこからベルトの振動状態と紙の状態を把握することになる。これに基づく動作手順と動作原理が制約状態になる。

最後に、**図 6.10** に示ように、要件図、内部ブロック図、アクティビティ図、パラメトリック図を使って、要件の検証をする。例えば、要件図で、「紙のベルト搬

par複合機

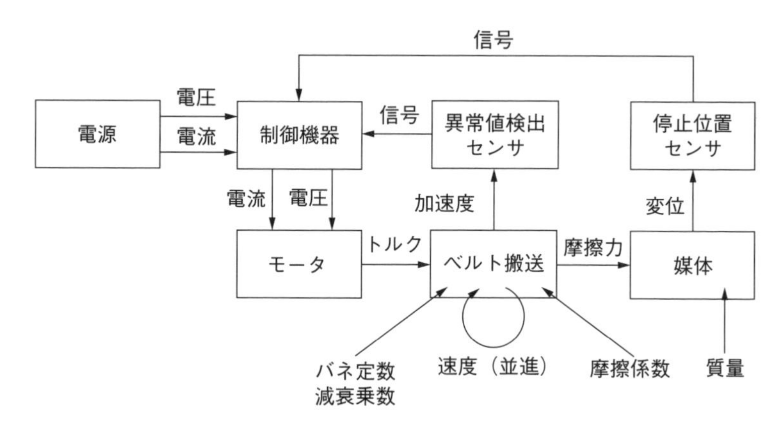


図 6.9　SysML のパラメトリック図

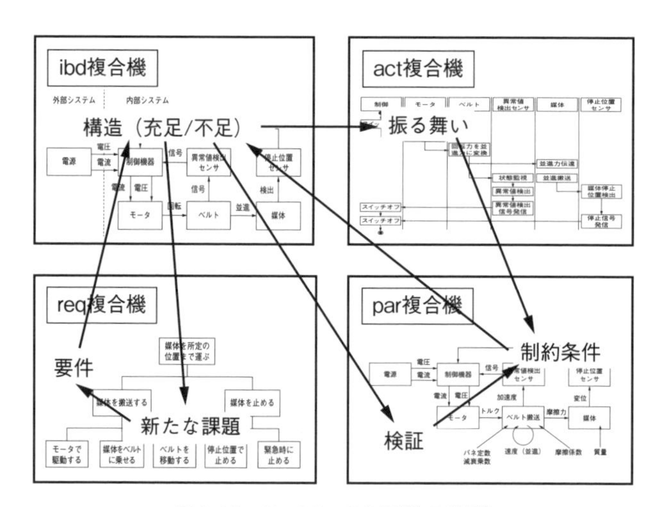


図 6.10　SysML での要件の検討

送」を順次分解して「緊急時に止める」と要件定義した。要件の「緊急時に止める」は、内部ブロック図で定義したベルト（ベルト搬送）と異常値検出センサと制御機器を使う。動作は、アクティビティ図で、常時信号を測定し異常パターンを検出する方法とした。これであれば、異常信号に応じた多数のセンサを設ける必要はない。異常検知センサを使うことにしたが、ベルトは稼動中なので測定できる信号には限りがある。ベルトのロータの加速度を測定して、そこからベルトの振動状態と紙の状態を把握することになる。これに基づく動作手順と動作原理が制約状態になる。ここで、常時信号と異常パターンを比較して検出すること、ロータの加速度からベルトと紙の状態をすることが新たな課題となり、要件を追加する。要件の記述、システムの静的な構造の表現、システムの動的な振る舞いの表現、システムの制約の表現、要件の検証を繰り返す。要件を定義して、要件に項目と数値を割り当て、仕様を確定する。

次に、機械設計への展開（拡張3DAモデルへの展開）を説明する。図6.9に示したパラメトリック図には、要素、要素間の関係を示すパラメータ、パラメータに関する制約条件が表されている。これらの内容は、6.3のデジタルツインで説明した拡張3DAモデルに対応している。要素は管理情報（構造）の名称、要素間の関係を示すパラメータは部品間の関係と仕様、パラメータに関する制約条件は機能と順番とセンサ／グランドに対応する。

**図6.11**の左側のパラメトリック図の電源、制御、モータの3要素はパラメータと制約条件により電気電子回路を構成し、電気電子回路のシミュレーションモデルとなる。モータとベルト搬送と媒体の3要素とパラメータと制約条件は、モデリング記述言語（例えばModelica®やSimulink®など）を使って機構系シミュレーションモデルとなる。ベルト搬送と媒体の2要素とパラメータと制約条件も同様にして振動系シミュレーションモデルとなる。制御と停止位置センサと異常値センサの3要素に新たに異常値検出（パターン比較）を加えて、パラメータと制約条件から制御系シミュレーションモデルを構成する。4つのシミュレーションモデルを合体して統合的なシミュレーションを行うことができ、**図6.11**の右側のように、動作原理を示すことができる。

また、図6.11の左側のパラメトリック図の7つの要素（電源、制御、モータ、ベルト搬送、媒体、停止位置センサ、異常値検出センサ）と要素間の関係は初期の部品構成（部品間の拘束・自由度）になる。

このようにして、SysMLのパラメトリック図の情報は拡張3DAモデルへ保存することができ、機械設計では、拡張3DAモデルを使って、効率的に機構動作と部品間の支持、部品形状と部品構成を決めていく。要件の定義から機械設計まで情報が連続的に繋がることで、コトビジネスの要件をビジネス全体で共有でき、コトビジネスの実現までをスピードアップできる。

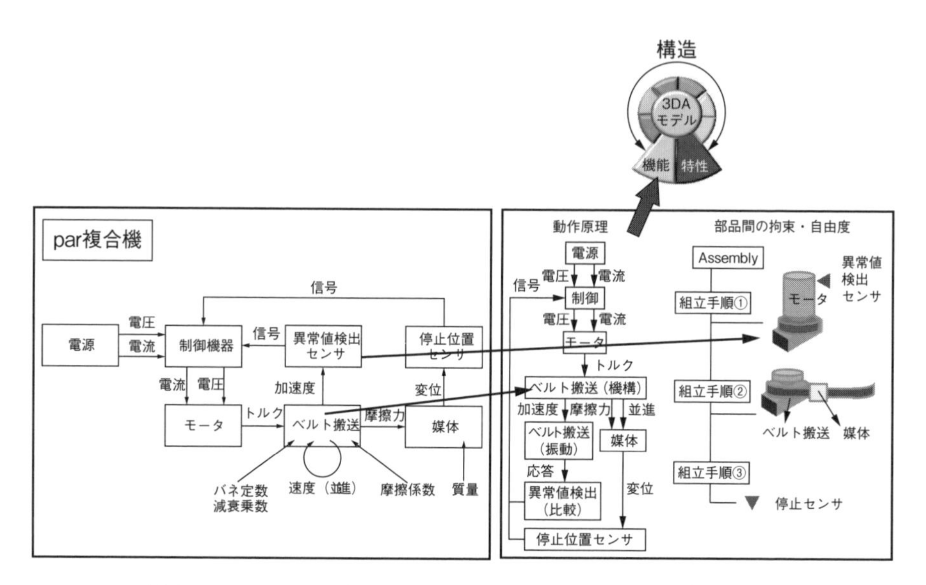


図 6.11　SysML のパラメトリック図から拡張 3DA モデルの作成

### 〈コラム6　テレワークと設計開発業務〉

情報通信技術（ICT、Information and Communication Technology）の発展と業務効率の向上を目的として、JEITA 三次元 CAD 情報標準化専門委員会の会員会社ではテレワークへ取り組んでいた。CAD/CAE/PLM などデジタルエンジニアリングツール（ソフトウェアとハードウェア）はコストの関係から事務所で共通利用すること、複雑な製品開発プロセスのために業務進捗把が難しい、会議で判断と決定が欠かせないこと（頻度が高く関連資料が多く運用が難しい）、試験や評価、ベテラン設計者への相談などは現場でなければできない。これらの理由から、製品開発、特に設計開発業務は難しいと判断していた。

2020年4月に緊急事態宣言が発令され、多くの企業でテレワークへの移行が行われた。設計開発業務も例外なく、テレワークを求められた。それは今も続いている。これまでに、日本で設計開発して海外で製造する、日本で標準機種を開発して海外で現地向け機種を開発して製造する、日本と海外で共同して設計開発をするなど、遠隔地での設計開発環境を実現してきた。しかしながら、設計開発部門はグループ単位で工場や事務所に分かれていた。

会社内と同等に考えられる工場や事務所ごとに業務環境を考えればよかった。テレワークでは個人ごとにデジタルエンジニアリング環境（ソフトウェアとハードウェアにネットワークが加わる）、イントラネットを超えた情報共有とセキュリティの確保、頻度が高く関連資料が多く運用が難しい会議の開催など条件は厳しいものになってきている。遠隔地での設計開発環境のコスト削減とパフォーマンス向上を考えることが重要との意見が多かった。3DA モデルと DTPD は、複雑な製品開発プロセスを明確して設計情報を集約して活用するものであり、とても有効である。意見交換の中で、ネットワークパフォーマンスも問題としてあげられた。3DA モデルユースケースと DTPD ユースケースでは、それぞれのデータ容量がわかっている。作業イベントの発生頻度などを考慮しながら、ネットワークパフォーマンスも検討していくことになろう。

## おわりに：ものづくりのデジタルトランスフォーメーション(DX)

ものづくりだけでなく、我々の日常生活と社会生活も、ICT 技術とデジタルデータにより、大きく変革しており、デジタルトランスフォーメーション（DX）の推進が必要とされている。2018 年に経済産業省が「デジタルトランスフォーメーション（DX）を推進するためのガイドライン」で、DX を「企業がビジネス環境の激しい変化に対応し、データとデジタル技術を活用して、顧客や社会のニーズを基に、製品やサービス、ビジネスモデルを変革するとともに、業務そのものや、組織、プロセス、企業文化・風土を変革し、競争上の優位性を確立すること」と定義している。一般社団法人電子情報技術産業協会（JEITA）三次元 CAD 情報標準化専門委員会では、電機精密製品産業界として、ものづくりの DX を推進したいと考えている。

一方で、2020 年に経済産業省が「2020 年版ものづくり白書（ものづくり基盤技術振興基本法第 8 条に基づく年次報告)」で、「3D 設計は普及しておらず、企業間や部門間でのデータの受け渡しも図面を中心に行われている。」とある。JEITA 三次元 CAD 情報標準化専門委員会会員企業においては、製品の形状は 3 次元 CAD でモデリングされているケースが多い。その意味では 3D 設計が普及しているように見えるが、本書で述べてきたように、そのメリットをフルに活用し、開発工程全体をデジタル化することはまだ実現できていない。言い換えれば「3 次元モデリング」は行われているが、経済産業省の言う「3D 設計」は普及の前に、目指すべき理想像さえ業界内で共有できていないということが実態ではないだろうか。

本書では、まだ実現していない「3D 設計」のあり方を、3DA モデルおよび DTPD というキーワードを中心として、なるべく具体的な「3 次元設計実践事例」をもとに、近い将来の目指すべき姿として説明してきた。JEITA 三次元 CAD 情報標準化専門委員会では、製品開発における設計情報を完全にデジタルデータとして表現して 3DA モデルを定義して、3DA モデルを調達・生産・製造・電気設計・CAE などの工程で活用して DTPD としてまとめた。図面や 3D データといった設計情報の表示形態には拘らず、設計情報のマシンリーダブル（Machine

Readable）とヒューマンリーダブル（Human readable）を意識して、設計情報を活用することに重きを置いた。活用における課題は3DAモデルとDTPDへフィードバックを行っている。設計情報（特に3Dモデル）を直接使うことはないが、製造業として製品開発およびものづくりに関連する工程に関しても、3D正運用の下で、3DAモデルとDTPDの適用を検討して有効性を示した。更に、新しいものづくりとして、電機精密製品産業界で起きている製造プラットフォーム、デジタルツイン、コトビジネスで、3DAモデルとDTPDも検討して有効性を示した。

本書が、日本の製造業での3D設計への普及、更に、ものづくりのDXの実現に役立てば幸いである。

最後に、本書で使用した3DAモデルとDTPDのガイドラインと事例の作成にあたって、JEITA三次元CAD情報標準化専門委員会会員の全てに感謝する。本書で使用した3DAモデルとDTPDの事例作成に際して、株式会社アマダ様、デジタルプロセス株式会社様、PTCジャパン株式会社様、日本ユニシス・エクセリューションズ株式会社様、デジタルプロセス株式会社様、サイバネットシステム株式会社様、ソリッドワークスジャパン株式会社様には貴重な意見や提案をいただいた。深く感謝する。本書の出版に際して、JEITA三次元CAD情報標準化専門委員会のOBである想図研の小池忠男さんと3D+1ラボの高橋俊昭さんには、貴重な意見や提案をいただだいた。深く感謝いたします。また、出版に至るまでの過程で、大変お世話になった日刊工業新聞社出版局の関係者にもお礼を申し上げます。

## 用語及び用語の定義

本書で用いた主な用語および定義は、次による。

| 番号 | 用語 | 説明 | 英語 |
|---|---|---|---|
| 数字 | 2D 簡略図 | 3D 形状データと対で利用される 2D 図面データで、主に後工程の加工、組立、検査等で参照される情報を記載する。形状のサイズや寸法は基本含まれない。別名称として、2D 重要寸法図面。 | 2D simple drawings |
| | 3DA モデル（3D 製品情報付加モデル） | 設計モデルを中心に、寸法・公差・幾何特性・物性などの製品特性を表すアノテーションまたはアトリビュート、3D モデル管理情報（部品番号、リビジョン、箇条書き注記など）を付加したデータセット。 | 3D annotated model |
| 英字 | CMM | 三次元測定機。立体を三次元的に計測できる測定機のこと。 | Coordinate Measuring Machine |
| | FMEA | 製品不具合の解析・防止を目的とした手法。製品設計段階で実施する。 | Failure Mode And Effect Analysis |
| | MBD | 全ての設計情報を完全にデジタルデータとして定義すること。 | Model Based Definition |
| | MBE | MBD を全ての企業およびサプライヤーを含めた活動（生産・製造・計測・物流・販売・保守サービス・顧客評価のフィードバッグ）で活用し、そのメリットを最大限に生かすこと。 | Model Based Enterprise |
| | PMI | 3 次元 CAD および製品コンポーネントおよびアセンブリの製造に必要な非幾何学的属性。幾何学的寸法と公差、3D 注釈（テキスト）と寸法、表面仕上げ、および材料仕様が含まれている場合がある。PMI は、モデルベースの定義内で 3D モデルと共に使用され、データセットの使用のための 2D 図面の削除を可能にする。 | Product Manifucturing Information |
| あ | アノテーション | 3D モデル上に表記した寸法、公差、注記、文字または記号のことをいう。 | annotation |
| か | 金型要件 | 金型を用い製造する部品に関わる生産要件である。射出成形部品を例にあげると、樹脂流動性、均一冷却性、離型性などの成形性に関わる要件と、金型耐久性、金型製作の容易さ、などの金型に関わる要件からなる。 | die & mould manufacturing requirements |
| | 金型要件盛込みランク | 金型要件の盛り込み状態を表した設計モデル（design model）の完成度ランクである。設計モデルにおいて、製品形状に関するものを製品モデル（product model）と称し、5 段階（PM1～PM5）のランクを定義する。 | die & mould manufacturing requirement Rank |

| | | | |
|---|---|---|---|
| | 組立図 | 部品の相対的な位置関係、組み立てられた部品の形状などを示す図面。 | asembly drawing |
| | 検図 | 作成した図面における寸法や公差、注記などのチェック。 | drawing check |
| さ | 設計変更指示書 | 出図後の設計変更指示で変更に対応した出図の改訂が発生する。 | change notice |
| | 設計 BOM、<br>設計構成 | 製品の機能に応じた部品構成。 | Engineering Bill Of Materials |
| | 製造 BOM、<br>製造構成 | 製品の製造・組立に応じた部品構成。 | Manufacturing Bill Of Materials |
| | 製品特性 | 製品の公差及び幾何特性指示、表面性状、表面処理などの特性情報及び製造や検査に対する注意書きなどを表したもの。 | product characteristics |
| | 設計モデル | 3 次元 CAD を用いて作成されたモデル幾何形状及び補足幾何形状で構成されるモデル。ただし、補足幾何形状は要求事項に応じて作成されるため、構成内容に含まれない場合もある。<br>注記　設計モデルとは、JIS B 3401 でいう三次元モデルの中のソリッドモデルのことをいう。 | design model |
| | セマンティック PMI | 単純なデータの記述ではなく、寸法や注記の情報として意味を持たせ、コンピュータが情報を機能に基づいて活用できるようになっている。 | Semantic product manifucturing information |
| た | データム | 形体の姿勢公差・位置公差・振れ公差などを規制するために設定した理論的に正確な幾何学的基準。 | datum |
| | デジタル製品技術文書情報 | 三次元製品情報付加モデルに、次の情報を連携させて得られる、デジタル形式で表現した製品に関係する情報の集合体。 | DTPD：Digital Technical Product Documentation |
| | デジタルモックアップ | 設計段階において、加工物（スケールモデルも含む）を使用しないで 3 次元 CAD で作成された設計モデル、又はこれらを仮想的に組み立てて行う設計評価。設計評価には、商品性（例えば、性能、機構、強度、信頼性、コスト）、生産地（例えば、加工、組立、検査）、製品の使用上の維持管理の容易性（例えば、整備、部品交換、部品供給）などがある。なお、デジタルモックアップに関係するデータをデジタルモックアップデータ（DMU データ）という。 | DMU：Digital Mock-Up |
| | 注記 | 設計モデル以外で製品特性として補足すべき事項を文章で表したもの。 | notes |

| | | | |
|---|---|---|---|
| は | ビュー | 投影図を作成する基準となる視点の位置及び視線の方向。投影図のことを指す場合もある。 | view |
| | ビューワ | 3DA モデルを構築した 3 次元 CAD を使用しなくても、当該 CAD で作成したモデルを参照できるツール。設計モデルに関するデータの編集はできない。なお、ビューワに関係するデータをビューワデータという。 | viewer |
| | 部品図 | 部品を定義するうえで必要なすべての情報を含んだ、これ以上分解できない単一部品を示す図面。 | part drawing |
| | 保守サービスBOM | 品質保証部門・保守サービス部門が保守部品の手配および製品の分解、保守部品の交換または修理、製品の組立を行う場合に使用する。 | Maintenance service Bill Of Materials |
| ま | マルチビュー | 図面における 3 面図などのように、3DA モデルを複数のビューから表示する機能。3 面図のように異なるビューからの表示だけでなく、特定の情報だけを表示できるようにする。動的変化のあるケースで、各コマの表示を行うこともある。 | Multiview |
| | モデル管理情報 | 3DA モデル（三次元製品情報付加モデル）を確実に管理した状態にするための情報（例えば、部品番号、部品名称、設計変更履歴） | model management information |
| | 問題点連絡票 | 問題点の発生、原因分析、対策、再発防止に至るプロセス及び関連する状況を管理する。課題管理、不具合管理とも呼ぶ。 | problem follow sheet |
| ら | レイヤー | CAD 画像や文章の表示する仮想的な領域。CAD 上で各種情報を記載する場合、同じ画面上に全て記述すると、非常に見づらく確認困難な場合がある。レイヤーという仮想的な表示領域を ON/OFF することで、情報を見やすくさせている。 | layer |

〔参考文献〕

1章

（1）ET-5102、JEITA規格「3DAモデル規格―データム系、JEITA普通幾何公差、簡略形状の表示方法について―」、2015年.

2章

（1）ET-5102、JEITA規格「3DAモデル規格―データム系、JEITA普通幾何公差、簡略形状の表示方法について―」、2015年.

（2）ISO 10303-242　Industrial automation systems and integration – Product data representation and exchange – Part 242: Application protocol: Managed model-based 3D engineering

（3）ISO 10303-59　Industrial automation systems and integration – Product data representation and exchange – Part 59: Integrated generic resource – Quality of product shape data

（4）JIS B 0060-1：2015　デジタル製品技術文書情報―第1部：総則

（5）JIS B 0060-2：2015　デジタル製品技術文書情報―第2部：用語

（6）JIS B 0060-3：2017　デジタル製品技術文書情報―第3部：3DAモデルにおける設計モデルの表し方

（7）JIS B 0060-4：2017　デジタル製品技術文書情報―第4部：3DAモデルにおける表示要求事項の指示方法―寸法及び公差

（8）MIL-STD-31000B, MILITARY STANDARD: TECHNICAL DATA PACKAGE（TDP）、2018年

（9）MBE Capability Index Assessment（https://github.com/usnistgov/DT4SM/tree/master/MBE-Capabilities-Assessment）、2016年

（10）ASME MBE委員会、MBE Recommendation Report、2018年

（11）ASME Y14.41-2019、Digital Product Definition Data Practices、2019年

（12）眞木和俊、インダストリー4.0の衝撃（洋泉社MOOK）、（洋泉社）、2015年

3章

（1）ET-5102、JEITA規格「3DAモデル規格―データム系、JEITA普通幾何公差、簡略形状の表示方法について―」、2015年.

（2）JEITA 三次元CAD 情報標準化専門委員会、JEITA 3DA モデル ガイドライン―3DA モデル作成及び運用に関するガイドライン―Ver.3.0.、2013 年
（3）JEITA 三次元CAD 情報標準化専門委員会、JEITA 3DA モデル板金部品ガイドライン―「製品設計」と「板金部品設計・製作」間での 3DA モデルの有効な活用方法―Ver1.2.、2019 年
（4）JEITA 三次元CAD 情報標準化専門委員会、JEITA 3D 単独図 金型工程連携ガイドライン―「製品設計」と「金型設計・製作」間での 3D 単独図の有効な活用方法―プラスチック部品編　Ver1.2.、2016 年
（5）小池 忠男、“サイズ公差”と“幾何公差”を用いた機械図面の表し方、(日刊工業新聞社)、2018 年

4 章

（1）ET-5102、JEITA 規格「3DA モデル規格―データム系、JEITA 普通幾何公差、簡略形状の表示方法について―」、2015 年.
（2）JEITA 三次元CAD 情報標準化専門委員会、JEITA 3DA モデル ガイドライン―3DA モデル作成及び運用に関するガイドライン―Ver.3.0.、2013 年
（3）JEITA 三次元CAD 情報標準化専門委員会、JEITA 3DA モデル板金部品ガイドライン―「製品設計」と「板金部品設計・製作」間での 3DA モデルの有効な活用方法―Ver1.2.、2019 年
（4）JEITA 三次元CAD 情報標準化専門委員会、JEITA 3D 単独図 金型工程連携ガイドライン―「製品設計」と「金型設計・製作」間での 3D 単独図の有効な活用方法―プラスチック部品編　Ver1.2.、2016 年
（5）JEITA 三次元CAD 情報標準化専門委員会、JEITA 3DA モデル測定ガイドライン―3DA モデルを利用した効率的な測定―Ver1.0.、2016 年
（6）ものづくり人材アタッセ、わかる！使える！射出成形入門〈基礎知識〉〈段取り〉〈実作業〉、(日刊工業新聞社)、2018 年
（7）遠藤順一、技術大全シリーズ・板金加工大全、(日刊工業新聞社)、2017 年

5 章

（1）(社)日本技術士会経営工学部会　生産研究会、これならわかる生産管理・14 の個別管理プロセスを 1 冊に体系化、(工業調査会)、2009 年

（2）高達秋良、設計管理のすすめ方、(日本能率協会マネジメントセンター)、1992年
（3）岡本彬良、よくわかるプリント基板回路のできるまで―基板設計、解析、CADからDFMまで、(日刊工業新聞社)、2005年
（4）鈴木邦成、トコトンやさしいSCMの本（第2版）（今日からモノ知りシリーズ)、(日刊工業新聞社)、2014年
（5）坂巻佳壽美、トコトンやさしい組込みシステムの本（今日からモノ知りシリーズ)、(日刊工業新聞社)、2019年
（6）ものづくり人材アタッセ、わかる！使える！射出成形入門〈基礎知識〉〈段取り〉〈実作業〉、(日刊工業新聞社)、2018年
（7）遠藤順一、技術大全シリーズ・板金加工大全、(日刊工業新聞社)、2017年
（8）馬櫟宏、仕組みがわかる機械加工と設計、(オーム社)、2012年

6章

（1）国立研究開発法人科学技術振興機構 研究開発戦略センター 次世代ものづくり基盤技術に関する横断グループ、次世代ものづくり～高付加価値を生む新しい製造業のプラットフォーム創出に向けて～. CRDS-FY2015-SP-01.、2016年
（2）経済産業省、2020年版ものづくり白書（ものづくり基盤技術振興基本法第8条に基づく年次報告)、2020年
（3）カジ・グリジニック、コンラッド・ウィンクラー、グローバル製造業の未来、(日本経済新聞出版)、2009年
（4）エリック・シェイファー、インダストリーX.0 製造業の「デジタル価値」実現戦略、(日経BP)、2017年
（5）眞木和俊、インダストリー4. 0の衝撃（洋泉社MOOK)、(洋泉社)、2015年
（6）根来龍之、プラットフォームの教科書 超速成長ネットワーク効果の基本と応用、(日経BP)、2017年
（7）武山政直、サービスデザインの教科書、(NTT出版)、2017年
（8）大野治、俯瞰図から見える・IoTで激変する日本型製造業ビジネスモデル、(日刊工業新聞社)、2016年

（9）鈴木茂、山本義高、実践 SysML その場で使えるシステムモデリング、秀和システム、2013 年

〈著者紹介〉

●編集（編者）　藤沼知久（ふじぬま もとひさ）
1983年(株)東芝に入社し、家電から重電機器まで幅広く、三次元CAD・CAE・PLM・設計プロセス改革に従事。技術士（機械部門)。2010年からJEITA三次元CAD情報標準化専門委員会に参加し、電機精密産業界での3DAモデル／DTPDの企画推進。日本機械学会会員、日本インダストリアル・エンジニアリング協会会員、PTCジャパン・ユーザ会会員。

●国際標準　相馬淳人（そうま あつと）
(株)エリジオンCTO。1985年入社後、三次元CADに関する形状処理、データ変換、品質検査・修正等のソフトウェア開発に従事。ISO/TC 184/SC 4国内対策委員会にてPDQ、同一性検証に関する国際規格開発プロジェクトに参加。2014年からJEITA三次元CAD情報標準化専門委員会に参加。

●標準化　山田基博（やまだ もとひろ）
1985年ミノルタカメラ株式会社（現コニカミノルタ株式会社）入社。レーザービームプリンタの製品開発、主に給紙・搬送系、駆動系、筐体などの機械設計を担当。1995年から情報システム部にて、フィルムカメラ・複写機の製品開発への3次元製品化プロセス導入を主導。2007年のJEITA三次元CAD情報標準化専門委員会の設立メンバー。その後、グループ会社全体のIT戦略構築、販売会社の情報システム責任者を歴任。

●幾何公差　亀田幸徳（かめだ ゆきのり）
1987年にソニー株式会社へ入社。放送業務用ビデオカメラのドラム（シリンダー）設計・立ち上げにおいて構造解析及び三次元CADを用いた設計現場を経験。その後、VAIO及びCree（PDA）の10機種ほどのセット設計におけるメカリーダーを経て、ソニーの技術標準化業務に従事。業界活動のJEPIIIからJEITA三次元CAD情報標準化専門委員会へ参加。3DAモデルガイドラインやJEITA規格発行活動を行う。ISO/TC213A国内委員会オブザーバメンバー。

●活用実証　重田国啓（しげた くにひろ）
1985年富士ゼロックス株式会社に入社し、ファクシミリ／複写機／複合機の機構設計、主に用紙搬送機構／搬送Timing設計を担当。2007年から、三次元CAD／PDM、設計プロセス改革に従事すると共に社外の標準化活動に参画し、2010年のJEITA三次元CAD情報標準化専門委員会は立ち上げ準備から参加。現在は3Dデータの活用を中心とした分科会／検討会を担当。

〈一般社団法人電子情報技術産業協会（JEITA）三次元CAD情報標準化専門委員会の紹介〉

JEITA三次元CAD情報標準化専門委員会は、日本の主要な電機精密製品製造企業（19社）から構成され、2007年9月に設立された。ツールに依存しない三次元CAD情報を有効に活用する業界標準の確立と、関連業界内に広く普及させていくことで、我が国のものづくり技術の進歩、すなわち設計・製造の革新と高度化を図ることを目的としている。委員会での成果は業界標準（JEITA規格）として制定・発行し、更に、これを広く普及させていくとともに、日本工業標準規格（JIS）への提案、更にはISOにおける国際標準の確立を目指している。本書執筆メンバーは、日本の主要な電機精密製品製造企業において、長年に渡り、3次元設計を企画・推進しているメンバーである。

**3DAモデル（3次元CADデータ）の使い方とDTPDへの展開**
**24の3DAおよびDTPDの設計開発プロセス(ユースケース)を体系化**
NDC 531.9

2021年1月22日　初版1刷発行
（定価はカバーに表示してあります）

© 著　者　一般社団法人電子情報技術産業協会
　　　　　三次元CAD情報標準化専門委員会
発行者　井水 治博
発行所　日刊工業新聞社
　　　　〒103-8548　東京都中央区日本橋小網町14-1
電　話　書籍編集部　03（5644）7490
　　　　販売・管理部　03（5644）7410
ＦＡＸ　03（5644）7400
振替口座　00190-2-186076
ＵＲＬ　https://pub.nikkan.co.jp/
e-mail　info@media.nikkan.co.jp
印刷・製本　美研プリンティング㈱

落丁・乱丁本はお取り替えいたします。
2021 Printed in Japan
ISBN 978-4-526-08104-0